国家林业和草原局普通高等教育"十三五"规划教材
高等院校草业科学专业规划教材

饲草学实验实习指导

鱼小军　主编

中国林业出版社

内 容 简 介

本书为国家林业和草原局普通高等教育"十三五"规划教材。本教材共分草类植物种子、草类植物育种、草类植物生物技术、草类植物栽培和草产品加工5篇，涵盖"草类植物种子学""草类植物育种学""草类植物生物技术""草类植物栽培学"和"草产品加工"等课程共81个实践内容。

本书内容翔实，实践性强，既可作为高等农林业院校和综合性大学草业科学类的专业教材，也可作为相关专业的教师、研究生以及研究机构研究和教学人员的参考书。此外，还可供农林技术人员、草业生产管理与经营人员参考。

图书在版编目(CIP)数据

饲草学实验实习指导/鱼小军主编. —北京：中国林业出版社，2018.7(2024.8重印)
国家林业和草原局普通高等教育"十三五"规划教材 高等院校草业科学专业规划教材
ISBN 978-7-5038-9673-6

Ⅰ.①饲… Ⅱ.①鱼… Ⅲ.①牧草 - 栽培技术 - 实验 - 高等学校 - 教材
②饲料作物 - 栽培技术 - 实验 - 高等学校 - 教材 Ⅳ.①S54-33

中国版本图书馆 CIP 数据核字(2018)第166053号

国家林业和草原局生态文明教材及林业高校教材建设项目

中国林业出版社·教育出版分社

策划编辑：	肖基浒	责任编辑：	肖基浒　曹鑫茹
电　话：	(010)83143555	传　真：	(010)83143561

出版发行	中国林业出版社(100009　北京市西城区德内大街刘海胡同7号) E-mail:jiaocaipublic@163.com　电话：(010)83223120 https://www.cfph.net
经　销	新华书店
印　刷	北京中科印刷有限公司
版　次	2018年7月第1版
印　次	2024年8月第2次印刷
开　本	850mm×1168mm　1/16
印　张	20.25
字　数	486千字
定　价	58.00元

未经许可，不得以任何方式复制或抄袭本书之部分或全部内容。
版权所有　侵权必究

《饲草学实验实习指导》编写人员

主　编　鱼小军（甘肃农业大学）
副主编　南丽丽（甘肃农业大学）
　　　　　马向丽（云南农业大学）
　　　　　尹国丽（甘肃农业大学）
参　编　苗佳敏（甘肃农业大学）
　　　　　周向睿（甘肃农业大学）
　　　　　刘建荣（甘肃农业大学）
　　　　　刘艳君（甘肃农业大学）
　　　　　唐　芳（内蒙古农业大学）
　　　　　张志强（内蒙古农业大学）
　　　　　罗富成（云南农业大学）
　　　　　任　健（云南农业大学）
　　　　　彭　珍（甘肃农业大学）

前　言

实践教学是专业教学中培养具有创新意识的高素质专业人才不可缺少的重要环节，对培养学生掌握科学方法、提高动手能力、了解生产实际具有重要意义。早在1991年，甘肃农业大学编写出版了《草原学与牧草学实习实验指导书》（甘肃科学技术出版社出版）。但随着草业科学、生物技术的迅猛发展，饲草学实验技术的更新也日新月异。亟需将新的饲草学实验技术补充到实验实习指导教材中。故编写了《饲草学实验实习指导》一书。

本教材是在中国林业出版社的指导和组织下编写的。为使教材具宽广性、综合性、实用性和前沿性，在充分调研全国草业科学专业草类植物种子学、草类植物育种学、草类植物栽培学、草类植物生物技术和草产品加工课程开设的实验实习内容和大学生毕业论文实验的基础上，编写人员参考国内外有关草类植物种子、草类植物育种、草类植物栽培、草类植物生物技术和草产品加工基础理论的基础上，加强了实践技能和技术应用方面的内容，较多增加了植物生物技术的实践内容。各院校可根据自己的特点和课程安排，选择性地安排具体实验实习项目。

本教材由鱼小军主编，南丽丽、马向丽和尹国丽副主编。鱼小军负责第1篇的通稿（各实验实习后附有编写者姓名，下同），马向丽负责第2、第3篇的通稿，南丽丽负责第4篇的通稿，尹国丽负责第5篇的通稿。全书最后由鱼小军通稿和定稿。

由于编写者的学识所限，错误和不足在所难免，敬请读者批评指正，以便再版时修正。

编　者
2018年5月

目 录

前言

第1篇 草类植物种子 ………………………………………………… (1)
1 草种子的形态识别实验 ………………………………………… (2)
2 草种样品的扦取与样品制备 …………………………………… (20)
3 草种子的净度分析 ……………………………………………… (31)
4 其他植物种子数测定 …………………………………………… (41)
5 种子千粒重的测定 ……………………………………………… (44)
6 草种子发芽试验 ………………………………………………… (46)
7 草种子生活力的测定 …………………………………………… (64)
8 草种子活力测定 ………………………………………………… (75)
9 草种子水分的测定 ……………………………………………… (80)
10 草种子硬实处理 ………………………………………………… (84)
11 包衣草种子测定 ………………………………………………… (86)
12 草种子萌发吸水率的测定 ……………………………………… (90)
13 草种子丸粒化的制作 …………………………………………… (91)

第2篇 草类植物育种 ………………………………………………… (95)
14 育种试验的设计及播种 ………………………………………… (96)
15 多年生豆科牧草的扦插技术 …………………………………… (99)
16 多年生禾本科牧草的扦插技术 ………………………………… (101)
17 牧草开花习性的观察 …………………………………………… (102)
18 豆科牧草的有性杂交技术 ……………………………………… (105)
19 禾本科牧草的有性杂交技术 …………………………………… (107)
20 花粉生活力的测定 ……………………………………………… (109)
21 牧草染色体的加倍 ……………………………………………… (112)
22 牧草染色体的镜检方法 ………………………………………… (115)
23 牧草无融合生殖的鉴定 ………………………………………… (118)
24 牧草的田间选择 ………………………………………………… (121)
25 一年生饲料作物的室内考种 …………………………………… (123)
26 多年生牧草越冬率的测定 ……………………………………… (125)

第3篇 草类植物生物技术 (127)

27 培养基母液的配制 (128)
28 培养基的配制与灭菌 (131)
29 外植体材料的选择、消毒及接种 (133)
30 愈伤组织诱导及悬浮细胞培养 (136)
31 植物茎尖脱毒与病毒检测 (138)
32 花药培养及花粉发育时期的鉴定 (142)
33 原生质体的分离与纯化 (146)
34 原生质体融合 (149)
35 植物离体培养诱导开花 (151)
36 离体种质保存 (154)
37 RAPD 分子标记 (157)
38 AFLP 标记 (162)
39 SSR 分子标记 (167)
40 ISSR 分子标记 (171)
41 SRAP 分子标记 (175)
42 植物表达载体构建 (181)
43 农杆菌介导的烟草瞬时转化 (189)
44 农杆菌介导的 floral-dip 法转化拟南芥 (194)
45 农杆菌介导转化苜蓿 (197)

第4篇 草类植物栽培 (201)

46 田间试验设计 (202)
47 田间出苗率的测定 (206)
48 高质量人工草地的建植与管护 (207)
49 牧草饲料作物开花期形态识别 (211)
50 牧草生产性能的测定 (214)
51 草类植物浸液标本的制作 (219)
52 草类植物蜡叶标本的制作 (221)
53 牧草分蘖分枝特性的调查 (224)
54 主要栽培牧草及饲料作物形态特征(幼苗和成株)识别 (226)
55 混播牧草的配合设计与人工草地的建立 (232)
56 豆科牧草的根瘤菌观测与接种 (237)
57 牧草生育时期的观测与记载 (240)
58 牧草再生特性观测 (244)
59 植株结构分层分析 (246)
60 青饲料轮供方案的设计 (248)
61 根系的测定 (250)
62 叶绿素含量的测定 (252)

  63 叶面积系数 ……………………………………………………………………（256）
第5篇　草产品加工 ……………………………………………………………（259）
  64 牧草、饲料分析样品的采集与制备 …………………………………………（260）
  65 青干草的调制 …………………………………………………………………（262）
  66 青贮饲料的调制 ………………………………………………………………（264）
  67 籽实饲料的生物调制 …………………………………………………………（268）
  68 饲料舔砖制作 …………………………………………………………………（270）
  69 秸秆氨化处理及品质鉴定 ……………………………………………………（272）
  70 叶蛋白饲料的提取 ……………………………………………………………（275）
  71 牧草、饲料中水分的测定 ……………………………………………………（277）
  72 牧草粗蛋白含量的测定 ………………………………………………………（279）
  73 牧草饲料中中性洗涤纤维（NDF）含量的测定 ……………………………（282）
  74 牧草饲料中酸性洗涤纤维（ADF）含量的测定 ……………………………（284）
  75 牧草中粗脂肪（EE）含量的测定 ……………………………………………（286）
  76 牧草中粗灰分含量的测定 ……………………………………………………（289）
  77 青贮饲料 pH 值的测定 ………………………………………………………（291）
  78 饲料中钙、铜、铁、镁的测定（原子吸收光谱法） ………………………（293）
  79 饲料中黄曲霉毒素和玉米赤霉烯酮的测定（液相色谱—串联质谱法） …（296）
  80 可溶性糖含量的测定 …………………………………………………………（300）
  81 淀粉含量的测定 ………………………………………………………………（304）

参考文献 …………………………………………………………………………（306）

第1篇

草类植物种子

1 草种子的形态识别实验

一、目的和意义

草种子是饲料生产中基本的生产资料,是建立人工草地、改良天然草地和建植草坪的物质基础和必备材料。草种子由于其个体较小、形态上彼此相似,在实践中很容易混淆。因此,学会种子鉴定方法,熟悉和识别不同属、种草种子的形态特征,对于正确选择播种材料以及草种子的调运、贮藏等均具有极重要的意义。

二、实验器材

1. 材料

主要栽培的豆科、禾本科和菊科草种子。

2. 仪器与用具

放大镜、白纸板、镊子、三角板、谷物扩大检查镜。

三、实验方法及步骤

(一)根据种子的外部形态特征识别种子

1. 形态和大小

观察种子时将种脐朝下(禾本科、菊科、十字花科、葫芦科)。具有种脐的一端称之基端,反之称之上端或顶端。但豆科种子的种脐多在腰部,遇到这类种子有两种做法:一是仍坚持种脐朝下,这样做的结果,常是种子长小于宽;二是胚根尖朝下,其种瘤多在种子的下半部,甚至基部,少数位于种子的对面。种子上下端的确定,决定着种子的形状,否则会出现上下颠倒、卵形和倒卵形不分的混乱现象。

测量种子大小,即长、宽、厚。所谓长即上下端之间的这个纵轴的长度;与纵轴相垂直的为宽或厚。

2. 种脐形状和颜色

在鉴定种子中种脐是十分重要的,尤其是豆科,如种脐的位置可分在中部、中部偏上或中部偏下三类。种脐形状可分圆形、椭圆形、卵形、长圆形或线形。有的种子呈环线形、长达种子圆周长的75%,如野豌豆和大花野豌豆等。

3. 种子表面特点

表面特点包括颜色、光滑或粗糙、有无光泽。粗糙是由皱、瘤、凹、凸、棱、肋、脉或网状等引起的。瘤顶可分尖、圆、膨大,周围是否刻蚀;瘤有颗粒状、疣状(宽大于高)、棒状、乳头状以及横卧棒状和覆瓦状。网状纹有正网状纹和负网状纹,一个网纹分网脊(网壁)

和网眼。半个网脊和网眼称网胞，网眼有深浅，有不同形状。

4. 种子附属物

附属物包括翅、刺、毛、芒、冠毛。翅与种体的比例如何，是裸子植物分属、白蜡属分种的基本特点。可分翅包围种体一周、翅仅在种子顶端、或下延到种子中部甚至中部以下。芒着生的位置、在稃尖或稃脊的中部，芒是挺直、扭曲还是有关节等。还包括禾本科基刺的有无、数目、长短、形状等。

（二）根据种子内部结构识别种子

若单纯依靠形态特征鉴定到种有困难时，辅以内部结构就有效得多，主要有两种方法：一种是以胚的位置、形状、大小等差异来分类。蓼科的酸模属和蓼属的某些种的种子外形极为相似，但其横切面迥然不同，酸模属的胚在三角形一边的中间，而蓼属的胚却在三角形的一个角内。豆科甘草属的荚果很像菊科的苍耳，如果切开，前者里边是颗豆，后者是两颗小种子。另一种是以种皮横切面的细胞结构不同为分类依据。如豆科是以构成种皮栅状层细胞的粗大不一为依据。

（三）根据化学方法识别种子

1. 草木犀硫酸四氨铜鉴定

Elekes 等 1972 年研究发现，可采用硫酸四氨铜浸种的办法鉴别白花草木犀和黄花草木犀。溶液配制：将 3 g 硫酸铜（$CuSO_4$）加入盛有 30 mL 的普通氢氧化氨（NH_4OH 含量为 4.8 左右）溶液瓶中，若开始形成沉淀时，则说明溶液已配制好，如瓶中未形成沉淀物，可继续少量加入硫酸铜，直至沉淀物开始产生为止。配制好的溶液低温避光条件下贮存备用。鉴定时，在盛有供试草木犀种样的培养皿中注入硫酸四氨铜溶液，浸种 20 min 后，种皮呈橄榄色或黄绿色的为白花草木犀，种皮呈现深褐色至黑色的为黄花草木犀。

2. 根据羽扇豆生物碱含量测定

羽扇豆属植物（*Lupinus*）含有味苦的有毒生物碱。生物碱含量低的种称作"甜羽扇豆"如 *Lupinus luteus*、*L. angustifolius* 和 *L. albus*，生物碱含量高的种称作"苦羽扇豆"。二者可采用 Lugol 溶液（一种加碘的碘化钾溶液），通过对种子或种苗的子叶进行测定而区分。

（1）浸种子叶鉴定

将供试种在水中浸泡 18~24 h，沿种子胚轴方向切开，使子叶分离。将子叶切面朝上置于玻璃器皿内，随后将配制好的 Lugol 溶液（即将 0.3 g 碘和 0.6 g 碘化钾溶在 100 mL 水中）滴在子叶切面。或者将子叶在盛有 Lugol 溶液的烧杯中浸泡 30 s，再用水清洗后进行鉴定。"苦羽扇豆"的子叶切面呈红棕色，"甜羽扇豆"的子叶不变色。

（2）干子叶鉴定

将切开的干种子子叶直接在加碘的碘化钾溶液（10 g 碘和 20 g 碘化钾溶在 1 L 水中）中浸泡 10 s，而后用水冲洗 5 s。"苦羽扇豆"种子的子叶切面呈棕色，"甜羽扇豆"种子的子叶呈黄色。

（3）水煮种子鉴定

将切破种皮的单粒种子放入含 2 mL 水的试管中。将试管置于水浴锅中煮沸，*Lupinus lupteus* 和 *L. angustifolia* 煮 2 h，*L. albus* 煮 1 h，之后将试管冷却至室温。再分别往各试管加入 2 滴碘溶液（30 g 碘和 60 g 碘化钾溶于 1 L 水中）。此时，盛"苦羽扇豆"种子试管的水变浑浊，而盛"甜羽扇豆"种子试管的水仍呈清澈。

（四）根据物理方法——荧光法

荧光测定紫外线具有光激发的作用，即紫外线照射物体后，将不可见光转为可见的、较照射波长为长的光。根据被照射物体发光持续时间不同，可分为荧光和磷光两种现象。荧光现象是当紫外线连续照射后物体能够发光，但照射停止后，被激发生成的光也随着停止；而磷光现象则是当照射停止后，激发生成的光在一定时间内能继续发光。种子检验一般是应用荧光现象。由于不同植物种、品种类型的种子结构和化学成分不同，在紫外线照射下发出的荧光也有差异，因此，可以鉴定种子真实性和品种纯度。荧光法在牧草方面有用于鉴别黑麦草属的不同种或品种、羊茅属的不同种，以及野豌豆属的不同品种等。其中野豌豆采用种子鉴定，而黑麦草和早熟禾采用种苗鉴定。

1. 多年生与一年生黑麦草

将供试种子以一定间距（便于对单个幼苗鉴定为宜）摆在培养皿内，或玻璃板上的湿润滤纸表面，置床后的种子放在 15～25 ℃变温光照条件下发芽，低温 16 h 无光照，高温 8 h 加光照，光照为 250 Lux。待种子幼苗根系发育良好时进行鉴定。一般，置床第 7 天鉴定已经发育好的首批幼苗，第 14 天鉴定其余幼苗。鉴定时采用 300～400 nm 波长的紫外灯，将种苗连同种床置于紫外灯下 10～15 cm 处，在黑暗条件下照射和观察幼苗根系，统计发光、不发光的幼苗数，以及正常与不正常幼苗数，结果以上述各类种子占供试种子的百分数表示。该法于 1929 年由 Genter 提出，随后多年来一直用于区分多年生与一年生黑麦草，即根系发荧光的鉴定为一年生黑麦草，而根系不发荧光的鉴定为多年生黑麦草（转引自任继周，1998）。但是 Baekgaard 于 1962 年和 Nyquist 于 1963 年（转引自任继周，1998）的研究，发现有的多年生黑麦草品种中含有一定比率的根系发光幼苗，而且这些发光幼苗可继续发育成正常的多年生黑麦草植株。因此，现行的 ISTA 品种鉴定手册中推荐用荧光法鉴定多年生黑麦草的不同品种，而不是鉴定多年生黑麦草与一年生黑麦草。但是在鉴定品种之前应经过调查和确定特定品种所含发荧光根苗的恒定比例数，以作为鉴定时参照。

2. 紫羊茅和羊茅

通常，紫羊茅和羊茅以批量单独存放时，根据形态很易区分，但当 2 个种混在一起时，便很难根据形态区分，此时可采用化学加荧光法识别，方法如下。对供试种采用纸卷法发芽，纸卷以约为 60°～65°角的方向立在培养箱内，10～30℃或 15～25℃的变温光照条件下培养，高温时段加光照，光强应不高于 1 000 Lux。培养 14 d 后，将 0.5% 浓度的氢氧化氨溶液轻轻喷洒在幼苗上，并将幼苗移至紫外灯下照射（方法与黑麦草相同），根据根系对紫外线的反应情况进行鉴定。幼苗根系呈黄绿色的是紫羊茅，根系呈蓝绿色的是羊茅。对萌发 14d 仍尚未发育好的幼苗可继续培养，至第 21 天时鉴定。

3. 食用与饲用豌豆品种

目前，最常用的鉴别程序是将供试干种子直接在 360 nm 波长的紫外灯下照射，在此条件下食用豌豆（*Pisum sativum* var. *sativum*）具荧光，而饲用豌豆（*Pisum sativum* var. *arvense*）不具荧光。也可根据湿种子或干子叶进行鉴定。采用湿种子鉴定时，将剥去种皮的种子在蒸馏水中浸泡 3 h，而后在紫外灯下照射，发紫光的是饲用豌豆，发红色或其他光的为食用豌豆。以子叶区分时，将干种子子叶在紫外灯下照射，子叶呈红光的为饲用豌豆，子叶呈紫光的为食用豌豆。表1-1至表1-3分别为重要禾本科草、豆科草类、菊种草种子形态特征。

表1-1 重要禾本科草种子的形态特征

草类植物名	形状	大小（mm）	颜色	颖	稃	脐	胚
黑麦草	矩圆形	(28~3.4)×(1.1~1.3)	棕褐色至深棕色	颖短于小穗，第一颖除在顶生小穗外均退化，通常较长于第一花，具5脉，边缘狭膜质	外稃宽披针形，长5~7 mm，宽1.2~1.4 mm，淡黄色或黄色，无芒或上部小穗具短芒，内稃与外稃等长，脊上具短纤毛；内外稃与颖果紧贴，不易分离	脐不明显；腹面凹	胚卵形，长约占颖果的1/5~1/4，色同于颖果
多花黑麦草	倒卵形或矩圆形	(2.5~3.4)×(1~1.2)	褐色至棕色	颖质地较硬，具狭膜质边缘；第一颖退化，第二颖长5~8mm，具5~7脉	外稃宽披针形，长4~6 mm，宽1.3~1.8 mm，淡黄色或黄色；顶部膜质透明，具5脉中脉延伸成细弱芒，芒长5 mm，内外稃等长，边缘内折，内外稃与颖果易分离	脐不明显；腹面凹陷	胚卵形至圆形，长约占颖果的1/5~1/4，色同于颖果
紫羊茅	矩圆形	(2.5~3.2)×1	深棕色	颖狭披针形，先端尖，第1颖具1脉，第2颖3脉	外稃披针形，长4.5~5.5 mm，宽1~1.2 mm，淡黄褐色或尖端带紫色，具不明显的5脉，先端具1~2 mm细弱芒，内外稃等长	脐不明显；腹面具宽沟	胚近圆形，长约占颖果的1/6~1/5，色浅于颖果
苇状羊茅	矩圆形	(3.4~4.2)×(1.2~1.5)	深灰色或棕褐色	颖披针形，无毛，先端渐尖，边缘膜质，第一颖具1脉，第二颖具3脉	外稃矩圆状披针形，长6.5~8 mm，先端渐尖，具矩芒，芒长2 mm，或稀无芒，内稃具点状粗糙，纸质具2脉	脐不明显；腹面具沟	胚卵形或广卵形，长约占颖果1/4，色稍浅于颖果
羊茅	椭圆状矩圆形	(1~1.5)×0.5	深紫色	颖披针形，先端尖，第一颖具1脉，第二颖具3脉	外稃宽披针形，长2.6~3 mm，黄褐色或稍带紫色，先端无芒或仅具短尖头，上部1/3粗糙，内外稃等长	脐不明显；腹面具宽沟	胚近圆形，长约占颖果1/4，色浅于颖果
草地早熟禾	纺锤形，具三棱	(1.1~1.5)×0.6	红棕色，无光泽	颖卵状圆形或卵圆状披针形，先端尖，光滑或脊上粗糙，第一颖具1脉，第二颖具3脉	外稃卵圆状披针形，长2.3~3 mm，宽0.6~0.8 mm，草黄色或带紫色，先端膜质；内稃稍短于外稃或等长	脐不明显；腹面具沟，呈小舟形	胚椭圆形或近圆形，长约占颖果1/5，色浅于颖果
普通早熟禾	长椭圆形	长约1	淡棕色	颖披针形，脉明显而粗糙，第一颖1脉，第二颖3脉	外稃披针形，长2.5 mm，宽0.7 mm，灰褐色、草黄色或带紫色，具明显而凸起的5脉，先端稍带膜质；内稃等长或稍短于外稃，脊上具短刺毛	脐不明显	胚卵形，长约占颖果1/5，色同于颖果
加拿大早熟禾	纺锤形	1.6×0.8	红棕色，有光泽	颖披针形，近于相等，先端具尖头，具3脉，脊上微粗糙，边缘及顶端具狭膜质	外稃长椭圆形，长2.6~3.2 mm，宽约1 mm，草黄色、褐色或带紫色，先端钝具狭膜质，具5脉；内稃等长于外稃，脊上粗糙	脐圆形，黑紫色	胚椭圆形，凸起，长约占颖果的1/5~1/4，色浅于颖果

(续)

草类植物名	形状	大小(mm)	颜色	颖	稃	脐	胚
林地早熟禾	纺锤形	(1.3~1.6)×(0.4~0.6)	棕色	颖披针形，先端尖，具3脉，边缘膜质，脊上稍粗糙	外稃矩圆状披针形，长2.8~3.6 mm，宽0.5~0.8 mm，褐黄色或灰绿色，先端具较宽的膜质；内稃稍短于外稃，脊上粗糙	脐不明显	胚椭圆，凸起，长约占颖果1/5，色浅于颖果
泽地早熟禾	纺锤形	(1.1~1.5)×(0.4~0.6)	红棕色，有光泽	颖披针形，稍带紫色，具3脉，脊上粗糙	外稃长椭圆形，长2.6~3 mm，宽0.5~0.8 mm，黄褐色、灰绿色或带紫色，内稃稍短于外稃，脊上粗糙或具细纤毛	脐较明显，圆形	胚椭圆形，凸起，长约占颖果的1/5，色浅于颖果
早熟禾	纺锤形，具三棱	2×(0.6~0.8)	深黄褐色	颖薄，具有宽膜质的边缘，先端钝，稀锐尖，第一颖具1脉，第二颖3脉	外稃卵圆形，颖薄，具宽膜质边缘，外稃卵圆形，先端钝，长1.8~2.5 mm，宽约1 mm，深黄褐色、灰绿色或带紫色，内外稃等长，脊上具短纤毛	脐圆形，白色	胚椭圆形，凸起长约占颖果的1/4，色同于颖果
结缕草	近矩圆形，两边扁	长1~1.2	深黄褐色，稍透明，顶端具宿存花柱	第一颖退化，第二颖为草质	无芒或仅具1 mm尖头，两侧边缘在基部联合，全部包膜质的外稃具1脉成脊，内稃通常退化	脐明显，色深于颖果	胚在一侧的角上，中间凸起，长约占颖果1/2~3/5
冰草	矩圆形	(3.5~4.5)×1	灰褐色	颖呈舟形，两侧压扁，边缘膜质，先端渐尖成芒，芒与颖片等长或稍短	外稃舟形，不具明显3脉，长6~7 mm，披短刺毛，先端渐尖成芒，芒长2~4 mm，内稃短于外稃，内外稃与颖果相贴，不易分离	脐具绒毛	胚卵形，长约占颖果1/5~1/4，色稍浅
西伯利亚冰草	矩圆形	(3~4)×1	褐色至深褐色	颖片卵状披针形，两边不对称，具短尖头和宽膜质边缘，脊上粗糙，长5~7mm，具5~7脉	外稃舟形，长5~7 mm，具7~9脉，先端渐尖1~2 mm短芒，内稃稍短于外稃，脊上具纤毛，内外稃与颖果相贴，不易分离	脐明显，圆形凸起	胚椭圆形，凸起，长占颖果1/5~1/4，色淡
沙生冰草	短圆形	(3~5.5)×1	深褐色	颖舟形，边缘膜质，脊上具稀疏纤毛，颖片长3~4mm，芒长约2mm	外稃舟形，长1~7 mm，具明显5脉，背面具柔毛，基盘钝，圆形，先端尖约1~2 mm的短芒，内稃等长于外稃，先端2裂，脊中上部具刺毛，内外稃与颖果相贴，不易分离	脐圆形	胚椭圆形，长约占颖果1/5~1/4，色淡
小糠草	长椭圆形	(1.1~1.5)×(0.4~0.6)	褐黄色	颖片先端尖，具1脉成脊，脊上部微粗糙	外稃长1.8~2 mm，膜质，透明，先端稍呈细齿状，具不明显5脉，无芒；内稃短于外稃，极透明，具2脉，顶端平截或微凹，内外稃疏松包围颖果	脐圆形稍凸起	胚卵形，长约占颖果1/4~1/3
普通䅟股颖	矩圆形	1×0.4	褐黄色，质地软，易破裂	颖片先端尖，脊上微粗糙	外稃膜质，透明，具5脉，上部边缘明显，芒自稃体中部以上伸出，芒长约1 mm，内稃微小，极透明，长为外稃1/3，无脉	脐椭圆形，稍突出	胚卵形，长约占颖果1/5~1/4

(续)

草类植物名	形状	大小（mm）	颜色	颖	稃	脐	胚
细弱剪股颖	长椭圆形	(1~1.3)×(0.4~0.6)	黄褐色	颖片先端尖，脊上微粗糙	外稃膜质，透明，长1.5 mm，中脉稍突出成齿，无芒，内稃长为外稃2/3，具2脉，透明，顶部凹陷成钝，稃体与颖果易分离	脐椭圆形	胚长椭圆形，长占颖果的1/4
膝曲看麦娘	纺锤形，扁	(1~1.5)×(0.5~0.8)	深褐色	颖膜质，果长，具3脉，下部约1/3连合，脊及颖片中下部具纤毛，先端斜截	稃与颖果等长，具不明显5脉，先端平截，芒自稃体基部稍上伸出，芒长4.5~5.2 mm，中部以下膝曲，扭转，内稃缺如	脐明显斜截	胚长椭圆形，长约占颖果1/3，色稍深
垂穗草	长椭圆形	(2.5~3)×1	棕褐色	颖尖披针形，不等长，具1脉	外稃背部长圆形，与小穗等长，先端尖，具3脉，边脉延伸成小尖头，内稃等长或略长于外稃，具2脉，中部以上成脊，内外稃疏松包围颖果，易分离	脐圆形，黑色，具白色绒毛	胚长圆形，长约占颖果1/2~2/3，具沟，色同于颖果
格兰马草	窄长椭圆形，两端尖	2.5×0.4	棕黄色	颖尖披针形，具1脉，第二颖长于第一颖，具短芒，脊上疏生疣毛	外稃背面具柔毛，长5 mm，先端2裂，三脉各延伸成短芒，内稃具二脊，短于外稃，不孕花外稃退化，顶端具3芒，芒长约5 mm	脐不明显	胚不明显
无芒雀麦	宽披针形	(7~9)×2	棕色	颖披针形，边缘膜质，第一颖具1脉，第二颖具3脉	外稃宽披针形，长8~10 mm，宽2.5~3 mm，褐黄色具5~7脉，无芒或具1~2 mm短芒；内稃短于外稃，脊上具纤毛，内外稃与颖果相贴，不易分离		胚椭圆形，长约颖果1/8~1/7，具沟，色与颖果同
高山雀麦	长椭圆形	(7~8)×1	棕褐色		外稃披针形，扁，草黄色，长13~15 mm，具4~7脉，由脊脉延伸成芒，芒长7~9 mm；内稃狭窄，短于外稃，具二脊，颖果贴生于内稃，不易分离		胚长椭圆形，长约颖果1/4，色深于颖果
加拿大披碱草	矩圆形	7×1.3	黄褐色	颖线形或线状披针形，具3或4条明显的脉，先端具芒，长7~18 mm	外稃披针形，草绿色或淡黄色，长10~16 mm，宽1.5 mm，全部密生硬毛或小刺毛，先端尖，2裂，芒自裂处伸出，长20~30 mm，向后弯曲；内稃脊上具纤毛，脊间短毛，颖果贴生于内稃，不易分离		胚倒卵形，长约占颖果的1/7~1/6，色与颖果同
狗牙根	矩圆形	0.9~1.1	淡棕色或褐色	颖具一中脉形成背脊，两侧膜质，长1.2~2 mm，等长或第二颖稍长	外稃草质，与小穗等长，具3脉，中脉成脊，脊上具短毛，背脊拱起成二面体，倒面为近半圆形，内稃约与外稃等长，具2脊	脐圆形，紫黑色	胚矩圆形，凸起，长占颖果的1/3~1/2
洋狗尾草	矩圆形，顶端钝圆，基部平截	(1~1.5)×(0.7~0.9)	深黄色或淡棕色	颖披针形，先端尖，边缘近于膜质，背具1脉成脊，脊上粗糙，无毛，第一颖长4 mm，第二颖4~4.5 mm	外稃背椭圆形，膜质粗糙，具5脉，主脉延伸成1 mm短芒；内稃稍短于外稃，具2脊，脊上粗糙；内外稃疏松包围颖果	脐圆形，紫黑色	胚矩圆形，长约占颖果的1/2

(续)

草类植物名	形状	大小（mm）	颜色	颖	稃	脐	胚
鸭茅	长椭圆形或略具三棱	(2.8~3.2)×(0.7~1.1)	米黄色或褐黄色	颖片等长，披针形，先端渐尖，长4~5 mm，具1~3脉，脊上粗糙或具纤毛	外稃披针形，长3.8~6.5 mm，宽0.8~1.2 mm，具5脉，脊上粗糙或具短纤毛，顶端具1 mm之短芒；内稃舟形，先端成芒状尖头，约与外稃等长，具2脊	脐圆形，淡紫褐色	胚矩圆形，长约占颖果的1/4~1/3
中间偃麦草	矩圆形	6×1.5	浅棕色，无毛	颖矩圆形，长5~7 mm，无毛，先端钝圆或平截，两侧稍不对称，具5~7脉	外稃宽披针形，长8~10 mm，宽2 mm，淡黄褐色，无毛，先端钝而有时微凹，具5~7脉；内稃具2脊，脊上粗糙，边缘膜质，颖果与内稃贴生，不好分离	脐不明显	胚椭圆形，呈指纹状，长占颖果之1/5~1/4，色稍深
偃麦草	矩圆形	(3~4)×1	褐色	颖披针形，连同尖头长10~15 mm，具5~7脉，光滑；边缘膜质	外稃披针形，长6~10 mm，深褐黄色，具5~7脉，无毛，先端锐尖成芒，芒长1~2 mm，内稃具2脊，脊上具短刺毛，内外稃与颖果相贴，不易分离	脐圆形，斜截	胚椭圆形，长占颖果1/4~1/3，色同颖果
猫尾草	卵形	1.5×0.8	褐黄色，稍透明，表面具不规则凸起	颖膜质，具3脉，中脉成脊，脊上具硬纤毛，顶端具0.5~1 mm之尖头	外稃薄膜质，长2 mm，宽1 mm，淡灰褐色，先端尖，具小尖尖，7~9脉，内稃略短于外稃，具2脊，易与颖果分离	脐圆形，深褐色	胚长椭圆形，凸起，长占颖果之1/3，色稍深于颖果
毛花雀稗	卵形	长2	浅褐色或乳白色及乳黄色	第一颖缺，第二颖与第一外稃相同，膜质	第一小花中性，内稃缺；第二小花外稃背革质，近圆形，背面凸起，边缘内卷，包卷同质的内稃	脐明显，矩形，棕色	胚卵形，长占颖果之1/2，色同颖果
硬叶偃麦草	矩圆形	(4~5)×1.5	紫褐色或棕褐色	线状披针形，不对称，连同短芒长8.5~13.5 mm，具3~5脉，先端渐尖延伸成短芒，芒长1~4 mm	外稃披针形，长10~13 mm，宽约1.5 mm，深褐黄色，质硬，无毛，具不明显的3~5脉，先端渐尖延伸成芒状尖头，内稃具2脊，脊上具刺毛短于外稃；内外稃与颖果贴生，极不易分离	圆形，淡黄色，腹面具沟	矩圆形，长约占颖果的1/5~1/4，色同颖果
虉草（草芦）	颖披针形	(4~5)×(3~4)	淡黄色或灰褐色，有光泽	草质，具3脉，脊上粗糙，上部具极狭之翼	孕花外稃软骨质，宽披针形，长3~4 mm，宽约1 mm，具5脉，内稃披针形，具1脊，脊的两边疏生柔毛；不孕花外稃2枚，退化为线形，具柔毛		
金丝雀虉草	长椭圆形	长3.5~4，宽约1，厚1.5~2	褐黄色、淡灰褐色或稍带紫色，具光泽	颖草质，披针形，等长，具3脉，其背常具翼	孕花外稃草质，卵状椭圆形，长约5 mm，由脊内折，两边缘间宽约1 mm，由脊至边缘宽2~2.5 mm；内稃1脊；不孕花外稃2枚退化成鳞片状披针形，长约为孕花外稃的1/2~3/5	脐圆形，淡黄褐色；腹面具一黑色的纵沟	胚椭圆形，凸起，长约占颖果的1/3，色稍深于颖果

(续)

草类植物名	形状	大小(mm)	颜色	颖	稃	脐	胚
纤毛鹅观草	长倒卵形	长5，宽约1.4	黄褐色或黄绿色	颖椭圆状披针形，先端具短尖头，两侧或一边常具齿，有明显而凸起的5~7脉，边缘及边脉上具纤毛	外稃披针形，长8~9 mm，宽约1.5 mm，背面具粗毛，边缘具长而硬的纤毛，具5脉，无脊，中脉延伸成芒，向背反曲，长10~20 mm；内稃长倒卵形，先端钝长为外稃的2/3	脐不明显	胚倒卵形，长约占颖果的1/7~1/6
苏丹草	倒卵形或矩圆形	长约4，宽约2.5	褐黄色	颖草质，具光泽，基部及边缘具柔毛，有的中部及顶部具稀疏柔毛，第一颖上部具2脊，脊上具短纤毛，第二颖具一脊，脊近顶端具短纤毛	稃薄膜质，透明，稍短于小穗第二外稃先端2裂；芒从裂中间伸出，膝曲扭转，芒长8.5~12 mm	倒卵形，紫黑色；腹面扁平	胚椭圆形，长约占颖果的1/2~2/3色浅于颖果
虎尾草	纺锤形或狭椭圆形具光泽	2×(0.5~0.7)	淡棕色，具光泽，透明	颖不等长，膜质，具1脉	第一外稃长3~4mm，具3脉，两边脉具长柔毛，毛长者与稃体等长，芒自顶端以下伸出，长9~15mm；内稃稍短于外稃不孕外稃顶端平截，长约2mm，芒长3.5~11mm	脐圆形，紫色或黑紫色	胚椭圆形，长约占颖果的2/3~3/4，色浅于颖果
狼尾草	矩圆形，扁平	(2~2.6)×(1.4~1.5)	灰褐色，呈指纹状	第一颖微小，卵形，脉不明显，第二颖具3~5脉，长为小穗的1/2~1/3	第一外稃草质，具7~11脉，与小穗等长。孕花外稃硬纸质，不具皱纹，背面不隆起，与小穗等长，内稃薄	脐明显，上部紫褐色	胚卵形，凹陷，长约占颖果的1/2，色浅于颖果
大看麦娘	两侧扁，颖果纺锤形	(4.5~6)×(1.8~2.2)	淡黄色，有时带紫色	颖片等长，膜质，具3脉，脊上有纤毛，边脉具短毛，基部1/3连合	外稃等长或稍长于颖，具明显的5脉，内稃缺，芒自稃体近基部伸出，芒柱稍扭转，芒长5.8~7.2 mm	脐明显，深褐色	胚近圆形，长约占颖果的1/3，色深
野燕麦	颖果矩圆形	(7~9)×2	米黄色	颖草质，几等长，具9脉	外稃草质，坚硬，长15~20 mm，宽2.5~3 mm，棕色或棕黑色；芒从稃体中部向下伸出，膝曲扭转，长20~30 mm，芒柱黑棕色，内稃具2脊	脐圆形，淡黄色	胚椭圆形，长约占颖果的1/5~1/4
扁穗雀麦	颖果圆形	8×1	棕褐色	颖果贴生于内稃，不易分离；第一颖长10 mm，具7~9脉，第二颖12~15 mm，具9~11脉	外稃长16~18 mm，具9~11脉，脉上具刺状粗糙，脊脉较宽，先端2裂，自裂处伸出约2 mm之短芒	脐不明显	胚椭圆形，长约占颖果的1/8，色深
雀麦	长椭圆形，扁	(7~10)×2	棕褐色	颖披针形，边缘膜质，颖果与内外稃相贴，不易分离	内稃较窄，短于外稃，脊上疏生刺毛		胚长椭圆形，长约占颖果的1/7~1/6色浅于颖果

（续）

草类植物名	形状	大小（mm）	颜色	颖	稃	脐	胚
毛雀麦	长椭圆形，扁	7×(1.5~2)	棕色	颖披针形，被柔毛，带绿色，第一颖具3~5脉，第二颖具5~7脉	外稃背面长椭圆形，上部较宽，长8~9 mm，宽2~3 mm，灰褐色，背部密生柔毛；先端2裂，芒自裂处稍下伸出，直长4~6 mm，内稃与颖果紧贴		椭圆形，长占颖果的1/6~1/5
旱雀麦	颖披针形	小穗含4~7花，长约25	淡紫褐色	颖果贴生于内稃，不易分离	外稃背部粗糙，矩圆形，长15~20 mm，直，内稃短于外稃，脊上具纤毛		胚矩圆形，基部尖，长约占颖果的1/6~1/5，色浅

表1-2 重要豆科草类种子形态特征

草类植物名	形状	颜色	大小（mm）	胚根	种脐	种瘤和脐条	胚乳
百脉根	椭圆状肾形，宽椭圆形或近球形	表面暗褐色或橄榄绿色，有的具有褐色斑点，稍粗糙，或近光滑；无光泽	(1.1~1.8)×(0.8~1.6)×(0.7~1.4)	胚根粗，突出，尖不与子叶分开，长约为子叶长的1/3或以上	种脐在种子长的1/2以下，圆形，白色，凹陷，直径约0.17 mm；环状脐冠浅，晕环由小瘤组成，褐色，有的种脐浅褐色，脐冠由一小圈的瘤组成	种瘤在种脐下边突出，深褐色，距种脐约0.4 mm，脐条不明显，与种瘤连生	有胚乳
湿地百脉根	倒卵形，微扁	黄绿色至红褐色，具灰褐色花斑；近光滑，具微颗粒，无光泽或微具光泽	长和宽相等，(1~1.3)×0.8	胚根粗，尖凸起，与子叶不分开，长约等于子叶长或稍短	种脐在种子长的1/2以下，圆形，直径约0.1 mm，褐色或白色；环状脐冠白色（不包括脐冠）凹陷	种瘤突出，黑褐色，距种脐约0.15 mm，脐条明显	有胚乳
天蓝苜蓿	倒卵形或肾状倒卵形，两侧凸圆	黄色、绿黄色或黄褐色，近光滑，具微颗粒，无光泽或微具光泽	(1.2~2)×(1~1.5)×(1~1.2)	胚根紧贴于子叶上，但尖与子叶分开，构成一个小缺口和一个小突尖，两者之间有一条白色线，长为子叶长的1/2~2/3	种脐在种子长1/2以下，圆形，直径约0.18 mm，较明显黄白色至黄褐色	种瘤接近种子基部，凸起褐色，脐条褐色花斑	有胚乳
紫花苜蓿	肾形或宽椭圆形，两侧扁，不平，有角，正视腹面时两侧呈波浪状，种子稍弯曲或扭曲	黄色到浅黄色近光滑，具微颗粒，有光泽	(2~3)×(1.2~1.8)×(0.7~1.1)	胚根长为子叶长的1/2或略短，两者分开或否，之间有一条白色线	种脐靠近种子长的中央或稍偏下，圆形，直径0.2 mm，黄白色，或有一白色环，晕轮浅褐色	种瘤在种子下边，凸出，浅褐色，距种脐在1 mm以内	有胚乳
红豆草	肾形，两侧稍扁	浅绿褐色，红褐色或黑褐色，前二者具黑色斑点后者具麻点，近光滑	(4.1~4.8)×(2.7~3.2)×(2~2.2)	胚根粗且突出，但尖不与子叶分开，长为子叶长的1/3，两者间有一条向内弯曲的白色线	种脐靠近种子长的中央或稍偏上，圆形，直径0.99 mm，褐色，脐边色深，脐沟白色；晕轮褐黄色呈深褐色	种瘤在种子下边凸出，深褐色，距种脐0.65 mm，脐条中间有一条浅色线	无胚乳

(续)

草类植物名	形状	颜色	大小(mm)	胚根	种脐	种瘤和脐条	胚乳
白三叶	多为心脏形,少为近三角形,两侧扁	黄色、黄褐色,近光滑具微颗粒,有光泽	(1~1.5)×(0.8~1.3)×(0.4~0.9)	胚根粗,凸起,与子叶等长或近等长,两者明显地分开,其之间成明显小沟;也有胚根短于子叶的,约为子叶长的2/3	种脐在种子基部,圆形,直径0.12 mm,呈小白圈,圈心呈褐色小点;具褐色晕环	种瘤在种子脐的下边,距种脐0.4 mm	胚乳很薄
红三叶	倒三角形,倒卵形或宽椭圆形,两侧扁	多为上部紫色或绿紫色,下部黄色或绿黄色;少为纯一色者,即呈黄色、暗紫色或黄褐色,光面光滑,有光泽	(1.5~2.5)×(1~2)×(0.7~1.3)	胚根尖突出呈鼻状,尖与子叶明显地分开,构成30°~45°角,长为子叶长为1/2	种脐在种子长的1/2以下,圆形,直径0.23 mm,呈白色小环,环心褐色,晕轮浅褐色	种瘤在种子基部,偏向具种脐的一边呈小凸起,浅褐色,距种脐0.5~0.7 mm	胚乳很薄
草莓三叶草	宽椭圆状心脏形	黄色或红褐色具紫色花斑,有的种子条纹不明显	(1.5~2)×(1.2~1.7)×(0.6~0.8)	胚根尖与子叶分开,长与子叶等长或超过,两者之间具一小浅沟,沟底具一黄色线	种脐在种子基部,圆形,直径0.12 mm,浅褐色	种瘤在种子基部偏向胚根尖相反的一侧,距种脐0.1~0.8 mm,脐条条状	胚乳很薄
鹰嘴紫云英	心状椭圆形,扁,不扭曲	浅黄色、黄褐色或绿黄色,光滑,微有光泽	(2.2~3)×(2~2.5)×(1~1.3)	胚根粗,尖为子叶长的2/3或稍短,两者明显地分开,两者之间有一白色近楔形的线	种脐在种子长的中央,圆形,直径为0.25 mm,较皮深,呈白色小圈,晕轮较种皮色深	种瘤较种皮色深,距种脐约0.5 mm,脐条明显	胚乳很薄
多变小冠花	圆柱形,稍扁	红紫色或深红紫色,稍粗糙,密布细颗粒,两侧有隆起的中间线或中间线不明显,无光泽	(3.5~5)×(1~15)(宽和厚约等)	胚根粗,紧贴子叶上,尖不与子叶分开,长为子叶长的1/2	种脐在种子长的中央,圆形,直径约0.2 mm 白色,具脐沟	种瘤在种脐下,不明显,距种脐约0.3 mm;脐条短	有胚乳
胡枝子	三角状倒卵形,两侧扁	黑紫色或底色为褐色且密布黑紫色花斑;表面近光滑,具微颗粒;无光泽	(3~4)×(2~3)×(1.5~2)	胚根尖突出,尖不与子叶分开,长约为子叶长的1/2,两者之间界限不明显	种脐位于种子长的1/2以下,圆形,直径约2.3 mm(不包括脐冠),黄色;脐沟与种脐同色;环状脐冠白色	种瘤在种脐下边,距种脐约0.55 mm,脐条呈沟状	无胚乳
直立黄芪	近方形、菱形或肾状倒卵形,两侧扁,有时微凹	褐色或褐绿色,具稀疏的黑色斑点或无;具颗粒状,近光滑	(1.56~2)×(1.2~1.6)×(0.6~0.9)	胚根粗,突出呈鼻状,尖与子叶分开胚根长约为子叶长的1/2~2/3,两者之间界限不明显,或有一浅沟	种脐靠近种子长的中央,圆形,直径0.1 mm,呈白圈,中间有一黑点,晕轮隆起,黄褐色	种瘤在种脐的下面,与脐条连生,色也同,不明显,距种脐0.4 mm;脐条条状;黄褐色	有胚乳,很薄

（续）

草类植物名	形状	颜色	大小（mm）	胚根	种脐	种瘤和脐条	胚乳
紫云英	倒卵形	红褐色；具微颗粒，近光滑，无光泽	(2.5~3.3)×(2~2.2)×(0.7~0.9)	胚根尖呈钩状，与子叶明显地分开，与子叶构成圆形的凹陷	种脐靠近种子长的中央，矩圆形，长约0.77 mm，宽0.3 mm，随着凹洼而弯曲，白色；具脐沟；晕轮隆起，较种皮色深，距种脐0.3~0.5 mm，脐条不明显		有胚乳
山羊豆	长椭圆状肾形	橄榄绿色或黄褐色，近光滑，具细颗粒，无光泽	(4~4.5)×(1.5~2)×1.5	胚根长约为子叶长的1/2或更短，尖不与子叶分开，两者之间常有一明显的浅沟，沟底有一条白线	种脐靠近种子长的中央，圆形，直径约0.33 mm，褐色；脐沟与种脐同色，晕轮较种皮色浅	种瘤在脐下边，凸出，较种皮色深，与种脐约0.5 mm，脐条常呈灰色圆斑	胚乳很薄
鸡眼草	倒卵形，两侧扁	暗紫色或底色为黄色，具暗紫红色花斑，稍粗糙，密布极小颗粒，无光泽或微具光泽	(2.1~2.5)×(1.5~1.8)×1	胚根尖不与子叶分开，长约为子叶长的2/3	种脐在种子长的1/2以下，圆形，直径约0.15 mm（不包括脐冠），凹陷，与种皮同色，环状脐冠黄白色，晕轮不明显	种瘤与种脐连生，稍凸出，黑色，脐条不明显	无胚乳
绛三叶	长椭圆形或倒卵形，两侧微扁	红黄色或黄褐色，光滑，具很亮的光泽	(1.8~3)×(1.2~2.3)×(0.8~1.8)	胚根紧贴子叶上，尖不与子叶分开，两者之间界限不明，少数种子胚根微凸出，胚根长为子叶长的1/2~2/3	种脐在种子长的1/2以下，圆形，直径约0.25 mm，白色，晕轮隆起，褐色	种瘤在种脐下边，稍隆起，浅褐色，距种脐0.2~0.4 mm，脐条隆起，亦呈浅褐色	胚乳很薄
多角胡卢巴	窄椭圆形或矩形，两侧扁，一端或两端平截	黄色或褐色	(1.8~2.2)×1×0.5	胚根粗，尖不与子叶分开，长约为子叶长3/4或以上，两者之间有1沟，沟底有白色线或无	种脐在种子长1/2以下，圆形，直径0.1 mm，白色	种瘤在种子基部偏向腹面，微凸，褐色，距种脐0.1 mm	胚乳占种子厚度的1/2
加拿大山蚂蝗	倒卵状肾形扁	橄榄绿色或黄褐色，光滑，无光泽	(3~4)×(2~2.5)×1	胚根紧贴于子叶上，尖不与子叶分开，长约为子叶长的1/3~1/2	种脐靠近种子长的中央，椭圆形，褐色，长约0.42 mm，宽约0.25 mm，长约占种子圆周长的5%，凹陷在褐色环状脐冠里	种瘤在脐下连，不明显，与种皮同色，距种脐0.39 mm（以脐条远端为准）	胚乳很薄
杂三叶	椭圆状心脏形或心脏形，略扁	多暗绿色，少数暗褐色，皆具黑色花斑点，也有几呈灰黑色，近光滑，具微颗粒，无光泽或微具光泽	(1~1.5)×(0.75~1.3)×(0.4~0.9)	胚根与子叶等长或稍短，尖与子叶分开，两者之间具一与种皮同色的小沟	种脐位于种子基部，圆形，直径0.08 mm，呈白色小环，其中心有小黑点	种瘤位于种脐的下边，距种脐0.12~0.14 mm	胚乳很薄

（续）

草类植物名	形状	颜色	大小(mm)	胚根	种脐	种瘤和脐条	胚乳
山野豌豆	球形或矩圆形	黄褐色或黄绿色，具黑色或灰绿黑色花斑，近光滑，似天鹅绒，无光泽	(3.3~4)×(2.5~3)×(2.5~3)		种脐线形，长3~3.8 mm，占种子圆周长的30%~40%，黄褐色或色更深，种柄宿存，为银白色，稍凸出种子表面	种瘤在种脐相反的背面的中间或稍偏下至种子长度的1/3处，较种皮色深	无胚乳
箭筈豌豆	近球形或近凸透镜状	颜色多变，分两类：①红褐色；②绿色和褐色，且具黑色花斑	(3~6)×(2.5~5.5)×25		种脐线形，长2~3 mm，宽约0.5 mm长占种子圆周长的20%，浅黄色或白色，脐边稍凹陷，脐沟黄白色，有的脐沟隆起	种瘤黑色、褐色或麦秆黄色，均较种皮色深，距种脐0.5~1 mm	无胚乳
野豌豆	近球形，稍扁	灰绿色、黄褐色或红褐色，皆具不同程度的黑色花斑，似天鹅绒，近光滑，无光泽	(3~4.7)×(2.5~3)×(2~2.5)		种脐环状线形，脐长占种子圆周长的60%~75%，种脐限制在种子边缘上，微突出于种子表面，与种皮底色相同，有光泽，脐边呈平行的凹陷线，脐沟合拢呈隆起，与种脐同色	种瘤在脊背上，微隆起，极不明显，与种皮同色	无胚乳
草木犀状黄芪	倒卵状肾形，两侧扁或微凹	表面黑色，光滑，有光泽	(2.5~3)×(2~2.4)×(0.9~1.2)	胚根突出，尖呈鼻形，并与子叶分开，为子叶长的1/2	种脐在近种子长的中央，圆形，但胚根尖下的脐边常较直，直径约0.12 mm，白色，脐沟黑色	种瘤与种皮同色；距种脐0.48 mm左右，脐条不明显	极薄
东方山羊豆	长椭圆状肾形	表面颜色较浅，带黄色	长3.5~4，宽1.3~1.5		种脐小，直径约0.22 mm		较薄
宽叶山黧豆	长椭圆形，近球形或方状球形	赭色至褐色，有时具紫色花斑，具网状皱纹，稍具光泽	(4~5)×4×(3.5~4.5)		若种子呈方状球形，种脐多在一角棱上，线形，与种皮同色，长3~4 mm，宽约0.75 mm，长约占种子圆周长的25%，或近种子长度，脐沟两侧微隆起，黄白色，晕轮隆起	种瘤在脐条末端，与种皮同色，距种脐约1 mm，脐条呈一小沟	无胚乳
家山黧豆	斧头形	表面黄色、黄白色或褐色，深色者常带灰黑色花斑，光滑，无光泽	斧背长4~8，宽4~5，斧身高约8		种脐多在斧背上，宽椭圆形，长约2 mm，宽1 mm，与种皮同色，脐沟黄白色，脐边凹陷，晕轮隆起，种孔明显	种瘤褐色，距种脐1.5~1.8 mm，脐条明显	无胚乳
丹吉尔山黧豆	长椭圆形，扁	茶褐色至黑色，有的具黑色花斑	(6~7.5)×(5.5~6)×(3.5~4)	围绕胚根具黑色条纹，近光滑，似天鹅绒，无光泽	种脐长椭圆状线形，与种皮同色或银灰色，脐长3.5~4 mm，宽1~1.2 mm，长占种子圆周长15%~20%，脐沟白色，明显，脐边浅黄色，凹陷，晕轮隆起	种瘤黑色，距种脐0.8~1.2 mm	无胚乳

(续)

草类植物名	形状	颜色	大小（mm）	胚根	种脐	种瘤和脐条	胚乳
达乌里胡枝子	倒卵形，两侧扁	浅绿色，具红紫色花斑，光滑，有光泽	(2~2.5)×(1.3~1.5)×1		种脐在种子长的1/2以下，圆形，直径约0.09 mm（不包括脐冠）；环状脐冠白色，晕轮浅绿白色或黄白色，晕轮两侧较窄，上下端较宽	种瘤在种脐下边距种脐约0.26 mm，与脐条连生	胚乳极薄
黄羽扇豆	宽短形，肾状短形或近球形，两侧扁	黄褐色或乳黄白色，具不同密度的黑色花斑，同时在两面各有1条弯月形的黄褐色线，光滑，无光泽	(5~7)×(5~6)×(4~5)	胚根紧贴于子叶上，尖不与子叶分开，长约为子叶长的2/3	种脐在矩形的一个底角上，倒卵形，长0.9~1.1 mm，宽约0.5 mm 黄色，凹陷	种瘤在基部弯月形线的交接处，距种脐1.2~1.8 mm	无胚乳
褐斑苜蓿	肾形，两侧扁平	浅黄色或褐色，近光滑，具微颗粒；有光泽	(3~3.3)×(1.5~1.9)×0.75	胚根尖与子叶分开，长约为子叶长的1/2，两者之间有一条白线	种脐靠近种子长的中央，圆形，直径约0.2 mm，白色，凹陷，无晕轮，胚根尖与种脐之间有红褐色尖头凸起	种瘤在种脐下边，突出，深褐色，距种脐约0.3 mm；脐条明显	胚乳极薄
野苜蓿	肾状椭圆形或卵形，两侧扁	黄色、黄褐色或黄绿色，近类端具微颗粒；有光泽	(1.7~2.3)×(1~1.5)×(0.7~1)	胚根尖突出且钝，与子叶分开，多数长为子叶长的3/4或以上，少数为1/2或等长，两者之间有1条白色线	种脐在种子长的1/2以下或基部，圆形，直径约0.2 mm，浅黄色，稍凹陷，呈一白圈，中间褐色，晕轮黄褐色，在胚根尖与种脐间常有一褐色尖头	种瘤在种脐下连，凸出，浅褐色，距种脐约0.2 mm	胚乳极薄
白花草木樨	倒针形或肾状椭圆形	黄色、红黄色或黄褐色，近光滑，具微颗粒，无光泽	(1.5~2.5)×(1.3~1.7)×(0.8~1.2)	胚根比子叶薄，尖凸出，不与子叶分开，为子叶长的2/3~3/4（或更长），两者间有一条白线	种脐在种子长1/2以下，圆形，直径0.13 mm，凹陷，白色，脐周围有一圈不明显的褐色小瘤	脐条呈斑状，种瘤突出，褐色，距种脐0.5 mm	胚乳极薄
黄花草木樨	宽椭圆形或倒卵状椭圆形	黄色、黄绿色或浅黄色，具紫色点状花斑或无	2×1.5×1	胚根紧贴于子叶上，尖不与子叶分开，长约为子叶长的2/3~3/4，两者间有1条模糊的白线	种脐在种子长的1/2以下，圆形，直径0.17 mm，褐色或白色；脐沟褐色；晕环褐色	种瘤在种子基部，凸出，褐色，距种脐0.5 mm，脐条斑状，褐色	有胚乳
田菁	圆柱形，两端钝圆，中间略缢缩	红褐色或红褐色具黑褐色斑点，近光滑，具微颗粒，有光泽	(4~4.5)×(2~2.5)（宽和厚约等）	胚根紧贴于子叶上，长约为子叶长的1/2	种脐靠近种子长的中央，直径0.45~0.52 mm（不包括脐冠），凹陷，浅褐色，脐沟浅褐色；环状脐冠白色，晕轮呈深褐色	种瘤在种脐下面，凸出，褐色，距种脐约0.9 mm，脐条常呈一纵沟	有很厚的胚乳

（续）

草类植物名	形状	颜色	大小（mm）	胚根	种脐	种瘤和脐条	胚乳
狐尾槐（苦豆子）	椭圆形，两侧微扁	黄色至黄褐色，近光滑，微具颗粒，无光泽	(4~4.7)×(3~3.5)×2.5	胚根紧贴于子叶上，与种子表面平，尖不与子叶分开，长为子叶长的1/6	种脐在种子长的1/2以上，椭圆形或近圆形，直径约0.5 mm，褐色或白色，晕轮褐色、隆起	种瘤在种子基部，微凸出，褐色，距种瘤2.5~3 mm脐条明显，呈一条隆起的褐色线	胚乳较厚
歪头菜	近球形呈长椭圆形	红褐色，具黑色花斑，似天鹅绒，近光滑，无光泽	(2.75~3)×(2~2.5)×(2~2.5)		种脐线形，长2.57 mm，约占种子圆周长的25%~30%，灰色或色深，突出于种子表面	种瘤明显，在脊背上而偏向子叶一端	无胚乳
毛叶苕子（长柔毛野豌豆）	近球形，稍扁	黑色或黄褐色具褐色花斑。表面似天鹅绒，近光滑	(3.5~5)×(3.4~5)×(3.2~5)		种脐长卵形，长2 mm，宽0.75~1 mm，长占种子圆周长的13%~15%，褐色或较种皮色深，脐边凹陷，脐沟白色	种瘤较种皮色深，距种脐1~1.3 mm	无胚乳
鸟喙豆（四籽野豌豆）	近球形，稍扁	灰绿色，具不同密度的深紫褐色花斑，似天鹅绒，近光滑	(1.6~2.5)×(1.2~2)×(1.2~2)		种脐椭圆形，长1~3 mm，宽0.5~0.75 mm，长约占种子圆周长的20%~25% 黄褐色，脐边凹陷，晕轮与种脐同色，脐沟黄白色，有的脐沟合拢成隆起状	种瘤褐色，不明显，距种脐0.3~0.5 mm	无胚乳
小巢菜	近球形，稍扁	黄褐色，或黄绿色而具紫色花斑，光滑，具很亮的光泽	(2.2~2.6)×2.5		种脐线形，常被光亮的，巧克力色种柄所覆盖，否则呈深褐色，长1.68~2.05 mm，宽0.3 mm，长占种子圆周长的20%~25%，脐沟褐色	种瘤在种脐之下，较种皮色深，距种脐0.4~0.55 mm	无胚乳
法国野豌豆	球形，有棱角	深褐色；似天鹅绒，近光滑，无光泽	直径6~7.5		种脐倒卵形，长2.2~2.5 mm，宽1~1.2 mm，长约占种子圆周长的10%~15%，20%者罕见，凹陷，在脐宽的顶端常有一缺口，脐与种皮同色，或白色，脐沟呈白色或浅黄白色线	种瘤与种皮同色或稍深，距种脐3~4 mm	无胚乳

表 1-3 重要菊科草种子的形态特征

草类植物名	形状	大小(mm)	色泽	表面特征	果脐
矢车菊	瘦果圆柱状或长椭圆形，稍扁，一边平直一边稍凸起。横切面椭圆形至卵形	长 3~4，宽约 2	表面灰绿色或蓝灰色，两面及两侧中央各具 1 条稍隆起的白色纵脊，散生白色长软毛，在果的基部则成一束，不脱落，有光泽，顶端截形，衣领状环黄色或黄白色	中央花柱残物钝。冠毛由几层硬刺毛状鳞片组成，长短不齐，外层最短，次层最长，与果等长或短；内层较短而细，并聚集于花柱残留物之上冠花边缘有锐锯齿，红褐或黄褐色，宿存	果脐位于平直一侧边缘基部，为一偏斜形缺口，约为果长的 1/3
蒲公英	瘦果矩圆形至倒卵形，常有弯曲。横切面菱形或椭圆形	长(不包括喙) 2.5~3，宽 0.7~0.9	表面浅黄色或浅黄褐色	具纵棱 12~15 条，棱上有小凸起，中部以上为粗短刺。顶端具细长的喙，9~10 mm，末端的冠毛长 4.5~5.5 mm，白色，喙易折断，仅留基部一段	果脐凹陷
苍耳	瘦果包于总苞内，总苞卵形或长椭圆形，瘦果椭圆形、扁平，皮膜质、易脱落	长 10~16，宽 6~7	黄褐色、棕褐色或淡绿色	顶端有 2 根粗硬刺，长 1.5~2.5 mm，表面疏生倒钩刺，刺端倒钩基部直，全身密被细短毛	
牛蒡	瘦果卵形，向下渐狭成楔形，直或弯曲，扁横切面长椭圆形	长 5.5~6.5，宽 2.2~3	表面黄色、灰褐色，有时黑色，有褐色或黑色斑	有明显的纵棱 5 条，棱间又有稍不明显的纵棱，多纵皱纹，近顶端有较明显的波状横皱纹。顶端平截，其周边广椭圆形，围以深色衣领状环，中央有不显著的花柱残留物	果脐圆形
苦荬菜	瘦果矩圆形或窄椭圆形，扁，横切面椭圆形	长 2.5~3.5，宽 0.7~1.25	表面深褐色至红褐色，无光泽	有隆起的纵沟 5 条，中间一条有时稍突出，棱上有明显的横皱，棱间横皱稍不明显，边缘较宽，两端均为截形，顶端衣领状浅黄色	
菊苣	瘦果倒卵形至宽楔形，有时稍弯曲，近顶端最宽。横切面近 4~5 角形	长 2~3，宽 0.9~1.5	浅黄褐色至深棕褐色，有时在浅黄色表面上有黑褐色斑	顶端平截，花柱残留物极短。冠毛宿白，1 层，由短而细的鳞片组成，浅灰白色或浅黄白色	果脐约成五角形，凸起，浅黄褐色或浅灰色
水飞蓟	椭圆状倒卵形，略扁，一侧直，一侧中部以上稍凸出，横切面长椭圆形	长 6.6~7.5，宽 3~3.6	表面浅黄色，多色和黑色不连续的纵条纹和条斑，有时全果土灰色，粗糙	两面中央微隆起的纵脊。顶端渐平，平截，并向直边一侧偏斜，衣领状环向直边一侧渐窄，浅黄色，花柱残留物短粗呈圆头状，白色或浅黄色，冠毛不存，基部略尖	果脐裂缝状或长圆形，向凸出一侧偏斜，脐长不足果实的一半
中亚苦蒿	倒卵形至椭圆状倒卵形，直或稍弯曲，略扁	(0.9~1.4)×(0.4~0.5)	银灰褐色，多不明显的细纵沟	上部圆头状，顶端中央可见花柱残痕	果脐凹陷，外缘黄白色

(续)

草类植物名	形状	大小(mm)	色泽	表面特征	果脐
大籽蒿	倒卵形，向基部渐尖，常于中部稍弯曲。横切面椭圆形	(1.2~1.8)× (0.4~0.8)× (0.4~0.8)	灰褐色、红褐色或黄褐色	通过膜质果皮常透出黑色斑，带有银灰色光泽，果皮膜质，有细纵沟。顶部宽，呈圆头状，常向腹面一侧倾斜，花柱残留物仅为一白色圆点	果脐小，圆形，黄白色，边缘围成小圆筒状
狼杷草	矩圆形至倒卵形，扁片状，两边缘向中央稍弯曲，近顶端最宽，向基部渐窄，横切面长椭圆形至宽三角形	(6~8.5)× 2.3	浅褐色至深褐色	粗糙，不具瘤状小凸起和刺毛，顶端平截，有长刺2~4条，具倒钩刺，花柱残留物极短	果脐椭圆形，凹陷
三裂叶豚草	瘦果包在木质总苞内，总苞倒卵形，微扁	长6~10，宽4~7	浅黄色、浅灰褐色、浅黄色或褐色，有时有红褐色斑	顶端中央具粗短的锥状喙，周围有5或6个钝的短喙，向下延伸为较明显的圆形宽棱，棱间又有较不明显的棱和皱纹	
千叶蓍	倒卵形至矩圆形，有时稍弯曲，扁，近顶端最宽	(1.7~2.5)× (0.6~0.9)	灰白色或淡紫色	果质膜质，满布不规则细纵条纹；顶端截形或有缺口，中央有钝的花柱残留物；边缘翅状，白色，约为果宽的1/5~1/8	果脐广椭圆形，凹陷外缘围成白小圆筒状
金光菊	矩圆形，顶端稍窄，向基部略变窄，呈四面体。横切面正方形或稍为棱形，夹角隆起，边稍凹入	(4~5)× (1.1~1.3)	黄褐色至深褐色，粗糙无光泽	具4条隆起的棱，棱间有细纵沟，密布颗粒状凸起，顶端截形，衣领状环宽，围成方形，边缘波状，浅黄色，花柱残留物短	果脐位于基端相对的两个棱上，长条形，偏斜浅黄白色
苦苣菜	瘦果长椭圆状倒卵形，一边常较另一边弯曲，横切面窄椭圆形	长2.7~3，宽约1	表面浅红褐色至浅黄色，偶有红褐色，未成熟种子浅黄色	中央纵棱1条较明显，两侧各2条纵棱较不明显，且间隔最窄，棱上和棱间有横沟或横皱，但不明显，边缘宽，有明显细锯齿状小刺，冠毛较长，白色，易脱落	果脐椭圆形，凹陷
刺儿菜	瘦果倒长卵形或长卵圆形，基部稍弯曲，稍扁。横切面窄椭圆形	长2.7~3.6，宽1~1.2	表面浅黄色至褐色	有波状横皱纹，每面有1条较明显的纵脊，光滑无毛；顶端截形，有时稍倾斜	果脐窄椭圆形，浅黄色，不凹陷
艾蒿	瘦果长纺锤形或圆柱形，直线稍弯曲	长1.3~1.7，宽0.3~0.5	表面灰褐色或暗褐色	有细纵棱3~4条，白色，其间有密的细纵沟，无毛，顶端圆形，衣领状环窄，浅黄色，中央花柱残留物短	果脐小，凹陷成圆筒状，偏斜，浅黄色
黄花蒿	瘦果倒卵形或长椭圆形，直或稍弯曲；横切面广椭圆形	长0.5~1，宽0.3~0.5	表面浅黄色，带银白色闪光	半透明状，无毛，有细皱和不明显的细纵沟；顶端有时向一侧倾斜，中央花柱残留物呈小凸起状，无衣领状环	果脐明显
豚草	瘦果包在总苞内，总苞倒卵形	长3~4，宽1.8~2.5	表面浅灰褐色，浅黄褐色至红褐色，有时带黑褐色斑，有时具丝状白毛，尤以短喙所围续的果实顶端较密	顶端中央有粗长的锥状喙，周围有5~8个较细的短喙，有时外喙向下延长为不明显的棱	

（续）

草类植物名	形状	大小(mm)	色泽	表面特征	果脐
大刺儿菜	瘦果矩圆形，基部较细，有时稍弯曲	长2.5~3，宽0.9~1	表面浅黄白色或浅棕色	两面中央常有1条浅色纵脊，花柱残留物顶端与衣领状环齐或略高	
飞廉	瘦果矩圆形或长倒卵形，直线稍弯曲，一面平，另一面凸起，扁，横切面椭圆形	长3~4，宽1.25~1.5	表面浅黄色或浅灰色	有浅褐色细纵条10~12条，有时全然不见，细纵沟4~6条，波状横皱有时不明显。稍有光泽，顶端截形稍倾斜，有衣领状环，浅黄色	果脐椭圆形或圆形，小，周围没有矩裂沟
猪毛蒿	瘦果长椭圆状、倒卵形至矩圆形，直，扁	长0.6~0.8，宽及厚0.2~0.3	表面深红褐色	有纵沟，光滑无毛，顶端花柱残留物仅为一白色圆点，冠毛不存，衣领状环不明显。基部收缩	果脐圆形，白色
刺甘菊	瘦果圆锥状，自顶端向基部渐窄；边花果长2~3mm，宽1~2mm	心花果长1.8~2.5，宽0.7~1.2	表面黄褐色至红褐色	具宽圆形纵棱9条，边花果稍弯曲，心花果直较边花果稍小，棱较不明显	
田蓟	瘦果倒长卵形或矩圆形，稍弯曲，扁，一边直，一边凸出	长2.5~3，宽1.1	表面光滑，黄褐色至褐色	每条中央有一条稍隆起的纵脊，并有不大明显的细纵沟；顶端截形，稍倾斜，凹陷，浅黄色，衣领状环窄，稍收缩	果脐椭圆形稍偏斜、凹陷浅黄色
阿尔泰紫苑	瘦果倒卵形	长2~2.5，宽1.5~1.7	浅黄褐色，密生长硬刺毛，色浅	近顶端收缩，顶端周边圆形；冠毛宿存，长约为果长的2~3倍，污白色或淡红褐色；基部钝尖	果脐圆形，小，边缘围成白色小圆筒状
旋覆花	小圆柱形或长椭圆形，直	(0.95~1.15)×(0.38~0.43)	红褐色至黄褐色	纵棱10条，浅黄色，被疏短毛，稍有光泽。顶端平截，周边圆形，衣领状环浅黄色，有花柱残留物，冠毛1层，棉毛状，白色，长4~5mm，宿存	果脐圆形，凹陷，边缘围成白色小圆筒，稍偏斜
苦菜	长椭圆形或纺锤形，稍扁横切面长椭圆形	长2.5~3，宽0.4~0.5	表面褐色	纵棱10条，棱上有瘤状小凸起，边缘略成小刺毛状；顶端延伸成长啄，约2.5mm，末端呈圆盘状，易折断，花柱残余物短，白色	果脐凹陷成小圆筒状
母菊	圆柱状或倒卵形，稍弯曲，平凸面	(0.8~1.25)×0.25	腹面灰白色	有纵棱5条，棱间浅褐色，背面浅褐色，无棱，有细纵纹；顶端向腹面稍斜顷，衣领状环窄，具浅波状齿，花柱残留物不起出衣领状环，冠毛不存	果脐圆形，向腹面偏斜，凹陷，围一具浅齿的窄边
毛连菜	圆柱状或长椭圆形，直或稍弯曲，横切面圆形或广椭圆形	(3~5)×(0.8~1.1)	红褐色至深黑褐色	纵棱5~10条，棱间有波状横皱，上下部较为一致；近顶端收缩，衣领状环窄，白色，有花柱残留物，冠毛羽状，污白色，常不存，冠毛脱落后，顶端留一短粗的白色凸起	果脐圆形，凹陷，白色

(续)

草类植物名	形状	大小(mm)	色泽	表面特征	果脐
鸦葱	圆柱状，直线弯曲，果顶无喙，横切面圆形	(11~13)×(1.5~1.7)	白色并带白色短绒毛(心花果)或黄褐色并密被褐色短绒毛(边花果)	纵棱约10条，圆钝，顶端平截，花柱残留物短而钝尖，冠毛污白色，常脱落，近基部稍收缩	果脐深陷，呈圆筒状，向背面偏斜
乳香草	宽倒卵形，极扁呈盘状，边缘翅状并向腹面弯曲	(9~11)×(6~10)	表面黑褐色或灰褐色，边缘及基部短柄浅黄褐色	顶端中间有缺口，缺口内两侧各有一牙齿状凸出物，有时脱落，腹面具若干弧曲的细纵棱，密生短毛	基部圆形，有一细短柄，易折断

(鱼小军，任　健)

2 草种样品的扦取与样品制备

一、目的和意义

扦样即种子检验样品的扦取过程，又称取样或抽样。扦样可借助于一种特制的扦样器完成，也可徒手完成。其目的是从一批大量的草种子中取得一个数量适合于种子检验的送验样品，并且这一送验样品能够准确地代表该批被检验种子的成分。种子质量检验是根据扦取的有代表性的种子样品的检测结果估计一批种子的种用价值，因此，正确的扦取种子样品是做好种子质量检验的第一环节，所扦取的样品有无代表性是决定检验结果准确与否的关键。

二、实验器材

1. 材料

散装或袋装草种子。

2. 仪器与用具

分析天平、扦样器、分样器、白色瓷盘、刷子、样品袋等。

三、实验方法及步骤

(一)扦样程序

1. 扦样器

(1) 单管扦样器(诺培扦样器)

单管扦样器(图2-1，A)适于袋装或小容器扦样。因种子大小不同，扦样器有大、中、小3种类型。扦样时首先将扦样器慢慢插入袋内，尖端朝上与水平呈30°角，孔口向下，插入袋的中心，然后将扦样器旋转180°，孔朝上减速抽出，使连续部位得到的种子数量由中心到袋边依次递增，或者长度足够插到袋的更远一边的扦样器，抽出时保持均匀的速度。当扦样器抽出时，须轻轻振动，以保持种子均匀流动(图2-2)。

(2) 双管扦样器

双管扦样器是最常用的扦样工具(图2-1，B)，可以垂直或水平使用。垂直使用时，内管必须有隔板分成几个室，否则扦样器开启时，由上层落入内管的种子数量增加，影响样品的代表性。无论是水平或垂直使用必须将扦样器孔口朝上，对角线插入袋内或容器内，旋转手柄使内管上的小孔与外管小孔重合时，轻轻摇动扦样器，种子便流入内管，扦样器完全装满后再向相反方向旋转手柄，最后关闭孔口。管的长度和直径依种子种类及容器大小有多种，并制成有隔板和无隔板两种。双管式扦样器扦取散装种子时垂直插入更为方便。

表 2-1　草种子批的最大重量和样品最小重量

序号	学　名	中文名	种子批的最大重量（kg）	样品最低重量(g)		
				送验样品	净度分析试验样品	计数其他植物种子的试验样品
1	*Achnatherum sibiricum* (L.) Keng	羽茅	10 000	150	15	150
2	*Aeschynomene americana* L.	合萌	10 000	120	12	120
3	*Agriophyllium squarrosum* L.	沙米(沙蓬)	1 000	30	3	30
4	*Agropyron cristatum* (L.) Gaertn.	扁穗冰草	10 000	40	4	40
5	*Agropyron desertorum* (Fisch. ex Link) Schult.	沙生冰草	10 000	60	6	60
6	*Agropyron mongolicum* Keng.	沙芦草(蒙古冰草)	10 000	50	5	50
7	*Agrostis alba* Roth.	小糠草	10 000	25	0.5	5
8	*Agrostis stolonifera* Hudson	匍匐翦股颖	10 000	25	0.25	2.5
9	*Alopecurus pratensis* L.	草原看麦娘	10 000	30	3	30
10	*Amaranthus hybridus* L.	绿穗苋	5 000	25	2	20
11	*Amaranthus paniculatus* L.	繁穗苋	5 000	25	2	20
12	*Anthoxanthum odoratum* L.	黄花茅	10 000	25	2	20
13	*Arrhenatherum elatius* (L.) P. Beauv. ex J. Presl & C. Presl	燕麦草	10 000	80	8	80
14	*Artemisia frigida* Willd.	冷蒿	10 000	25	2.5	25
15	*Artemisia ordosica* Krasch.	黑沙蒿	10 000	50	5	50
16	*Artemisia sphaerocephala* Krasch.	白沙蒿	10 000	50	5	50
17	*Artemisia wudanica*	乌丹蒿	10 000	20	2	20
18	*Astragalus adsurgens* Pall.	沙打旺	10 000	100	10	100
19	*Astragalus cicer* L.	鹰嘴紫云英	10 000	90	9	90
20	*Astragalus melilotoides* Pall.	草木犀状黄芪	10 000	150	15	150
21	*Avena sativa* L.	燕麦	25 000	1 000	120	1 000
22	*Brachiaria decumbens* Stapf	俯仰臂形草	10 000	100	10	100
23	*Bromus catharticus* Vahl	扁穗雀麦	10 000	200	20	200
24	*Bromus inermis* Leysser	无芒雀麦	10 000	90	9	90
25	*Calligonum alaschanicum* A. Los	沙拐枣	1 000	500	150	300
26	*Caragana arborescens* Lam.	树锦鸡儿	10 000	800	80	800
27	*Caragana intermedia* Kuanget H. C. Fu	中间锦鸡儿	10 000	1 000	100	1 000
28	*Ceratoides latens* (J. F. Gmel.) Reveal Holmgren	驼绒藜	10 000	50	5	50
29	*Chloris gayana* Kunth	无芒虎尾草	5 000	25	1	10
30	*Chloris virgata* Swartz	虎尾草	5 000	25	1.5	15
31	*Cicer arietinum* L.	鹰嘴豆	20 000	1 000	1 000	1 000
32	*Cichorium intybus* L.	菊苣	10 000	50	5	50
33	*Cleistogenes songorica* (Roshev.) Ohwi	无芒隐子草	5 000	70	6.5	65
34	*Coronilla varia* L.	多变小冠花	10 000	100	10	100

(续)

序号	学　名	中文名	种子批的最大重量(kg)	样品最低重量(g)		
				送验样品	净度分析试验样品	计数其他植物种子的试验样品
35	*Crotalaria juncea* L.	菽麻	10 000	700	70	700
36	*Cynodon dactylon*（L.）Pers.	狗牙根	10 000	25	1	10
37	*Dactylis glomerata* L.	鸭茅	10 000	30	3	30
38	*Desmodium intortum*（Mill.）Urb.	绿叶山蚂蝗	10 000	40	4	40
39	*Desmodium uncinatum*（Jacq.）DC.	银叶山蚂蝗	20 000	120	12	120
40	*Echinochloa crusgalli*（L.）P. Beauv.	稗	10 000	80	8	80
41	*Echinochloa crusgalli* var. *frumentacea* （Rox.）Wright	湖南稷子	10 000	300	10	100
42	*Elymus dahuricus* Turcz.	披碱草	10 000	100	10	100
43	*Elymus sibiricus* L.	老芒麦	10 000	100	10	100
44	*Elytrigia elongata*（Host）Nevski	长穗偃麦草	10 000	200	20	200
45	*Eragrosti scurvula*（Schrad.）Nees	弯叶画眉草	10 000	25	1	10
46	*Eremochloa ophiuroides*（Munro）Hack	假俭草	5 000	30	3	30
47	*Festuca arundinacea* Schreb.	苇状羊茅	10 000	50	5	50
48	*Festuca sinensis* Keng	中华羊茅	10 000	25	2.5	25
49	*Festuca ovina* L.	羊茅(所有变种)	10 000	25	2.5	25
50	*Festuca pratensis* Huds.	草甸羊茅（牛尾草）	10 000	50	5	50
51	*Festuca rubra* L. s. l.（all vars.）	紫羊茅(所有变种)	10 000	30	3	30
52	*Hedysarum laeve* Maxim.	塔落岩黄芪（羊柴）	10 000	500	50	500
53	*Hedysarum scoparium* Fisch. et Mey.	细枝岩黄芪（花棒）	10 000	300	30	300
54	*Holcus lanatus* L.	绒毛草	10 000	25	1	10
55	*Hordeum bogdanii* Wilensky	布顿大麦	10 000	100	10	100
56	*Hordeum brevisubulatum*（Trin.）Link	野大麦	10 000	100	10	100
57	*Hordeum vulgare* L.	大麦	25 000	1 000	120	1 000
58	*Lactuca indica* L.	山莴苣(苦荬菜)	10 000	40	4	40
59	*Lathyrus pratensis* L.	草原山藜豆	20 000	1 000	500	1 000
60	*Lespedeza davurica*（Laxm.）Schindl	达乌里胡枝子	10 000	50	5	50
61	*Leucana leucocephala*（Lam.）de Wit.	银合欢	20 000	1 000	100	1 000
62	*Leymus chinensis*（Trin.）Tzvel.	羊草	10 000	150	15	150
63	*Lolium multiflorum* Lam.	多花黑麦草	10 000	60	6	60
64	*Lolium perenne* L.	多年生黑麦草	10 000	60	6	60
65	*Lotus corniculatus* L.	百脉根	10 000	30	3	30
66	*Lupinus albus* L.	白羽扇豆	25 000	1 000	450	1 000
67	*Lupinus luteus* L.	黄羽扇豆	25 000	1 000	450	1 000
68	*Macroptilium atropurpureum*（DC.）Urb.	紫花大翼豆	20 000	350	35	350
69	*Medicago arabica*（L.）Huds.	褐斑苜蓿（带刺）（不带刺）	10 000 10 000	600 50	60 5	600 50

(续)

序号	学名	中文名	种子批的最大重量（kg）	样品最低重量(g)		
				送验样品	净度分析试验样品	计数其他植物种子的试验样品
70	*Medicago lupulina* L.	天蓝苜蓿	10 000	50	5	50
71	*Medicago polymorpha* L.	南苜蓿（金花菜）	10 000	70	7	70
72	*Medicago sativa* L.(incl. M. varia)	紫花苜蓿（包括杂花苜蓿）	10 000	50	5	50
73	*Medicago truncatula* Gaertn.	截形苜蓿	10 000	100	10	100
74	*Melilotus albus* Medik.	白花草木犀	10 000	50	5	50
75	*Melilotus officinalis* Lam.	黄花草木犀	10 000	50	5	50
76	*Melinis minutiflora* P. Beauv.	糖蜜草	5 000	25	0.5	5
77	*Nitraria schoberi* L.	白刺	1 000	1 000	320	1 000
78	*Onobrychis viciifolia* Scop.	红豆草（果实）	10 000	600	60	600
79	*Panicum maximum* Jacq.	大黍	5 000	25	2	20
80	*Paspalum dilatatum* Poir.	毛花雀稗	10 000	50	5	50
81	*Paspalum notatum* Flugge	巴哈雀稗	10 000	70	7	70
82	*Paspalum urvillei* Steud.	小花毛花雀稗	10 000	30	3	30
83	*Paspalum wettsteinii* Hack.	宽叶雀稗	10 000	30	3	30
84	*Pennisetum glaucum*(L.) R. Br.	珍珠粟（御谷）	10 000	150	15	150
85	*Pennisetum flaccidum* Griseb.	白草	10 000	150	15	150
86	*Phalaris arundinacea* L.	虉草	10 000	30	3	30
87	*Phleum pratense* L.	猫尾草	10 000	25	1	10
88	*Pisum sativum* L. S. I.	豌豆	25 000	1 000	900	1 000
89	*Plantago lanceolata* L.	长叶车前	5 000	60	6	60
90	*Plantago lessingii* Fisch. et Mey.	条叶车前	5 000	60	6	60
91	*Poa annua* L.	早熟禾	10 000	25	1	10
92	*Poa pratensis* L.	草地早熟禾	10 000	25	1	5
93	*Poa trivialis* L.	普通早熟禾	10 000	25	1	5
94	*Polygonum divaricatum* L.	叉分蓼	10 000	300	30	300
95	*Puccinellia tenuiflora*(Turcz.)	星星草	5 000	25	2	20
96	*Pueraria lobata* (Willd.) Ohwi.	葛藤	10 000	350	35	350
97	*Pueraria phaseoloides*(Roxb.) Benth.	三裂叶葛藤	20 000	300	30	300
98	*Reaumuria soongorica*	红砂	10 000	40	3	30
99	*Roegneria kokonorica* Keng	青海鹅观草	10 000	120	12	120
100	*Roegneria mutica* Keng	无芒鹅观草	10 000	130	13	130
101	*Rumex acetosa* L.	酸模	10 000	30	3	30
102	*Secale cereale* L.	黑麦	25 000	1 000	120	1 000
103	*Silphium perfoliatum* L.	串叶松香草	10 000	700	70	700
104	*Sorghum sudanense*(Piper) Stapf	苏丹草	10 000	250	25	250
105	*Stipa krylovii* Roshev.	克氏针茅	10 000	30	3	30

(续)

序号	学　名	中文名	种子批的最大重量（kg）	样品最低重量(g)		
				送验样品	净度分析试验样品	计数其他植物种子的试验样品
106	*Stylosanthes guianensis* (Aubl.) Sw.	圭亚那柱花草	10 000	70	7	70
107	*Stylosanthes hamata* (L.) Taub.	有钩柱花草	10 000	70	7	70
108	*Stylosanthes humilis* Kunth	矮柱花草	10 000	70	7	70
109	*Trifolium fragiferum* L.	草莓三叶草	10 000	40	4	40
110	*Trifolium hybridum* L.	杂三叶	5 000	25	2	20
111	*Trifolium incarnatum* L.	绛三叶	10 000	80	8	80
112	*Trifolium pratense* L.	红三叶草	10 000	50	5	50
113	*Trifolium repens* L.	白三叶草	5 000	25	2	20
114	*Trifolium subterraneum* L.	地三叶	10 000	250	25	250
115	*Trigonella foenum-graecum* L.	葫芦巴	10 000	450	45	450
116	*Vicia benghalensis* L.	光叶紫花苕	20 000	1 000	120	1 000
117	*Vicia sativa* L.	箭筈豌豆	25 000	1 000	140	1 000
118	*Vicia villosa* Roth	毛叶苕子	20 000	1 000	100	1 000
119	*Zoysia japonica* Steud.	结缕草	10 000	25	1	10
120	*Zygophyllum xanthoxylum* Maxim.	霸王	10 000	400	33	330

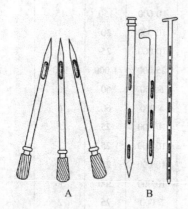

图 2-1　扦样器
A. 单管扦样器；B. 双管式扦样器

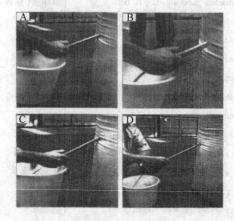

图 2-2　单管扦样器扦样的过程

2. 扦样准备工作

扦样前受检方首先提出种子扦样申请，申请书应写明包括种及品种的名称、种子批数量、种子批号、包装数量、包装规格、产种单位、存放地点。扦样员在充分了解种子批基本情况的基础上制定种子扦样方案，主要包括：不同种类或品种划分的种子批数、不同批次所需最小初次样品数、不同检测项目送验样品所需的最小重量等指标（表 2-1）。此外，扦样员还应准备适合的扦样器、天平、样品袋、封样标签、手套、工作服及介绍信、空白扦样单、空白检验申请书等文档材料。

表 2-2　扦取容器数与临界 H 值（1%概率）

种子批的容器数(No.)	扦取的容器数(N)	临界 H 值
5	5	2.58
6	6	2.02
7	7	1.80
8	8	1.64
9	9	1.51
10	10	1.41
11~15	11	1.32
16~25	15	1.08
26~35	17	1.00
36~49	18	0.97
50 或以上	20	0.90

扦样员到达扦样现场后，应首先对种子批的基本情况进行核实，确定申请书上所填种子批编号、种子容器（袋）数等项目是否与实际情况吻合一致（表2-2），若发现种子包装物或种子批没有标记，或能明显看出该批种子在形态或文件记录上有异质性的证据时，应不予扦样并终止扦样程序。经受检方申请后可进入种子批异质性测定程序（见多容器种子批异质性测定）。被扦样种子批作为一个整体在空间上应易于与其他种子批（或种子）区分，如遇被扦样种子批作为整体或局部与其他种子混合堆放足以影响扦样操作准确性的情况，扦样员有权要求受检方将该种子批重新堆放直至达到上述要求为止。

确认被扦样种子批符合扦样要求后，扦样员即开始按照扦样方案和相关标准扦取初次样品，将初次样品充分混合后得到混合样品，混合样品适当减少后便得到送验样品。送验样品由扦样员亲自封缄，双方签名并注明日期。样品封签后，填写扦样单，双方签章后由扦样员将送验样品带回（或邮寄）检验机构。此外，被扦样种子批亦应封签，并应粘贴标有种名、品种名、批次号的标签。

3.扦样方法

（1）袋装种子扦样法

①不同包装规格初次样品的数量　100 kg 种子袋（容器）组成的种子批的最低扦样数目见表2-3。大于100 kg 种子袋（容器）组成的种子批或正在装入容器的种子流的最低扦样数目见表2-4。

表 2-3　袋装种子批的扦样袋数目

每种子批袋（容器）数	最低扦样数目
1~4	每袋至少取3个初次样品
5~8	每袋至少取2个初次样品
9~15	每袋至少取1个初次样品
16~30	共取15个初级样品
31~59	共取20个初级样品
60 以上	共取30个初级样品

表 2-4　其他类型的扦样数目

种子批数量(kg)	最低扦样数目
500 以下	不少于5个初次样品
501~3 000	每300 kg扦样取1点，但不少于5个
3 001~20 000	每500 kg扦样取1点，但不少于10个
20 001 以上	每700 kg扦样取1点，但不少于40个

对上述各类扦样,若扦取种子袋(容器)多达 15 个时,自每个容器内扦取的初次样品数目应相同。

种子装在小容器中,如金属罐、纸袋或小包装,用下列方法扦样:以 100 kg 种子的重量作为扦样的基本单位,小容器可合并组成基本单位,其重量不得超过 100 kg。如 20 个 5 kg 的容器,33 个 3 kg 的容器,或 100 个 1 kg 的容器。将每个单位视为一个"容器",按表 2-3 的规定进行扦样。

②初次样品的扦取

扦样器扦样:从每个取样的袋(容器)中,或从袋(容器)的各个部位,扦取重量大体上相等的初次样品。袋(容器)装种子堆垛存放时,应在整个种子批的上、中、下各部位随机选定取样(图 2-3)。袋(容器)中扦取初次样品,除扦样数目有规定外,不需在每袋(容器)的不同部位扦样。单管扦样器适用于扦取袋装种子,扦样后所造成的孔洞,可用扦样器尖端拨动孔洞使麻线合并在一起。密封纸袋扦样后可用黏布粘贴封闭孔口。

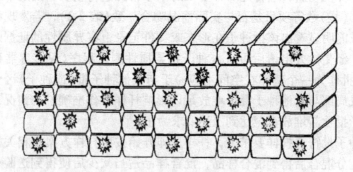

图 2-3 取样点分布示意(引自师尚礼,2011)

徒手扦样:徒手扦样过程与操作要点见图 2-4。对于下列各属的草种子,特别是有稃壳不易自由流动的种子,则可徒手扦得初次样品。包括冰草属(*Agropyron*)、翦股颖属(*Agrostis*)、看麦娘属(*Alopecurus*)、黄花茅属(*Anthoxanthum*)、燕麦草属(*Arrhenatherum*)、地毯草属(*Axonopus*)、雀麦属(*Bromus*)、虎尾草属(*Chloris*)、狗牙根属(*Cynodon*)、洋狗尾草属(*Cynosures*)、鸭茅属(*Dactylis*)、发草属(*Deschampsia*)、披碱草属(*Elymus*)、偃麦草属(*Elytrigia*)、

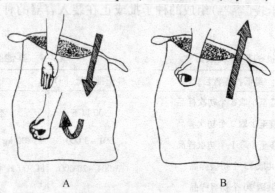

图 2-4 徒手扦样示意(引自师尚礼,2011)

A. 徒手伸入袋中至规定部位后抓取种子;B. 手掌抽离的过程中应握紧以免种子漏出

羊茅属（*Festuca*）、绒毛草属（*Holcus*）、黑麦草属（*Lolium*）、糖蜜草属（*Melinis*）、黍属（*Panicum*）、雀稗属（*Paspalum*）、早熟禾属（*Poa*）、针茅属（*Stipa*）、三毛草属（*Trisetum*）和结缕草属（*Zoysia*）。

(2)散装种子扦样方法

当种子是散装或在大型容器里时，应随机从各个部位及深度扦取初次样品。种子堆高不足 2 m，分上、下两层设点；高 2~3 m，分上、中、下三层设点，上层距顶 10~20 cm 处，中层在中心部位，下层距底 5~10 cm 处，每个部位的扦样点数量应大体相等。可使用垂直双管扦样器或长柄短筒圆锥形扦样器取样。取样时先扦上层，次扦中层，后扦下层，以免搅乱层次而影响扦样的代表性。

(3)圆仓（或围囤）种子扦样方法

按仓的直径分内、中、外设点。内点在圆仓的中心，中点在圆仓半径的 1/2 处，外点在距圆仓壁 30 cm 处。扦样时在围仓的一条直径上按上述部位设内外 3 个点，再在与此直径垂直的直径线上，按上述部位设 2 个中点，共设 5 点。仓围直径超过 7 m 时可增设 2 个扦样点。其划分层次和扦样方法与散装扦样法相同。

(4)输送流种子扦样法

种子在加工过程或机械化进出仓时，可从输送种子流中扦取样品。根据种子数量和输送速度定时定量用取样勺或取样铲在输送种子流的两侧或中间依次截取，取出的样品数量与散装扦样法相同。

(二)分样程序

1. 分样原则

从种子批各个点扦取的初次样品，如果是均匀一致的，则可将其合并混合成混合样品。如果混合样品与送验样品规定数量相近时（应不少于），可以直接将混合样品作为送验样品。如果混合样品数量较多时，可按照规定的分样方法将混合样品随机减少到适当大小而获得送验样品。送验样品的最低数量要求根据种子的大小和种类而定。种子检验单位收到的送验样品，通常须经过分样，减少为试验样品。

试验样品的最低重量在各项目检验规程中作了规定。表 2-1 列出净度分析的试验样品重量是按至少含有 2 500 粒种子推算而来的。计数其他植物种子的试验样品通常是净度分析样品最低重量的 10 倍，最高重量为 1 000 g。供水分测定的样品，如果需研磨碎测定的种子为 100 g，不需磨碎测定的为 50 g。

无论混合样品缩分为送验样品，还是送验样品缩减为试验样品，种子的总体积和重量通常逐级减少，样品的代表性往往有变差的倾向。然而，选择适宜的分样技术，遵循合理的分样程序，各个次级样品仍可保持其代表性。

2. 分样方法

分样方法包括机械分样法、随机杯法、改良对分法和徒手分样法等。

(1)机械分样法

机械分样采用钟鼎式（圆锥式）分样器、横格式分样器（土壤分样器）和电动离心分样器（图 2-5）分样。

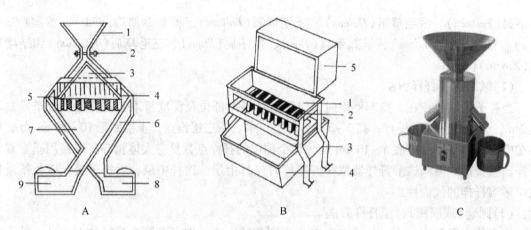

图 2-5 分样器的主要种类(引自师尚礼,2011)

A. 钟鼎式分样器(1. 漏斗;2. 活门;3. 圆锥体;4. 流入内层各格;5. 流入外层各格;6. 外层;
7. 内层;8、9. 盛接器);B. 横格式分样器(1. 漏斗;2. 格子和凹槽;3. 支架;4. 盛接器;
5. 倾倒盘);C. 电动离心分样器

钟鼎式分样器有大、中、小3种不同类型,适于中、小粒表面光滑种子的分样。用铜或铁皮制成,顶部为漏斗,下面为一个圆锥体,顶点与漏斗相通,并设有活门。使用时将活门关闭,样品倒入漏斗铺平,盛接器对准出口,用手快速拔开活门,样品下落,经圆锥体均匀分散通过格子,分两路落入盛接器内。分样次数视所需样品多少而定。

横格式分样器适合于大粒种子及带稃壳的种子。使用时将盛接槽放在合适的位置,将样品倒入倾倒盘摊平,迅速翻转使种子落入漏斗内,经过格子分两路落入盛接器,即将样品一分为二。

电动离心分样器省工省时。使用时先将分样器清理干净,关闭活门,3个盛接器分别对准3个出料口,把样品倒入进料斗,接通电源,打开活门,样品通过分样盘落入盛样器中,将样品以5:3:2的比例分成3份。

(2)随机杯法分样

此法适合于试验样品在10 g以下的种子,但要求应是带稃壳较少和不易跳动和滚动的种子。将6~8个小杯或套管随机放在一个盘上画定的方形内。种子经过一次初步混合后,均匀地倒在盘上的方形内,落入杯中的种子合并后可作为试验样品。倒在盘上方形内的种子要尽可能保持均匀,而不是仅装满杯子。若送验样品太多,杯子会埋在种子中,则再画一个更大的方形,重做一次。若全部6~8个杯子里的种子重量不够试验样品重量,则再画一个方形,重复上述步骤。不同草种子适宜的分样杯和所画方形大小见表2-5。

(3)改良对分法分样

由若干同样大小的方形小格组成一方框装于一盘中,小格上方均开口,下方每隔一格无底。种子经初步混合后,按随机杯法均匀地散在方格内。取出方框,约有一半种子留在盘上,另一半在有底的小格内,继续对分,直至获得约等于而不小于规定重量的试验样品。

表 2-5　不同草种子随机杯法适宜的分样杯和所画方形大小

种子名称	杯子内部尺寸(mm)		方形 (mm)	送验样品 (g)	试验样品 (g)
	直径	深度			
草地羊茅	15	15	120 × 120	50	5
牛尾草	15	15	120 × 120	50	5
苜蓿	12	14	100 × 100	50	5
红三叶	12	14	100 × 130	50	5
白三叶	10	8	100 × 100	25	2
翦股颖	7	6	150 × 150	25	2.5

(4) 徒手分样

在无分样器或由于种子构造所限而无法使用仪器时，如须芒草属(*Andropogon*)、黄花茅属、燕麦草属、臂形草属(*Brachiaria*)、虎尾草属、蒺藜草属(*Cenchrus*)、双花草属(*Dichanthium*)、稗属(*Echinochloa*)、披碱草属、画眉草属(*Eragrostis*)、糖蜜草属、狼尾草属(*Pennisetum*)、柱花草属(*Stylosanthes*)(除柱花草 *S. guianensis* 外)、三毛草属、尾稃草属(*Urochloa*)等带有稃壳的草种子，可采用徒手分样。分样时将种子均匀地倒在一个光滑清洁的平面上用无边刮板混匀种子，聚集成一堆，再将种子堆平分为两部分，每部分再分成 4 小堆，排成一行，共两行。交替合并两行各小堆种子，如第一行的第一、三小堆与第二行的第二、四小堆凑集为一份，其余的则为另一份，保留其中的一份。继续按以上步骤分取保留的那份种子，以获得所需试验样品的重量。

(三) 异质性(H 值)的测定

异质性(H 值)可从下列任一项目质量值测得：

①净度任一成分的重量百分率　在净度分析时，如能把某种成分分离出来(如净种子、其他植物种子或禾本科草类植物的秕粒)，则可用该成分的重量百分率表示。每份试验样品重量大约含 1 000 粒种子，分析时将每个试验样品分成两部分，即分析对象成分和其余部分。

②发芽试验任一成分的百分率　在标准发芽率试验中，任何可测得的种子或幼苗都可采用，如正常种苗、不正常种苗或硬实等。测定时从各试验样品分别取 100 粒种子，按表 6-1 规定的条件同时做发芽试验。

③其他植物种子数　其他植物种子测定中任何一种能计数的成分均可采用，如某一植物种子粒数或所有其他植物种子的总粒数。每份试验样品的重量大约含 10 000 粒种子。

1. H 值的计算

(1) 利用净度与发芽率计算 H 值

该检验项目的样品期望(理论)方差：

$$W = \frac{\bar{X}(100 - \bar{X})}{n} \tag{2-1}$$

该种子批测定的全部值(X_i)的平均值($\bar{X}$)：

$$\bar{X} = \frac{\sum X_i}{N} \tag{2-2}$$

检验项目的样品实际方差：

$$V = \frac{N \sum X_i^2 - (\sum X_i)^2}{N(N-1)} \tag{2-3}$$

异质性值：

$$H = \frac{V}{W} - 1 \tag{2-4}$$

式中　N——扦取袋样的数目；

　　　n——每个样品中的种子估计粒数（如净度分析为 1 000 粒，发芽试验为 100 粒）；

　　　X_i——某样品中净度分析任一成分的重量百分率或发芽率。

如果 N 小于 10，$\overline{X}$ 计算到小数点后 2 位；如果 N 等于或大于 10，则计算到小数点后 3 位。

（2）利用其他植物种子数计算 H 值

该检验项目的样品期望（理论）方差：

$$W = \overline{X} \tag{2-5}$$

检验项目的样品实际方差：

$$V = \frac{N \sum X_i^2 - (\sum X_i)^2}{N(N-1)} \tag{2-6}$$

异质性值：

$$H = \frac{V}{W} - 1 \tag{2-7}$$

式中　X_i——从每个样品中挑出的该类种子数；

　　　$\overline{X}$——全部测定结果的平均值。

如果 N 小于 10，计算到小数点后 1 位；如果 N 等于或大于 10，则计算到小数点后 2 位。指定某一植物种的种子数：每个样品少于 2 粒。

2. 结果表示

若求得的 H 值超过表 2-2 规定的临界 H 值，则该种子批存在显著（$P<1$）的异质性；所求得的 H 值低于或等于临界 H 值时，则该种子批无异质现象；若求得的 H 值为负值时，则填报为零。

（鱼小军，任　健）

3 草种子的净度分析

一、目的和意义

种子净度是指从被检样品中除去杂质和其他植物种子后,被检种子重量占样品总重量的百分率,是种子质量的一项重要指标。净度分析的目的是测定样品各成分的重量百分率,由此推测种子批的组成,鉴定组成样品的各个种和杂质的特性。通过测定净度,可以为牧草和种子生产中计算种子用价和播种量提供依据;根据种子混杂程度,分析种子净度低的因素,提出提高种子质量的种子生产、管理和清选等措施。净度分析分离出的净种子,可为其他项目检验提供试验样品。净度是种子质量分级的主要依据,是准确评定种子等级进而对种子定价不可缺少的重要指标之一。

二、实验器材

1. 材料

草种子或送验样品1份,送验样品有最低质量要求,见表2-1。

2. 仪器与用具

净度分析台、反光透视仪、小型分样器、均匀吹风机、手持放大镜或双目显微镜、不同孔径的套筛和感量为 0.1 g、0.01 g、0.001 g 和 0.1 mg 的天平及瓷盘、分样板、分样勺、镊子、样品盒(盘)等。

三、实验方法及步骤

(一)净度分析组分的划分

1. 净种子

净种子是指送验者所叙述的种或在分析时所发现的主要种,包括该种的全部植物学变种和栽培品种。从构造上是指完整的种子单位和大于原来大小一半的破损种子单位。即使是成熟的、瘦小的、皱缩的、带病的、发过芽的种子(图3-1),如果能明确地鉴别出它属于所分析的种,应作为净种子,但已变成菌核、黑穗病孢子团或线虫瘿的除外。

(1)符合下列要求的种子单位或构造为净种子。

①完整的种子单位,包括真种子瘦果、类似的果实、分果和小花。在禾本科草类植物中,种子单位如是小花,须带有一个明显含有胚乳的颖果或裸粒颖果。

②大于原来大小一半的破损种子单位。

(2)除上述主要原则之外,对某些属或种有如下规定。

①豆科、十字花科,其种皮完全脱落的种子单位应列为杂质。

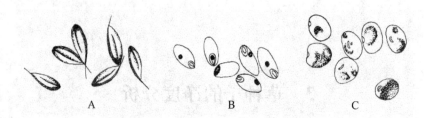

图 3-1 净种子、虫伤种子和感病种子图例
A. 发芽的种子；B. 虫伤的种子；C. 感病的种子

②即使有胚芽和胚根的胚中轴，并超过原来大小一半的附属种皮，豆科种子单位的分离子叶也列为杂质。

③甜菜属复胚种子超过一定大小的种子单位列为净种子，但单胚品种除外。

④禾本科冰草属、羊茅属、黑麦草属、杂交羊茅黑麦草属（*Festulolium*）、细枝冰草（*Agropyron repens*）含有一个颖果的小花，颖果从小穗基部量起，大于等于内稃长度 1/3 的，列为净种子，小于内稃长度 1/3 的，列为杂质。其他属或种的禾本科草种子，只要颖果含胚乳的小花均列为净种子。

格兰马草属（*Bouteloua*）、虎尾草属、蒺藜草属的小花或小穗不含颖果者亦属净种子。

草地早熟禾、粗茎早熟禾和鸭茅可用吹风法将杂质除去，其试验样品分别为 1 g 和 3 g。

燕麦草属、燕麦属（*Avena*）、雀麦属、虎尾草属、鸭茅属、羊茅属、杂交羊茅黑麦草属、绒毛草属、黑麦草属、早熟禾属和高粱属（*Sorghum*），附着在可育小花上的不育小花不必除去，一起列为净种子。

单位列为净种子部分（图 3-2）。

具附属物（芒、小柄等）的种子，不必除去其附属物，一并列为净种子。

不同草种子结构不同，其净种子鉴定标准不同，见表 3-1。

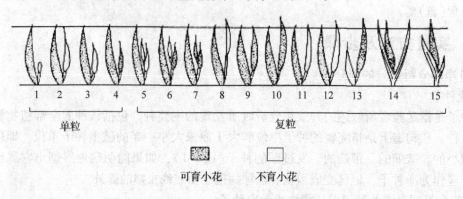

图 3-2 单粒和复粒种子图例

1~4 单粒种子：一个可育小花上附着一个可育或不育小花，其延伸长度（不包括芒）未达可育小花顶端；5~15 复粒种子：其中 5~7 一个可育小花附着一个以上可育和（或）任何长度不育小花；8~12 一个可育小花上附着一个可育或不育小花，其延伸长度已达到或超过可育小花顶端；13~15 一个可育小花基部附着任何长度不育小花或颖片

表 3-1 主要草种子的净种子鉴定标准

编号	属 名	净种子标准
1	苋属、黄芪属、岩黄芪属、锦鸡儿属、鹰嘴豆属、猪屎豆属、山蚂蝗属、山黧豆属、胡卢巴属、苜蓿属、草木犀属、百脉根属、羽扇豆属、木豆属、银合欢属、豌豆属、马齿苋属、三叶草属、野豌豆属	(1)附着部分种皮的种子 (2)附着部分种皮而大小超过原来一半的破损种子
2	红豆草属、胡枝子属、柱花草属	(1)含有一粒种子的荚果,胡枝子属带或不带萼片或苞片,柱花草属带或不带喙 (2)附着部分种皮的种子 (3)附着部分种皮而大小超过原来一半的破损种子
3	冰草属、狗牙根属、雀麦属、画眉草属、猫尾草属、洋狗尾草属、发草属、三毛草属	(1)内外稃包着颖果的小花,有芒或无芒(匍匐冰草小花的颖果长度,从小穗轴基部量起,至少达到内稃长的1/3) (2)颖果 (3)大小超过原来一半的破损颖果
4	黄花茅属、䅟草属	(1)内外稃包着颖果的小花,附着不育外稃,有芒或无芒(䅟草属中如有凸起花药也包括在内) (2)内外稃包着颖果的小花 (3)颖果 (4)大小超过原来一半的破损颖果
5	黑麦草属、羊茅黑麦草、羊茅属、鸭茅属、落草属	(1)鸭茅属、羊茅属、羊茅黑麦草、黑麦草属复粒种子单位分开称重 (2)内外稃包着颖果的小花,有芒或无芒(羊茅属、羊茅黑麦草、黑麦草属的颖果至少达到内稃长度的1/3) (3)颖果 (4)大小超过原来一半的破损颖果 (注:鸭茅需3 g试验样品吹风分离)
6	看麦娘属、翦股颖属、䅟草属	(1)颖片、内外稃包着一个颖果的小穗,有芒或无芒 (2)内外稃包着颖果的小花,有芒或无芒(看麦娘属可缺内稃) (3)颖果 (4)大小超过原来一半的破损颖果
7	绒毛草属、燕麦草属	(1)内外稃包着一个颖果的小穗(绒毛草属具颖片),附着雄小花,有芒或无芒 (2)内外稃包着颖果的小花 (3)颖果 (4)大小超过原来一半的破损颖果
8	黍属、雀稗属、䅟属、狗尾草属、地毯草属、臂形草属、糖蜜草属	(1)颖片、内外稃包着一个颖果的小穗,并附着不育外稃 (2)内外稃包着颖果的小花 (3)颖果 (4)大小超过原来一半的破损颖果
9	结缕草属	(1)颖片(第一颖缺,第二颖完全包着膜质内外稃)和内外稃(有时内稃退化)包着一个颖果的小穗 (2)颖果 (3)大小超过原来一半的破损颖果
10	玉米属、黑麦属、小黑麦属	(1)颖果 (2)大小超过原来一半的破损颖果

(续)

编号	属 名	净种子标准
11	早熟禾属、燕麦属	(1)内外稃包着一个颖果的小穗,并附着不育小花,有芒或无芒 (2)内外稃包着颖果的小花,有芒或无芒 (3)颖果 (4)大小超过原来一半的破损颖果 (注:燕麦属需要从着生点除去小穗柄,仅含子房的单个小花归入无生命杂质;草地早熟禾、粗茎早熟禾需1g试验样品吹风分离)
12	虎尾草属	(1)内外稃包着一个颖果的小穗,并附着不育小花,有芒或无芒,明显无颖果的除外 (2)内外稃包着颖果的小花,有芒或无芒,明显无颖果的除外 (3)颖果 (4)大小超过原来一半的破损颖果
13	狼尾草属、蒺藜草属	(1)带有刺毛总苞片的具1~5个小穗(小穗含颖片、内外稃包着一个颖果,并附着不育外稃)的密伞花序或刺球状花序 (2)内外稃包着颖果的小花(蒺藜草属带缺少颖果的小穗和小花) (3)颖果 (4)大小超过原来一半的破损颖果
14	须芒草属	(1)颖片、内外稃包着一个颖果的可育(无柄)小穗,有芒或无芒,附着不育外稃、不育小穗的花梗、穗轴节片 (2)颖果 (3)大小超过原来一半的破损颖果

2. 其他植物种子

除净种子以外的任何植物种子单位。也可以根据净种子定义划分其他植物种子或杂质。但下列情况例外:

(1)甜菜属种子单位作为其他植物种子时不必筛选,可用遗传单胚的净种子定义。

(2)鸭茅、草地早熟禾和粗茎早熟禾种子单位作为其他植物种子时不必经过吹风程序。

(3)复粒种子单位应先分离,然后将单粒种子单位分为净种子和杂质。

(4)菟丝子属种子,即使具有附属物,也列为其他植物种子。

3. 杂质

杂质应包括下列除净种子或其他植物种子外的种子单位和所有其他物质及构造:

(1)明显不含真种子的种子单位。

(2)小于上述相关规定颖果大小的小花。

(3)除上述相关规定的属外,附在可育小花上的不育小花。

(4)小于或等于原来大小一半的,破裂或受损种子碎片。

(5)在上述相关规定中未规定的种子附属物。

(6)种皮完全脱落的豆科、十字花科的种子。具有胚中轴和(或)超过种子大小一半的附着种皮的子叶分离的豆科种子单位。

(7)脆而易碎呈灰白色至乳白色的菟丝子种子。

(8)脱落下的不育小花、空的颖片、内外稃、稃壳、茎、叶、花、果翅、线虫瘿、真菌体(如麦角、菌核、黑穗病孢子团)、泥土、砂粒、石砾及所有其他非种子物质。

(9)采用均匀吹风法分离出较轻部分中除其他植物种子外的物质,及较重部分中除净种子和其他植物种子外的其他物质。

(二)净度分析的程序

1. 大型混杂物检查

在送验样品(或至少是净度分析试验样品重量的 10 倍)中,若有与供检种子在大小或重量上明显不同且严重影响结果的混杂物,如土块、小石块或小粒种子中混有大粒种子等,应先挑出这些大型混杂物并称重,再将大型混杂物分为其他植物种子和杂质。

2. 试验样品

(1)试验样品的重量,应至少含有 2 500 个种子单位的重量或符合表 2-1 净度分析试验样品的最低重量。

(2)试验样品的分取,遵循分样规则,从送验样品中用分样器或徒手法经反复递减直至分取规定重量的试验样品一份或规定重量一半的两份试验样品(半试样)。

(3)试验样品的称重,以 g 表示,精确至表 3-2 所规定的小数位数,以满足计算各种成分百分率达到一位小数的要求。

表 3-2　试验样品及其成分称重与小数位数

全试样或半试样及其成分重量(g)	称重至下列小数位数	全试样或半试样及其成分重量(g)	称重至下列小数位数
1.000 0 以下	4	100.0~999.9	1
1.000~9.999	3	1 000 或 1 000 以上	0
10.00~99.99	2		

3. 试验样品的分离、鉴定和称重

(1)试验样品称重后,按净度分析划分原则将试验样品分离成净种子、其他植物种子和杂质。

(2)分离时可借助于放大镜、筛子、吹风机等器具,或用镊子施压,在不损伤发芽力的基础上进行检查。分析时可将样品倒在净度分析台上,开启灯光,借助放大镜用镊子或刮板逐粒观察鉴定。

(3)分离时必须根据种子的明显特征,对样品中的各个种子单位进行仔细检查分析,并依据形态学特征、种子标本等加以鉴定。当不同植物种之间区别困难或不可能区别时,则填报属名,该属的全部种子均为净种子,并附加说明。

(4)分离后各成分分别称重,以 g 表示,折算为百分率。

4. 结果计算和表示

(1)核查分析过程的重量增失

不管是一份试验样品还是两份半试验样品,应将分析后的各种成分重量之和与原始重量比较,核对分析期间物质有无增失。若增失差超过原始重量的 5%,则必须重新分析,填报重新分析的结果。

(2)计算各成分的重量百分率

净度分析结果,应分别计算净种子、其他植物种子和杂质占供试样品重量的百分率;供试样品重量须是分析后各种成分重量的总和,而不是分析前的最初重量。采用全试验样品分析时，各成分重量百分率应计算到一位小数。半试验样品分析时，应对每份半试验样品所有成分分别进行分析、计算。百分率至少保留到两位小数，然后将每份半试验样品中相同成分的百分率相加，并计算各成分的平均百分率，结果计算到一位小数。

当测定的某一类杂质或某一种其他植物种子或复粒种子含量较高时（等于或大于1%），应分别称重和计算百分率。

净种子和其他植物种子的中文名和学名以及杂质的种类必须填写在结果记录表上，对不能确切鉴定到种的种子可允许鉴定到属。

(3) 检查重复间的误差

两份试验样品之间，各相同组分的百分率相差不能超过规定的容许差距（表3-3、表3-4），如超出容许范围，则需重新分析成对试验样品，直到得到一对在容许范围内的数值为止，但全部分析不超过4对。若某组分的相差值达容许差值的2倍，则放弃分析结果，最后用余下的全部数值计算加权平均百分率。

表3-3 同一实验室同一送验样品净度分析的容许差距

（5%显著水平的两尾测定）

两次净度分析结果平均值		不同测定之间的容许差距			
		半试验样品		全试验样品	
50%~100%	<50%	无稃壳种子	有稃壳种子	无稃壳种子	有稃壳种子
99.95~100.00	0.00~0.04	0.20	0.23	0.1	0.2
99.90~99.94	0.05~0.09	0.33	0.34	0.2	0.2
99.85~99.89	0.10~0.14	0.40	0.42	0.3	0.3
99.80~99.84	0.15~0.19	0.47	0.49	0.3	0.4
99.75~99.79	0.20~0.24	0.51	0.55	0.4	0.4
99.70~99.74	0.25~0.29	0.55	0.59	0.4	0.4
99.65~99.69	0.30~0.34	0.61	0.65	0.4	0.5
99.60~99.64	0.35~0.39	0.65	0.69	0.5	0.5
99.55~99.59	0.40~0.44	0.68	0.74	0.5	0.5
99.50~99.54	0.45~0.49	0.72	0.76	0.5	0.5
99.40~99.49	0.50~0.59	0.76	0.82	0.5	0.6
99.30~99.39	0.60~0.69	0.83	0.89	0.6	0.6
99.20~99.29	0.70~0.79	0.89	0.95	0.6	0.7
99.10~99.19	0.80~0.89	0.95	1.00	0.7	0.7
99.00~99.09	0.90~9.99	1.00	1.06	0.7	0.8
98.75~98.99	1.00~1.24	1.07	1.15	0.8	0.8
98.50~98.74	1.25~1.49	1.19	1.26	0.8	0.9
98.25~98.49	1.50~1.74	1.29	1.37	0.9	1.0
98.00~98.24	1.75~1.99	1.37	1.47	1.0	1.0
97.75~97.99	2.00~2.24	1.44	1.54	1.0	1.1

(续)

两次净度分析结果平均值		不同测定之间的容许差距			
		半试验样品		全试验样品	
97.50~97.74	2.25~2.49	1.53	1.63	1.1	1.2
97.25~97.49	2.50~2.74	1.60	1.70	1.1	1.2
97.00~97.24	2.75~2.99	1.67	1.78	1.2	1.3
96.50~96.99	3.00~3.49	1.77	1.88	1.3	1.3
96.00~96.49	3.50~3.99	1.88	1.99	1.3	1.4
95.50~95.99	4.00~4.49	1.99	2.12	1.4	1.5
95.00~95.49	4.50~4.99	2.09	2.22	1.5	1.6
94.00~94.99	5.00~5.99	2.25	2.38	1.6	1.7
93.00~93.99	6.00~6.99	2.43	2.56	1.7	1.8
92.00~92.99	7.00~7.99	2.59	2.73	1.8	1.9
91.00~91.99	8.00~8.99	2.74	2.90	1.9	2.1
90.00~90.99	9.00~9.99	2.88	3.04	2.0	2.2
88.00~89.99	10.00~11.99	3.08	3.25	2.2	2.3
86.00~87.99	12.00~13.99	3.31	3.49	2.3	2.5
84.00~85.99	14.00~15.99	3.52	3.71	2.5	2.6
82.00~83.99	16.00~17.99	3.69	3.90	2.6	2.8
80.00~81.99	18.00~19.99	3.86	4.07	2.7	2.9
78.00~79.99	20.00~21.99	4.00	4.23	2.8	3.0
76.00~77.99	22.00~23.99	4.14	4.37	2.9	3.1
74.00~75.99	24.00~25.99	4.26	4.50	3.0	3.2
72.00~73.99	26.00~27.99	4.37	4.61	3.1	3.3
70.00~71.99	28.00~29.99	4.47	4.71	3.2	3.3
65.00~69.99	30.00~34.99	4.61	4.86	3.3	3.4
60.00~64.99	35.00~39.99	4.77	5.02	3.4	3.6
50.00~59.99	40.00~49.99	4.89	5.16	3.5	3.7

注：表中列出的容许差距适用于同一实验室来自相同送验样品的净度分析任何成分结果重复间的比较。

表3-4 相同或不同实验室不同送验样品全试验样品净度分析的容许差距
（1%显著水平的两尾测定）

两次净度分析结果平均值		不同测定间的容许差距	
50%~100%	<50%	无稃壳种子	有稃壳种子
99.95~100.00	0.00~0.04	0.18	0.21
99.90~99.94	0.05~0.09	0.28	0.32
99.85~99.89	0.10~0.14	0.34	0.40
99.80~99.84	0.15~0.19	0.40	0.47
99.75~99.79	0.20~0.24	0.44	0.53
99.70~99.74	0.25~0.29	0.49	0.57
99.65~99.69	0.30~0.34	0.53	0.62
99.60~99.64	0.35~0.39	0.57	0.66
99.55~99.59	0.40~0.44	0.60	0.70
99.50~99.54	0.45~0.49	0.63	0.73

（续）

两次净度分析结果平均值		不同测定间的容许差距	
50%~100%	<50%	无稃壳种子	有稃壳种子
99.40~99.49	0.50~0.59	0.68	0.79
99.30~99.39	0.60~0.69	0.73	0.85
99.20~99.29	0.70~0.79	0.78	0.91
99.10~99.19	0.80~0.89	0.83	0.96
99.00~99.09	0.90~9.99	0.87	1.01
98.75~98.99	1.00~1.24	0.94	1.10
98.50~98.74	1.25~1.49	1.04	1.21
98.25~98.49	1.50~1.74	1.12	1.31
98.00~98.24	1.75~1.99	1.20	1.40
97.75~97.99	2.00~2.24	1.26	1.47
97.50~97.74	2.25~2.49	1.33	1.55
97.25~97.49	2.50~2.74	1.39	1.63
97.00~97.24	2.75~2.99	1.46	1.70
96.50~96.99	3.00~3.49	1.54	1.80
96.00~96.49	3.50~3.99	1.64	1.92
95.50~95.99	4.00~4.49	1.74	2.04
95.00~95.49	4.50~4.99	1.83	2.15
94.00~94.99	5.00~5.99	1.95	2.29
93.00~93.99	6.00~6.99	2.10	2.46
92.00~92.99	7.00~9.99	2.23	2.62
91.00~91.99	8.00~8.99	2.36	2.76
90.00~90.99	9.00~9.99	2.48	2.92
88.00~89.99	10.00~11.99	2.65	3.11
86.00~87.99	12.00~13.99	2.85	3.35
84.00~85.99	14.00~15.99	3.03	3.55
82.00~83.99	16.00~17.99	3.18	3.74
80.00~81.99	18.00~19.99	3.32	3.90
78.00~79.99	20.00~21.99	3.45	4.05
76.00~77.99	22.00~23.99	3.56	4.19
74.00~75.99	24.00~25.99	3.67	4.31
72.00~73.99	26.00~27.99	3.76	4.42
70.00~71.99	28.00~29.99	3.84	4.51
65.00~69.99	30.00~34.99	3.97	4.66
60.00~64.99	35.00~39.99	4.10	4.82
50.00~59.99	40.00~49.99	4.21	4.95

注：本表适用于来自同一种子批两个不同送验样品的全试验样品净度分析结果，适用于净度分析的任何成分比较，以确定两个估算值是否一致。

(4) 有大型混杂物结果的换算
净种子重量百分率：

$$P_2(\%) = P_1 \times \frac{M-m}{M} \qquad (3-1)$$

其他植物种子重量百分率：

$$OS_2(\%) = OS_1 \times \frac{M-m}{M} + \frac{m_1}{M} \times 100 \qquad (3-2)$$

杂质重量百分率：

$$I_2(\%) = I_1 \times \frac{M-m}{M} + \frac{m_2}{M} \times 100 \qquad (3-3)$$

式中 M——送验样品的重量(g)；
　　 m——大型混杂物的重量(g)；
　　 m_1——大型混杂物中其他植物种子质量(g)；
　　 m_2——大型混杂物中杂质重量(g)；
　　 P_1——除去大型混杂物后的净种子重量百分率(%)；
　　 I_1——除去大型混杂物后的杂质重量百分率(%)；
　　 OS_1——除去大型混杂物后的其他植物种子重量百分率(%)。

最后应检查：$(P_2 + I_2 + OS_2)\% = 100.0\%$。

(5) 结果表示

净度分析的结果应保留一位小数。

各种成分的百分率总和必须为100.0%。如果其和是99.9%或100.1%，那么应从最大值增减0.1%。成分小于0.05%的填写"微量"，如果某一种成分的结果为零，则用"-0.0-"表示。

当测定某一类杂质或某一种其他植物种子的重量百分率达到或超过1%时，该种类应在结果报告单上注明。净度分析结果报告见表3-5。

表3-5 净度分析结果报告

样品登记号		种名			学名				
试验样品重(g)		重型混杂物重(g)			其他植物种子重(g)				
					杂质重(g)				
类别	重复	试样重(g)	净种子		其他种子		杂质		各成分重量之和
			重量(g)	百分数(%)	重量(g)	百分数(%)	重量(g)	百分数(%)	
全试样									
半试样	1								
	2								
	平均								
	实际差(%)								
	容许误差(%)								

(续)

其他植物种子名称及个数						
杂质种类						
净度分析结果	净种子（%）		其他植物种子（%）		杂质（%）	
主要仪器及编号						

说明：全试样或半试样只需选择其中一种方法进行检测

检验员：　　　　　　　　　日期：

（鱼小军）

4 其他植物种子数测定

一、目的和意义

其他植物种子是指样品中除净种子以外的任何植物种类的种子单位,包括杂草和异作物种子。测定的目的是检测送检样品中其他植物的种子数目,并由此推测种子批中其他植物的种类及含量。其他植物可以是所有的其他植物种、或指定的某一种、或某一类植物种。其他植物种子数目及含量亦是种子质量分级的主要指标之一。据统计,全世界约有杂草 8 000 种,与农牧业生产有关的主要有 250 种。我国约有杂草 119 科 1 200 种,其中豚草属(*Ambrosia* spp.)、菟丝子属(*Cuscuta* spp.)、毒麦(*Lolium temulentum*)、列当属(*Orobanche* spp.)、假高粱(*Sorghum halepense*)等已列入《全国农业植物检疫性有害生物名单》。在国际种子贸易中这项分析主要用于测定种子批中是否存在有毒有害植物种子及恶性杂草种子。

二、实验器材

1. 材料

草种子或送验样品 1 份。

2. 仪器与用具

净度分析台、分样器、镊子、不同孔径套筛(包括振荡器)、吹风机、其他植物种子检测仪、手持放大镜或双目显微镜、天平。

三、试验方法及步骤

(一)试验样品

测定其他植物种子数的样品应符合表 2-1 所规定的重量,通常不得小于 25 000 个种子单位,即为净度分析试验样品最低重量的 10 倍。当送验种难以鉴定时仅需用规定试验样品重量的 1/5(最少量)进行鉴定。

(二)测定方法

(1)完全检验

从整个试验样品中找出所有其他植物种子的测定方法。

(2)有限检验

从整个试验样品中找出指定种的测定方法。

(3)简化检验

从部分试验样品(至少是规定试验样品重量的 1/5)中找出所有其他植物种子的测定方法。

(4) 简化有限检验

从少于规定重量的试验样品中找出指定种的测定方法。

借助上述器具对试验样品进行逐粒检查，分离出所有其他植物种子或某些指定种的种子，然后计数检测出每个种的种子数。

在有限检验中，如果检验仅限于指定的某些种的存在与否，那么在检验中发现有一粒或数粒该种子，即可停止测定。

对分离出的其他植物种子进行鉴定，确定到种，部分难以鉴别的可确定到属。区分和识别各类植物种子可根据《植物分类学》《杂草种子图鉴》等有关书籍，并向有经验的人员请教，在检验实践中积累经验，逐步掌握各类种子的形态特征。

(三) 结果记录与表示

结果用测定试验样品实际重量中发现的所有其他植物种子数或指定种（属）的种子数表示，通常折算成单位重量（如千克）的其他植物种子数或指定种（属）的种子数。

$$其他植物种子含量(粒/kg) = 其他植物种子数/试验样品重量(g) \times 1\,000$$

在检验记录中应填写试验样品的实际重量、该重量中发现的其他植物种子的名称（中文名和学名）及种子数（表4-1），并注明所采用的检验方法，如"完全检验""有限检验""简化检验"或"简化有限检验"。

如果同一样品进行了两次或多次检测，其结果用测定样品总重量中发现的其他植物种子总数表示。

(四) 容许差距

当需判断同一样品两次测定结果是否有明显差异时，可查其他植物种子的容许差距表（表4-2）进行比较。但在比较时，两个样品的重量必须相近。

表 4-1 其他植物种子测定表

种　名＿＿＿＿＿＿＿＿＿＿　　学　名＿＿＿＿＿＿＿＿＿＿
使用仪器＿＿＿＿＿＿＿＿＿＿　　测定时间＿＿＿＿＿＿＿＿＿＿
方　法＿＿完全检验＿＿　有限检验＿＿　简化检验＿＿

样品重(g)	A	B	平 均	
其他植物种子名称	种子数	种子数	种子数(g)	种子数(kg)
合　计				

说　明：容许差距＿＿＿＿＿＿＿＿　实际差距＿＿＿＿＿＿＿＿
备　注：＿＿＿＿＿＿＿＿＿＿＿＿＿＿＿＿＿＿＿＿＿＿＿＿
试验人：

表 4-2　同一样品其他植物种子数两次检验的容许差距
（5% 显著水平的两尾测定）

两次测定结果平均值	容许差距	两次测定结果平均值	容许差距	两次测定结果平均值	容许差距
3	5	76~81	25	253~264	45
4	6	82~88	26	265~276	46
5~6	7	89~95	27	277~288	47
7~8	8	96~102	28	289~300	48
9~10	9	103~110	29	301~313	49
11~13	10	111~117	30	314~326	50
14~15	11	118~125	31	327~339	51
16~18	12	126~133	32	340~353	52
19~22	13	134~142	33	354~366	53
23~25	14	143~151	34	367~380	54
26~29	15	152~160	35	381~394	55
30~33	16	161~169	36	395~409	56
34~37	17	170~178	37	410~424	57
38~42	18	179~188	38	425~439	58
43~47	19	189~198	39	440~454	59
48~52	20	199~209	40	455~469	60
53~57	21	210~219	41	470~485	61
58~63	22	220~230	42	486~501	62
64~69	23	231~241	43	502~518	63
70~75	24	242~252	44	519~534	64

注：两次检验可以在同一实验室或不同实验室进行，送验样品也可以相同或不同，但两份送验样品的重量必须相近。

（鱼小军）

5 种子千粒重的测定

一、目的和意义

种子重量通常以千粒重来表示。种子千粒重是指自然干燥状态的 1 000 粒种子的重量，千粒重反映种子的饱满程度、充实均匀程度和籽粒大小，是衡量种子质量的指标之一。在净度分析的基础上，通过测定种子重量，可以知道单位重量种子里有多少粒种子或一定体积范围内的种子数目。一般千粒重大的种子，贮藏的营养物质丰富，萌发时可以供给更多的能量，有利于种子发芽、出苗及幼苗生长发育。千粒重不仅是种子活力指标和产量构成的要素之一，也是计算种子播量的主要参数。

二、实验器材

1. 材料

净度分析后的草类植物净种子。

2. 仪器与用具

电子天平（精确度为 0.001 g 或 0.000 1 g）、自动数粒仪、镊子。

三、实验方法及步骤

（一）试验样品

将净度分析后的全部净种子作为试验样品。

千粒重测定的基本方法是自净种子中随机数取若干份试样，通常取 2 份，每份 1 000 粒（中小种子）或 500 粒（大粒种子）；国际种子检验规程规定数取 8 份，每份 100 粒，分别称取各份样品的重量，计算平均重量和折算成 1 000 粒种子的重量，以 g 为单位，计算结果保留一位小数。数种方法一般采用人工数种，也可借助百粒板或数粒仪进行数种。

测定某个种或品种的标准千粒重时，应收集不同地点、田块和不同年份采收的样品，进行称重和计算，以使千粒重具有广泛的代表性。

（二）测定方法

1. 机械数种法

将整个试验样品通过数粒仪，并读出在计数器上所示的种子数。计数后称重试验样品（g），小数的位数应符合净度分析中表 3-2 的规定。

2. 计数重复法

从试验样品中随机数取 100 粒种子，8 个重复，分别称重到规定的小数位数（表 3-2 的规定）。

方差、标准差及变异系数按式(5-1)、式(5-2)、式(5-3)计算：

$$方差 = \frac{n\sum x^2 - (\sum x)^2}{n(n-1)} \tag{5-1}$$

式中　x——每个重复的重量(g)；
　　　n——重复次数；
　　　$\sum$——总和。

$$标准差(S) = \sqrt{方差} \tag{5-2}$$

$$变异系数(\%) = \frac{S}{\overline{X}} \times 100 \tag{5-3}$$

式中　$\overline{X}$——100粒种子的平均重量(g)。

带有稃壳的禾本科种子变异系数不超过6.0，其他种子的变异系数不超过4.0，如果变异系数超过上述限度，则应再数取8个重复，称重、计算16个重复的标准差。凡与平均数之差超过两倍标准差的重复略去不计，根据其余重复计算测定结果。

四、结果计算和表示

机械数种的计算结果，是将整个试验样品重量换算成种子千粒重，以"g"表示。

计数重复法，则将X个重复100粒种子的平均重量乘以10，换算成1 000粒种子的平均重量。

其结果的小数按表3-2的规定位数表示。

知道千粒重后，可将千粒重换算成每千克种子粒数，公式为：

$$每千克种子粒数 = 1\,000(g) \div 千粒重(g) \times 1\,000 \tag{5-4}$$

(鱼小军，任　健)

6 草种子发芽试验

一、目的和意义

发芽试验的目的是测定种子的最大发芽潜力，以了解种子的播种用价和比较不同种子批的质量，为生产播种、调种、种子收购和贮藏等提供重要的质量指标。种子发芽力是指供试种子在最适宜条件下，能够发芽并长成正常植株的能力，通常用发芽势和发芽率表示。发芽势是指种子在发芽试验初期（规定的初次统计），正常发芽种子数占供试种子数的百分率，一般表明出苗速度及苗壮程度。发芽率是指种子在发芽试验终期（规定的末次统计），全部正常发芽种子数占供试种子数的百分率，可用于反映有生活力种子的数量。发芽试验对草种子生产和草地建设具有重要的意义。播种前做好发芽试验，掌握种子批的发芽情况，选用发芽率高的种子播种，有利于保证出苗率及种植密度，同时可以计算实际播种量，以达到节约用种，实现预期最大的收益；收购入库前做好发芽试验，可以掌握种子批的质量状况；种子贮藏期间做好发芽试验，可以根据发芽率的变化情况，了解贮藏环境因素的改变，为确保安全贮藏，及时改善贮藏条件提供依据；经营时做好发芽试验，避免购进或销售发芽率低的草种子，造成经济纠纷或生产损失。发芽率是种子质量分级的主要依据，是准确评定种子等级进而对种子定价不可缺少的重要指标之一。

二、实验器材

1. 材料

净度分析后的草类植物净种子。

2. 仪器与用具

数种板、真空数种器、发芽箱（发芽室）、培养皿、发芽盒、镊子、加水滴瓶、硝酸钾及配制溶液用的玻璃器皿、滤纸、砂等。

三、实验方法及步骤

（一）发芽介质与发芽床

1. 发芽介质与要求

发芽介质是指供种子发芽所需水分和支撑幼苗生长的材料。所用材料一般有纸、砂和土壤。

（1）纸

发芽试验中应用最多的发芽介质是纸，常用的有滤纸、吸水纸或纸巾。发芽纸的纤维成分应是100%的经过漂白的木纤维、棉纤维或其他净化的植物纤维物质，应达到如下几方面要求：

  a. 质地与强度好。纸张应具有通透和多孔的特性，使幼苗的根生长在纸上而不伸入纸中。纸张的强度应保证操作过程中不致撕破；

  b. 持水力强。纸张在整个发芽期间应具有足够保持水分的能力，以保证对种子不断供应水分。

  c. 无毒、无病菌。纸张不应含有影响幼苗生长或鉴定的真菌、细菌和有毒物质，如酸碱、染料等。纸张的 pH 应在 6.0~7.5。

  发芽纸应贮藏在相对湿度尽可能低的地方，并有包装，以防贮藏期间受到污染和损害。放置时间长的纸张应进行消毒，以消灭贮藏期间产生的霉菌。

  检查发芽纸是否含有害物质，可进行生物测定：选用对有毒物质敏感的草种子，如猫尾草(*Phleum pratense*)、弯叶画眉草(*Eragrostis curvula*)、紫羊茅(*Festuca rubra* var. *commutata*)和独行菜(*Lepidium sativam*)的种子进行发芽试验，同时选用合格的纸张做对照。有毒物质引起的症状是根部缩短、根尖变色、根从纸上翘起、根毛成束，或芽鞘变扁、缩短。

  (2) 砂

  砂作为发芽介质也是发芽试验较为常用的，一般规定用作发芽试验的砂砾应选用无化学药物污染、pH 为 6.0~7.5 的细砂或清水砂，砂粒应均匀，不含微粒和大粒，直径 0.05~0.8 mm，砂粒中不能含有种子或病菌。

  用作发芽试验的砂砾应进行如下处理：

  ①清洗 除去杂物后用清水洗涤。

  ②消毒 将清洗后的砂放在耐高温的托盘内摊薄，在 130~170 ℃ 高温下烘 2 h。

  ③过筛 将烘干的砂用孔径为 0.8 mm、0.05 mm 的筛子过筛，两层筛之间的砂即直径为 0.05~0.8 mm 的砂砾。

  砂砾应具有一定的持水力，满足种子和幼苗所需的水分。但也应有足够的空隙，利于通气。砂砾可重复使用，使用前应进行洗涤并重新消毒。用化学药品处理过的砂不能重复使用。

  砂砾有无有害物质的检查方法同发芽纸。

  (3) 土壤

  发芽试验用的土壤必须良好，不结块，无大颗粒，不能混入种子、真菌、细菌、线虫或有毒物质，pH 在 6.0~7.5。土壤使用前必须进行消毒，且不宜重复使用。

  一般不建议采用土床作为初次试验的发芽床，当纸床或砂床上的幼苗出现中毒症状或难于鉴定时，可采用土床以进行发芽床的比较研究。

  (4) 水分

  种子发芽所用水分应清洁，不含有机杂质和无机杂质，pH 为 6.0~7.5，若通常使用的自来水不适宜，也可用蒸馏水或无离子水。

  2. 发芽床的种类和用法

  发芽床是提供水分的衬垫物，其种类较多，主要有纸床和砂床两类。也有土壤、纱布、毛巾、海绵和脱脂棉等。任何发芽床应符合保水良好、无毒、无病菌的基本要求。

  (1) 纸床

  纸床又分为纸上、纸间、褶裥纸 3 种，每种床的用法如下：

①纸上 纸上发芽床，简称 TP，是指将种子摆在二层或多层纸上发芽，具体方法是将发芽纸放在培养皿或发芽盒内，加入适量的水分让发芽纸充分吸湿，然后将种子摆在湿润的发芽纸上。

②纸间 纸间发芽床，简称 BP，是指将种子摆在二层纸中间发芽，可采用如下方法：按纸上发芽法摆好种子后，另外用一层发芽纸盖在种子上；把种子摆在折好的纸封里，纸封平放或竖放；把种子摆在湿润的发芽纸上，再用一张同样大小的发芽纸覆盖在种子上，底部折起 2 cm，然后卷成纸卷，两端用橡皮筋扎住，竖放在发芽器皿内。

③褶裥纸 褶裥纸发芽床，简称 PP，是先把发芽纸折成类似手风琴的褶皱纸，然后将种子放在每个褶裥条内，再将褶裥纸条放在发芽盒内，或直接放在保湿的发芽箱内，并用一条宽阔的纸条包在褶裥纸条的周围，以保证有均匀的湿度。规定采用 TP 或 BP 法发芽的可用此法替代。

(2) 砂床

砂床主要有砂上和砂中两种。

①砂上 砂上发芽，简称 TS，适用于小粒和中粒种子。将拌好的湿砂放入发芽盒，厚度为 20~30mm，再将种子压入砂的表层。

②砂中 砂中发芽，简称 S，适用于中粒和大粒种子。将拌好的湿砂放入发芽盒，厚度为 20~30mm，把种子放在湿砂上，然后加盖 10~20mm 厚的松散砂。盖砂厚度取决于种子的大小，为了保证通气良好，底层砂应耙松。

砂上、砂中发芽所用的湿砂，一般含水量为其饱和含水量的 60%~80%，根据经验，经常采用的简便方法是在 100 g 干砂中加入 18~26 mL 的水，充分拌匀，用手捏成团，放在手中湿砂能散开即可，若用手压下去，砂表面出现水层则表明加水过多。值得注意的是须将加水拌匀后的砂子放入发芽器皿内，不能将干砂先倒入然后加水拌匀，这种方法不易控制加水量，易造成加水过多，导致砂中空隙少，氧气不足，影响种子发芽。

测定饱和含水量的方法：取一高 30 cm、直径 5 cm、底部为铁丝网的圆柱体，铁丝网上放一层湿润滤纸，称重为 W_1；在圆柱体中加满砂，砂上放一层干滤纸，称重为 W_2；将圆柱体置于一盆水中，水面刚好淹至底部铁丝网，至砂上干滤纸中部刚好湿润时，移开圆柱体，称重为 W_3；则：

$$砂床饱和含水量(\%) = (W_3 - W_2)/(W_2 - W_1) \times 100 \tag{6-1}$$

(3) 土床

将土壤高温消毒后，加水拌匀。加水量至手捏土黏成团，手指轻轻一压即碎为宜。然后将湿土置于发芽盒内，再将种子置于土壤上，覆盖上疏松土层。

常见草种子的发芽床见表 6-1。

(二) 发芽条件与控制

1. 水分和氧气

(1) 水分

草种子的发芽最低需水量(即种子开始萌发时吸收水分的重量占种子重量的百分率)不同，一般以淀粉为主的种子，发芽时的最低需水量较低，约为 22.5%~60%；以蛋白质为主的豆类种子，发芽时的最低需水量较高，约为 126%~186%；油料植物种子最低需水量居中，为40%~60%。因此，发芽床的初次加水量应考虑两个因素：一是看发芽床的种类和大小；二是看所检验种子的大小和种类。在种子萌发过程中，要始终保持发芽床的湿润，并使发芽箱内的相对湿度保持在90%~95%以上。如纸床上是小粒种子，则发芽纸吸足水后沥去多余的水分即可；若是大粒种子则再多留一些水分。砂床加水为其饱和含水量的60%~80%，禾谷类中小粒种子为60%，豆类等大粒种子为80%。

发芽期间发芽床必须始终保持湿润，但应注意水分不宜过多，否则会限制通气。重复间和试验间每次的加水量应尽可能一致。

(2) 氧气

种子只有在有氧气的环境下才能正常萌发，但不同的草种子对氧气的需要量和敏感性是有差异的。一般来说旱生的大粒种子对氧气的需求较多；幼苗的不同构造对氧气的需要量和敏感性也是有差异的，发芽过程胚根伸长对氧气需求比胚芽伸长更为敏感。如果发芽床上水分多会导致氧气少，则易于长芽；水分适宜，氧气充足则易于长根。因此，发芽期间应注意水分和通气的协调，不可加水过多，在种子周围形成水膜阻隔氧气进入种胚而影响发芽。一般发芽试验期间不需要采取特别的通气方法，在砂中和土床试验中，注意覆盖种子的砂或土不应压紧，纸卷发芽应注意不宜卷的过紧。

2. 温度

不同的草种子所需的最适发芽温度不同，只有最适发芽温度才能保证种子在最短的时间内得到最高的发芽率。温度过低种子生理活动缓慢，萌发时间延长；温度过高，种子生理活动受到抑制，易产生不正常幼苗，影响发芽结果的准确性。一般温带草种子发芽温度较低，为20 ℃恒温；热带草种子发芽温度较高，为25 ℃或30 ℃恒温，或者用20~30 ℃变温。大部分豆科草种子规定用20 ℃或25 ℃恒温。大部分禾本科草种子要求变温发芽，变温幅度因草类植物种不同而异，具体见表6-1。

发芽箱或发芽室的温度应均匀一致，变幅不超过±1 ℃。规定的温度应作为最高限度。

变温是模拟种子萌发时的自然环境，有利于氧气渗入种子，促进酶活化，进而加速萌发过程。当规定用变温时，通常在变温发芽箱内保持16 h低温及8 h高温。对非休眠的种子可以在3 h内逐渐变温，如果是休眠的种子应在1 h或更短的时间内急剧完成变温，或将试验移到另一个温度较低的发芽箱内。如因特殊情况不能控制变温时，则应将试验保持在低温条件下。

3. 光

根据发芽过程中对光的不同反应可将种子分为需光型种子、需暗型种子和光不敏感型种子三类。

需光型种子发芽时必须有红光或白炽光，促进光敏色素转化成活化型。新收获的休眠种子发芽时必须给予光照。需暗型种子只有在黑暗条件下光敏色素才能达到萌发水平，但也只是发芽初期采取黑暗，随着茎叶系统的形成，应给予光照。光不敏感型种子在光照和黑暗条件下均能正常萌发，大多数草类植物种属于此类。

需光照的光照强度为750~1 250 Lux。变温条件下发芽，应在8 h高温时段给予光照。

(三)发芽试验的方法

1. 准备工作

(1) 确定发芽条件

发芽试验最适宜条件的确定,主要是指对水分、氧气、温度、光照条件的选择,也涉及对发芽床种类、休眠处理措施以及初次、末次统计时间等的确定。常见草种子发芽试验的技术条件规定见表6-1。种子只有在温度、发芽床、水分、光照等综合条件都适宜的情况下,才能得到最好的发芽结果。发芽一般要根据标准所列的方法进行,若标准中规定的方法不能获得满意的结果,则根据种子的来源与状况、实验室的设备和检验经验的积累,选择其他一种或几种方法重新进行试验。

各类种子的适宜发芽床见表6-1第3栏。通常紫花苜蓿、草地早熟禾等小粒种子采用纸床,大粒种子采用砂床或纸间(如燕麦),披碱草、老芒麦等中粒种子可采用各类发芽床。任何发芽床加水都应避免过湿,以不使种子周围产生一层水膜为原则。

当年收获的禾本科草种子,尤其是昼夜温差较大地区生产的草种子,休眠种子较多,尽量选用较低变温或恒温中的较低温度。如老芒麦种子规定的发芽温度有15~25 ℃和25 ℃,则应选用15~25 ℃。除需暗型种子发芽初期采取黑暗外,其他均应采取光照。

(2) 加注标签

根据种子大小选取4套适宜的洁净发芽器皿,在发芽器皿底盘或发芽纸上注明样品编号、名称、重复号和置床日期等。

(3) 湿润发芽床

根据种子和发芽床的特性,加适宜的水分湿润发芽床,4个重复的加水量应一致。纸床发芽的先将发芽纸平铺在器皿内用水浸湿,待纸床吸足水分后,沥去多余的水即可,注意排出两层滤纸之间的空气。要求用硝酸钾溶液处理的,则用0.2%硝酸钾溶液代替水湿润发芽床。砂床加饱和含水量的60%~80%(中小粒种子加60%,大粒种子加80%)。

2. 数种置床

(1) 数种

用于发芽试验的种子必须从净种子中分取。将净种子充分混匀后分为4份,从每份中随机数取100粒种子,大粒种子或带有病原菌的种子,可根据需要再分为50粒或25粒的副重复。应注意避免从净种子的一个方向数取4个100粒。数取种子可采用人工计数、数种板或真空数种器计数的方法。

(2) 置床

将数好的各重复种子用镊子均匀地摆放在制备好的发芽床上,种子之间应保持一定的距离,以减少相邻种子间病菌的相互感染和对种苗发育的影响。为了避免在摆放过程中丢失种子,摆放应均匀且有一定的规律。

3. 置箱培养与管理

(1) 置箱培养

调节发芽箱至所选定的发芽温度,并根据需要调节光照条件。将置床后的培养皿放入发芽箱。如需预先冷冻,则放入5~10 ℃下预冷7 d后移至规定的发芽温度。

(2)检查管理

种子发芽期间应经常检查温度、水分和通气状况，以保持适宜的发芽条件。注意适时补水，始终保持发芽床湿润。检查发芽箱的温度，防止因电器损坏、控温部件失灵等事故造成发芽箱温度不在规定的温度范围。如采用变温发芽的应在规定的时间变换温度。检查过程中如有腐烂的死种子应及时取出并记载。如有发霉的种子应及时取出冲洗，发霉严重的应更换发芽床。

4. 观察记录

(1)试验持续时间

根据标准规定的各草种子的试验持续时间，试验前或试验间用于破除休眠处理的时间不包括在发芽时间内。

如果确定选择的试验方法合适，而样品在规定的试验时间内只有几粒种子刚开始发芽，则试验时间可延长 7 d，或规定时间的一半。反之，如果在规定的试验时间结束前，样品已经达到最高发芽率，则该试验可提前结束。

(2)种苗鉴定与计数

当幼苗的主要构造发育到一定时期时，应按照规定的标准进行种苗鉴定与计数。

试验期间至少应进行两次计数，即初次计数和末次计数。中间计数的次数和时间根据发芽情况斟酌进行，但计数次数应尽量减少，以减轻对尚未充分发育的幼苗遭受损伤的危险。

初次计数和中间计数时的鉴定比较容易，只需要把发育良好的正常幼苗取出，以免种苗根部相互缠绕或种苗感病腐烂。为尽可能减少错误的鉴定，对可疑的、有缺陷的不正常种苗，通常留到末次计数进行鉴定。为减少其他种苗受到感染的危险，严重腐烂幼苗和死种子应及时取出并计数。表 6-1 中规定的计数时间一般是在最高温度条件下得出的，如果选择较低的温度，则初次计数可以延迟。

末次计数要统计正常幼苗、不正常幼苗和未发芽种子。未发芽种子包括硬实种子(在规定的适宜条件下，不能吸水而保持坚硬状态)、新鲜未发芽种子(在规定的适宜条件下能吸水，但发芽过程受到阻碍)、死种子(变软、变色、往往发霉，没有幼苗发育的征象)、空种子(种子完全空瘪或仅含有一些残留组织)、无胚种子(种子含有胚乳或胚子体组织，但没有胚腔和胚)、虫伤种子(种子含有幼虫、虫粪，或有害虫侵害的迹象，并已影响到发芽能力)等。当 1 个复胚种子单位(能够产生 1 个以上幼苗的种子单位)产生 1 株以上正常幼苗时，仅按 1 株正常幼苗计数。

5. 重新试验

当试验出现以下情况时应重新试验：

①怀疑种子存在休眠，即有较多的新鲜不发芽种子时，可采取促进休眠种子发芽处理的一种或几种方法重新试验。

由于病菌感染或种子中毒而导致结果不一定可靠时，可采用砂床或土床重新试验，必要时增加种子间距，将 100 粒 4 个重复变为 50 粒 8 个重复或 25 粒 16 个重复。

②当许多幼苗评定发生困难时，可采用规定的其他一种或几种方法重新试验。

③发现试验条件、种苗评定或计数有差错，以及重复间的差距超过标准规定的最大容许差距范围时，应采用相同方法重新试验。

如果第二次结果和第一次结果相一致，即其差距不超过表6-2中所规定的容许差距，则填报两次试验结果的平均数。如果第二次结果和第一次结果不相符合，即其差距超过表6-2中所规定的容许差距，则采用相同方法进行第三次试验，用第三次结果分别与前两次结果进行比较，填报相一致结果的平均数。如果第三次试验仍得不到相一致的结果，则应从人员操作和设备等方面查找原因。

6. 结果计算和表示

发芽试验结果需要计算每一重复正常幼苗、不正常幼苗、硬实种子、新鲜未发芽种子和死种子的平均数，以参试种子粒数的百分率表示。当4个重复的正常幼苗百分率均在标准规定的最大容许差距范围内，则其平均数表示发芽率。

计算发芽各成分平均数百分率时修约到最接近的整数，各成分的总和必须为100%。如果总和是99%或101%，那么从参加修约的最大值中增减1%。

7. 容许差距

根据表6-2可以确定重复之间的最低值和最高值是否在规定的允许差距之内。首先计算4个重复的平均发芽率，再计算4个重复的实际差距，即4个重复间最大发芽率与最小发芽率之差，然后根据平均发芽率查最大允许差距。如果实际差距在容许差距范围之内，发芽试验结果是可靠的；如果实际差距超过允许差距，则应重新试验。

确定相同或不同实验室、相同或不同送验样品间发芽试验结果是否一致，可采用表6-2和表6-3将两次试验结果的实际差距与容许差距进行核对。实验结果记录在表6-4中。

（四）促进发芽的处理方法

具有生活力的种子在适宜的发芽条件下不萌发，这种现象称作种子休眠。由于休眠的种子萌发困难，所以在进行发芽试验和田间播种前，有必要进行适当的破除休眠处理。种子休眠有生理性休眠、硬实种子和抑制物质等多种类型，因此破除休眠的方法也多种多样。发芽试验前或试验期间用于破除休眠所需要的时间不包括在发芽试验时间内。

1. 破除生理休眠的方法

（1）预先冷冻

在发芽试验之前，将置床后各重复的种子在5~10 ℃下预先冷冻7 d，必要时可延长预冷时间，然后移至规定的温度下进行发芽。

（2）硝酸钾处理

用0.2%硝酸钾溶液代替水润湿发芽床，以后用水润湿。配制方法是将2 g硝酸钾溶于1 L蒸馏水中摇匀即可。

（3）预先加热

将发芽试验各重复的种子放在30~35 ℃，空气流通的条件下加热处理7 d，然后移到规定发芽条件下发芽。

（4）干燥贮藏

将休眠期比较短的种子放在干燥处短时间贮藏。

（5）光照

变温发芽时，在8 h高温时段给予光照。光照强度约为750~1 250 Lux（冷白荧光灯）。光照尤其适用于一些热带和亚热带的草种子，如无芒虎尾草和狗牙根。

(6)赤霉酸(GA₃)处理

赤霉酸预处理常用于燕麦、大麦、黑麦和小黑麦。通常用0.05%的GA₃溶液湿润发芽床。休眠较浅的种子可用0.02%浓度处理,当种子休眠很深时可用0.1%浓度处理。

(7)聚乙烯袋密封

当标准发芽试验结束时,仍发现有很高比例的新鲜未发芽种子(如三叶草属 *Trifolium*),应将种子密封在大小适宜的聚乙烯袋中重新试验,常可诱导发芽。

2. 破除硬实的方法

对存在硬实的草种子,通常不需破除硬实使其发芽,可直接填报硬实率。如有要求破除硬实得到最高的发芽率时,则需进行处理。一般可在发芽试验前进行,但为了避免对非硬实种子产生不良影响,也可在试验后期对存留的硬实种子进行处理。破除硬实的方法有如下几种:

(1)浸种

将含硬实的种子放在水中浸泡24~48 h,然后进行发芽试验。有些种子可在沸水中浸泡,同时不断搅动直至冷却。

(2)机械划破种皮

在紧靠子叶顶端的种皮部分,小心地把种皮刺穿、削破、挫伤或用砂纸摩擦,也可直接刺入子叶部分或用刀片切去部分子叶和胚乳。

(3)酸液腐蚀

有些硬实率高的种子,如大翼豆属及小粒豆科草种子,需放在浓硫酸中腐蚀种皮。将种子浸在酸液里至种皮出现孔纹。腐蚀时间因种而异,从几分钟到1 h不等,但每隔数分钟应对种子的腐蚀情况进行检查。种子腐蚀后应在流水中充分洗涤至中性,然后进行发芽试验。

3. 除去抑制物质的方法

(1)预先洗涤

当果皮或种皮含有天然抑制物质时,如羊草种子含有脱落酸,抑制种子发芽,可在发芽试验前将种子放在25 ℃的流水中洗涤。洗涤后将种子干燥,干燥温度不得超过25 ℃。

(2)除去种子的其他构造

有些种子除去其外部构造可促进发芽,如禾本科草类植物有些种子的刺毛状总苞片、内外稃等以及羊柴(*Hedysarum leave* Maxim)种子外的果皮。

(五)种苗评定

1. 种苗的主要构造

(1)双子叶植物种苗的主要构造

双子叶植物子叶留土型幼苗的主要构造包括初生根、次生根、子叶、上胚轴、鳞叶、初生叶和顶芽等(图6-1),如豌豆属等;双子叶植物子叶出土型幼苗的主要构造包括初生根、次生根、下胚轴或上胚轴,子叶、初生叶和顶芽等,如蒿属、羽扇豆属等。

(2)单子叶植物种苗的主要构造

单子叶植物子叶留土型幼苗的主要构造包括种子根、初生根、次生根、不定根、中胚轴、胚芽鞘、初生叶等(图6-2),如黑麦草或苏丹草等;单子叶植物子叶出土型幼苗的主要构造包括初生根、不定根和管状子叶等,草类植物中此类发芽类型较少。

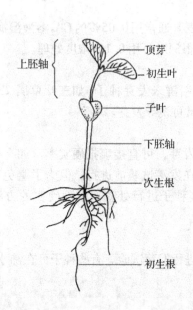 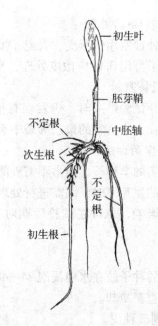

图6-1　双子叶(大豆)幼苗的主要构造　　　图6-2　单子叶(玉米)幼苗的主要构造
（引自《农作物种子检验规程实施指南》）　　　　（引自《幼苗鉴定实用手册》）

2. 种苗评定

发芽试验最重要的环节就是对种苗进行评定，要想获得准确可靠的发芽试验结果必须全面、正确地掌握评定标准，准确地鉴别和区分正常种苗和不正常种苗。

(1) 正常种苗的鉴定

正常种苗为生长在良好土壤中，适宜温度、湿度及光照条件下，能进一步发育成为正常植株潜力的种苗。正常种苗分为完整种苗、轻微缺陷种苗、二次感染种苗三类。

① 完整种苗　幼苗主要构造生长良好、完全、匀称和健康。因种不同，应具有下列构造的特定组合。

a. 发育良好的根系。其组成：细长的初生根，通常长有大量根毛，末端细尖；某些草种子在规定试验期内除发育出初生根外，还产生了次生根；某些草种子(如黑麦属)由数条种子根代替一条初生根。

b. 发育良好的幼苗中轴。其组成为：出土型发芽的种苗，应具有一个直立、细长并有伸长能力的下胚轴；留土型发芽的种苗，应具有一个发育良好的上胚轴，下胚轴较短或难以分辨；出土型发芽的一些属的草种子，应同时具有伸长的上胚轴和下胚轴；禾本科的一些属(高粱属)的草种子，应具有伸长的中胚轴。

c. 子叶的数目。单子叶植物或个别双子叶植物具有一片子叶，子叶可为绿色的叶状体，或变异后而全部或部分遗留在种子内(如禾本科)；双子叶植物具有二片子叶，子叶出土型发芽的种苗中，子叶为绿色，展开呈叶片状，其大小和形状因草类植物种而异；子叶留土型发芽的种苗，子叶为肉质半球形，并保留在种皮内。

d. 绿色伸展的初生叶。互生叶种苗具有一片初生叶，有时先发育少数鳞状叶(如豌豆属)。对生叶种苗具有两片初生叶。

e. 具有苗端或顶芽。

f. 禾本科草种子中有一发育良好直立的胚芽鞘。鞘内包含一绿色叶片延伸到顶端，最后从芽鞘内伸出。

②带有轻微缺陷的种苗　种苗主要构造出现某种轻微缺陷，但在其他方面仍能比较良好而均衡发育，与同一试验中的完整种苗相当。有下列缺陷的为带有轻微缺陷的种苗。

a. 初生根局部损伤，如出现变色或坏死斑点，已愈合的裂缝和裂口，或浅裂缝和裂口；初生根有缺陷，但有大量发育正常的次生根，这一条仅适用于个别属，如豌豆属、高粱属等。

b. 下胚轴或上胚轴局部损伤，如出现变色或坏死斑点，已愈合的裂缝和裂口，裂缝和裂口轻度扭曲。

c. 子叶局部损伤(采用"50%规则"：如果整个子叶或初生叶组织有一半或一半以上具有功能，这种种苗可列为正常种苗。如果一半以上的组织不具有功能，如出现损伤、坏死、变色或腐烂时，则为不正常种苗。但如果顶芽周围组织或顶芽本身坏死或腐烂，不能采用"50%规则"。当初生叶的形状正常，只是叶片面积较小，则不能应用"50%规则"。以下简称"50%规则"），但子叶组织总面积一半或一半以上仍保持正常功能，并且种苗顶端或其周围组织没有明显的损伤或腐烂。

d. 初生叶局部损伤(采用"50%规则")，但其组织总面积一半或一半以上仍保持正常功能。顶芽没有明显的损伤或腐烂，仅有一片正常的初生叶，如菜豆属；三片初生叶代替两片(采用"50%规则")。

e. 胚芽鞘局部损伤，胚芽鞘从顶端开裂，但其裂缝长度不及总长的1/3，受外稃或果皮的阻挡引起芽鞘轻度扭曲或形成环状；胚芽鞘内的绿色叶片未延伸到顶端，但至少达到胚芽鞘长的一半以上。

③二次感染种苗　由其他种子或种苗所携带真菌或细菌蔓延并侵入引起病症和腐烂的种苗。

(2) 不正常种苗的鉴定

①不正常种苗类型　因一个或多个无法弥补的结构缺陷，不能发育为正常植株的种苗。不正常种苗分为受损伤的种苗、畸形或不匀称的种苗、初次感染的腐烂种苗三类。

a. 损伤种苗。由机械处理、加热、干燥化学处理、昆虫损害等外部因素引起，使种苗构造残缺不全，或受到严重损伤，以致不能均衡生长。所产生的不正常种苗类型主要有：子叶或种苗中轴开裂并与其他幼苗构造分离；下胚轴、上胚轴或子叶横裂或纵裂；胚芽鞘损伤或顶部破裂，初生根开裂、残缺或缺失(图6-3)。

b. 畸形种苗。因内部生理生化功能失调，引起幼苗生长细弱，或存在生理障碍，或主要构造畸形或不匀称的种苗。主要类型有：初生根停滞或细长；根负向地性生长；下胚轴、上胚轴或中胚轴短粗、环状、扭曲或螺旋形；子叶卷曲、变色或坏死；胚芽鞘畸形、开裂、环状、扭曲或螺旋形(图6-3、图6-4)；叶绿素缺失(种苗黄化或白化)；种苗细长或玻璃状。

c. 腐烂种苗。由初次感染造成种苗的主要构造发病或腐烂，并妨碍其正常发育(图6-4)。

②鉴定　在实际检验过程中，只要能鉴别出不正常种苗即可。凡种苗带有下列一种或一种以上的缺陷则列为不正常种苗。

a. 根。初生根残缺、短粗、停滞、缺失、破裂、从顶端开裂、缩缢、纤细、蜷缩种皮

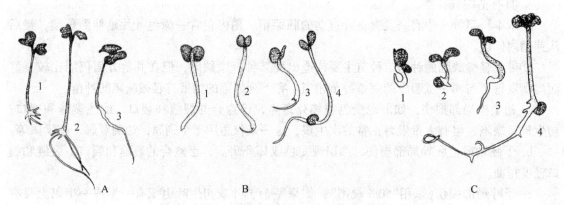

图6-3 芸薹属正常幼苗和不正常幼苗形态特征
（引自《幼苗鉴定实用手册》）
A. 初生根矮化：1、2. 初生根矮化，为不正常幼苗；3. 正常幼苗（对照）
B. 初生根缺失：1~3. 初生根缺失，为不正常幼苗；4. 正常幼苗（对照）
C. 下胚轴弯曲畸形：1~3. 下胚轴弯曲畸形，为不正常幼苗；4. 正常幼苗（对照）

内、负向地性生长、玻璃状或由初次感染引起的腐烂，缺少或仅有一条细弱的种子根。

b. 下胚轴、上胚轴或中胚轴。下胚轴、上胚轴或中胚轴缩短而变粗、深度横裂或破裂、纵向裂缝（开裂）、缺失、缩缢、严重扭曲、过度弯曲、形成环状或螺旋形、纤细、水肿状（玻璃体）、由初生感染所引起的腐烂。

c. 子叶（采用"50%规则"）。子叶肿胀卷曲、畸形、断裂或其他损伤、分离或缺失、变色、坏死、水肿状、由初生感染所引起的腐烂（葱属除外）。

d. 初生叶（采用"50%规则"）。初生叶畸形、损伤、缺失、变色、坏死、由初生感染所引起的腐烂或虽形状正常，但小于正常叶片大小的1/4。

e. 顶芽及周围组织。顶芽及周围组织畸形、损伤、缺失、由初生感染所引起的腐烂。

f. 胚芽鞘和第一片叶（禾本科）。胚芽鞘畸形、损伤、缺失、顶端损伤或缺失、过度弯曲、形成环状或螺旋严重扭曲、裂缝长度超过从顶端量起的1/3、基部开裂、纤细、由初生感染所引起的腐烂，第一叶延伸长度不到胚芽鞘的一半、缺失、撕裂或其他畸形。

g. 整个幼苗。畸形、断裂子叶比根先长出、两株幼苗连在一起、黄化或白化、纤细、水肿状（玻璃体）、由初生感染所引起的腐烂。

(3) 种苗鉴定方法

①幼苗鉴定时期　一般来说，种苗的所有主要构造生长到一定程度，能充分准确地进行鉴定时，才能进行鉴定并计数。在试验中绝大部分种苗（根据试验的种类而定）应该达到：子叶从种皮中伸出（如苜蓿属）、初生叶展开（如羽扇豆属）、叶片从胚芽鞘中伸出（如蜀黍属）才能鉴定。而一些出土型发芽的双子叶植物（如苜蓿属、草木樨属）在试验末期，并非所有种苗的子叶都从种皮中伸出，但至少在末次计数时，可以清楚地看到子叶的基部，如有必要可以剥去种皮，检查子叶和顶芽。如果子叶坏死和腐烂，则自身无能力从种皮中伸出，这类种苗归为不正常种苗。

如果到规定的试验末次计数时期，仍有几株种苗未发育到适宜的鉴定阶段，则可以根据

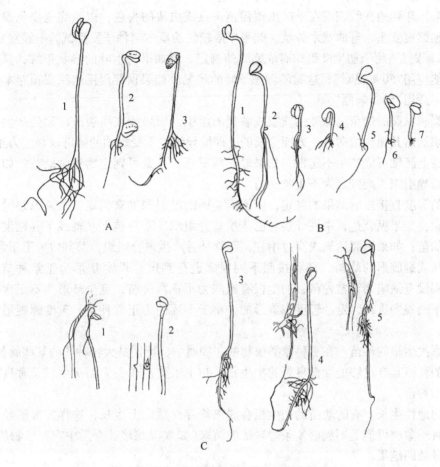

图 6-4 豆正常幼苗和不正常幼苗形态特征
（引自《农作物种子检验规程实施指南》）

A：1. 表面腐烂，为正常种苗；2. 由其他种子或种皮引起的次生感染，为正常幼苗；3. 大于 50% 的子叶腐烂，为不正常幼苗

B：1. 完整幼苗；2~4. 初生根缺失、细弱或粗短，有足够次生根，为不正常幼苗；5~7. 初生根缺失、细弱或粗短，为不正常幼苗

C：1. 愈合损伤，为正常幼苗；2. 由纸卷试验引起的破裂，为不正常幼苗；3. 损伤没有延及输导组织的为正常幼苗，延及到输导组织的为不正常幼苗；4、5. 深度损伤，为不正常幼苗

以往的知识和经验，并结合试验中的其他种苗形态为标准，做出确切的估计和判定。相对而言，若有较多未发育完全的种苗，则应延长试验时间，并进行必要的观察来确定种苗是否正常。

②子叶和初生叶　采用"50%规则"。如果整个子叶和初生叶组织有一半或一半以上具有功能，这种种苗可列为正常种苗。但当出现损伤如残缺、坏死、变色腐烂时，应以发芽试验中的完整种苗作为标准进行对照，判定损伤而不具备功能的组织在一半以上，则为不正常种苗。但当子叶的坏死发生在顶芽周围或影响营养物质运输时，则不管坏死的面积有多大，均判为不正常种苗。

子叶坏死是由于种子生理劣变引起，不是由于种传病害感染所引起，因此，子叶坏死不会相互感染。坏死的症状表现在子叶出现褐色斑点或成块的褐色,以致完全变色或坏死或腐烂或下胚轴缩短变粗、弯曲或水肿状。储藏年限较长的草木犀种子发芽试验中经常发生。

"50%规则"适用于初生叶组织有缺陷时的判定。但如果初生叶的形状正常,只是叶片较小,则不能应用"50%规则",这时不考虑子叶的状况。如果顶芽周围组织或顶芽本身坏死或腐烂,也不适用"50%规则"。

③横裂和纵裂的幼苗 深度的横裂或破裂的组织,如果能在横裂或破裂处产生愈合组织并且不影响幼苗其他构造向另一方面生长的,即输导组织不受影响则可以判定为正常种苗。在下胚轴或上胚轴可能产生不定根,如果输导组织正常,则可判定为正常幼苗;如果严重受损伤影响输导组织,则判定为不正常幼苗。

纵裂的深度直接影响结果的判定,依据横裂面的纵裂深度来判定:如果纵裂没有达到中柱,为正常;如果纵裂达到中柱外层,已产生愈合组织,不影响上胚轴或下胚轴发育,则判定为正常幼苗;如果纵裂达到或穿过中柱,不管是否产生愈合组织,都判定为不正常种苗。

④环状或螺旋形的幼苗 环状按照下列规则进行判定:开放U形为正常种苗;闭合U形,初生根没有缺陷为正常种苗,初生根有缺陷为不正常种苗;完全环形为不正常种苗。螺旋形按照下列规则进行判定:轻度螺旋形的,小于3环的为正常种苗;重度螺旋形的为不正常种苗。

⑤考虑次生根的种苗 在豆科草类植物的一些属中,特别是大粒种子的某些属如豌豆属、野豌豆属的种苗具有足够的发育良好的次生根,初生根受损或丢失而次生根发育良好也可以认为是正常种苗。

⑥负向地性生长 有时幼苗的初生根会脱离培养介质向上生长,这样的根已经丧失了向地性。这种现象也可能是不利萌发条件导致的结果(如太湿或培养介质中有毒性物质),或者生理损伤导致的结果。

如果试验中有许多这样的种苗,样品应该在混合土或土壤中重新试验。重新试验中初生根仍然呈现负向地性生长,就必须划归为不正常的种苗。在具有种子根的种苗中,只要一个种子根向地生长,该种苗就可以划归为正常种苗。表6-2至表6-4为发芽试验常见表。

表6-1 主要草种子发芽方法

序号	种名 学名	中文名	发芽床	规定 温度(℃)	初次计数(d)	末次计数(d)	附加说明(含破除休眠建议)
1	*Achnatherum sibiricum* (L.) Keng	羽茅	TP	15~25;20	7	14	D
2	*Aeschynomene americana* L.	合萌	TP	20~35;20~30	4	14	—
3	*Agriophyllium squarrosum* L.	沙米(沙蓬)	TP	15~40;20~40	7	21	预冷
4	*Agropyron cristatum* (L.) Gaertn.	扁穗冰草	TP	20~30;15~25	5	14	预冷;KNO₃
5	*Agropyron desertorum* (Fisch. ex Link) Schult.	沙生冰草	TP	20~30;15~25	5	14	预冷;KNO₃
6	*Agropyron mongolicum* Keng.	沙芦草(蒙古冰草)	TP	15~25;20	5	14	预冷;KNO₃
7	*Agrostis alba* Roth.	小糠草	TP	20~30;15~25	5	28	预冷;KNO₃

(续)

序号	种名 学名	种名 中文名	规定 发芽床	规定 温度（℃）	规定 初次计数（d）	规定 末次计数（d）	附加说明（含破除休眠建议）
8	*Agrostis stolonifera* Hudson	匍匐翦股颖	TP	20~30；15~25；10~30	7	28	预冷；KNO_3
9	*Alopecurus pratensis* L.	草原看麦娘	TP	20~30；15~25；10~30	7	14	预冷；KNO_3
10	*Amaranthus hybridus* L.	绿穗苋	TP	20~30；20	4~5	14	预冷；KNO_3
11	*Amaranthus paniculatus* L.	繁穗苋	TP	20~30；20	4~5	14	预冷；KNO_3
12	*Anthoxanthum odoratum* L.	黄花茅	TP	20~30	6	14	—
13	*Arrhenatherum elatius*（L.）P. Beauv. ex J. Presl & C. Presl	燕麦草	TP	20~30	6	14	预冷
14	*Artemisia frigida* Willd.	冷蒿	TP	20~30	4	12	L
15	*Artemisia ordosica* Krasch.	黑沙蒿	TP	15~25；20	7	21	L
16	*Artemisia sphaerocephala* Krasch.	白沙蒿	TP	20	4	10	
17	*Artemisia wudanica*	乌丹蒿	TP	20~30	7	21	
18	*Astragalus adsurgens* Pall.	沙打旺	TP	20	4	14	
19	*Astragalus cicer* L.	鹰嘴紫云英	TP；BP	15~25；20	10	21	—
20	*Astragalus melilotoides* Pall.	草木犀状黄芪	TP；BP	15~25；20	4	10	—
21	*Avena sativa* L.	燕麦	BP；S	20	5	10	预热（30~35℃）；预冷
22	*Brachiaria decumbens* Stapf	俯仰臂形草	TP	20~35	7	21	H_2SO_4；KNO_3；L
23	*Bromus catharticus* Vahl	扁穗雀麦	TP	20~30	7	28	预冷；KNO_3
24	*Bromus inermis* Leysser	无芒雀麦	TP	20~30；15~25	7	14	预冷；KNO_3
25	*Calligonum alaschanicum* A. Los	沙拐枣	S	20~30	7	21	预冷 21 d
26	*Caragana arborescens* Lam.	树锦鸡儿	TP	20~30	7	21	刺穿种子，或在子叶末端削切或锉去一小片种皮，并浸种 3 h
27	*Caragana intermedia* Kuanget H. C. Fu	中间锦鸡儿	TP；S	20	5	14	
28	*Ceratoides latens*（J. F. Gmel.）Reveal Holmgren	驼绒藜	TP	25	—	4	
29	*Chloris gayana* Kunth	无芒虎尾草	TP	20~35；20~30	7	14	预冷；KNO_3；L
30	*Chloris virgata* Swartz	虎尾草	TP	20~35	2	14	预冷
31	*Cicer arietinum* L.	鹰嘴豆	BP；S	20~30；20	5	8	
32	*Cichorium intybus* L.	菊苣	TP	20~30；20	5	14	KNO_3
33	*Cleistogenes songorica*（Roshev.）Ohwi	无芒隐子草	TP	20~35	7	21	
34	*Coronilla varia* L.	多变小冠花	TP；BP	20	7	14	H_2SO_4
35	*Crotalaria juncea* L.	菽麻	BP；S	20~30	7	14	—

(续)

序号	种名 学名	中文名	规定 发芽床	温度(℃)	初次计数(d)	末次计数(d)	附加说明(含破除休眠建议)
36	*Cynodon dactylon*(L.)Pers.	狗牙根	TP	20~35；20~30	7	21	预冷；KNO_3；L
37	*Dactylis glomerata* L.	鸭茅	TP	20~30；15~25	7	21	预冷；KNO_3
38	*Desmodium intortum* (Mill.)Urb.	绿叶山蚂蝗	TP	20~30	4	10	H_2SO_4
39	*Desmodium uncinatum*(Jacq.)DC.	银叶山蚂蝗	TP	20~30	4	10	H_2SO_4
40	*Echinochloa crus-galli*(L.)P. Beauv.	稗子	TP	20~30；25	4	10	预热(40℃)
41	*Echinochloa crusgalli* var. *frumentacea* (Rox.)Wright	湖南稷子	TP；BP	20~30；25；30	4	10	—
42	*Elymus dahuricus* Turcz.	披碱草	TP	25	5	12	L
43	*Elymus sibiricus* L.	老芒麦	TP	15~25；25	5	12	L
44	*Elytrigia elongata*(Host)Nevski	长穗偃麦草	TP	20~30；15~25	5	21	预冷；KNO_3
45	*Eragrostis curvula*(Schrad.)Nees	弯叶画眉草	TP	20~35；15~30	6	10	预冷；KNO_3
46	*Eremochloa ophiuroides*(munro)Hack	假俭草	TP	20~35；20~30	10	21	L
47	*Festuca arundinacea* Schreb.	苇状羊茅	TP	20~30；15~25	7	14	预冷；KNO_3
48	*Festuca sinensis* Keng	中华羊茅	TP	20~30；15~25	7	21	预冷；KNO_3
49	*Festuca ovina* L.	羊茅(所有变种)	TP	20~30；15~25	7	21	预冷；KNO_3
50	*Festuca pratensis* Huds.	草甸羊茅(牛尾草)	TP	20~30；15~25	7	14	预冷；KNO_3
51	*Festuca rubra* L. s. l. (all vars.)	紫羊茅(所有变种)	TP	20~30；15~25	7	21	预冷；KNO_3
52	*Hedysarum laeve* Maxim.	塔落岩黄芪	TP	25	5	12	—
53	*Hedysarum scoparium* Fisch. et Mey.	细枝岩黄芪	TP	25	5	12	—
54	*Holcus lanatus* L.	绒毛草	TP	20~30	6	14	预冷；KNO_3
55	*Hordeum bogdanii* Wilensky	布顿大麦	TP	20~30；15	3	10	预冷
56	*Hordeum brevisubulatum*(Trin.)Link	野大麦	TP	15~25	4	10	预冷
57	*Hordeum vulgare* L.	大麦	BP；S	20	4	7	预热(30~35℃)；预冷；GA_3
58	*Lactuca indica* L.	山莴苣	TP	25	5	14	L
59	*Lathyrus pratensis* L.	草原山黧豆	BP	20	7	14	预冷；L
60	*Lespedeza davurica*(Laxm.)Schindl	达乌里胡枝子	TP；BP	25	5	14	L
61	*Leucana leucocephala*(Lam.)de Wit.	银合欢	TP；BP	25	4	10	切开种子
62	*Leymus chinensis*(Trin.)Tzvel.	羊草	TP	20~30；15~25	6	20	—
63	*Lolium multiflorum* Lam.	多花黑麦草	TP	20~30；15~25；20	5	14	预冷；KNO_3
64	*Lolium perenne* L.	多年生黑麦草	TP	20~30；15~25；20	5	14	预冷；KNO_3
65	*Lotus corniculatus* L.	百脉根	TP；BP	20~30；20	4	12	预冷
66	*Lupinus albus* L.	白羽扇豆	BP；S	20	5	10	预冷
67	*Lupinus luteus* L.	黄羽扇豆	BP；S	20	10	21	预冷

(续)

序号	种名 学名	中文名	发芽床	规定 温度(℃)	初次计数(d)	末次计数(d)	附加说明（含破除休眠建议）
68	*Macroptilium atropurpureum*（DC.）Urb.	大翼豆	TP	25	4	10	H_2SO_4
69	*Medicago arabica*（L.）Huds.	褐斑苜蓿	TP；BP	20	4	14	—
70	*Medicago lupulina* L.	天蓝苜蓿	TP；BP	20	4	10	预冷
71	*Medicago polymorpha* L.	南苜蓿	TP；BP	20	4	14	—
72	*Medicago sativa* L（incl. M. varia）	紫花苜蓿（包括杂花苜蓿）	TP；BP	20	4	10	预冷
73	*Medicago truncatula* Gaertn.	截形苜蓿	TP；BP	20	4	10	预冷
74	*Melilotus albus* Medik.	白花草木樨	TP；BP	20	4	7	预冷
75	*Melilotus officinalis* Lam.	黄花草木樨	TP；BP	20	4	7	预冷
76	*Melinis minutiflora* P. Beauv.	糖蜜草	TP	20~30	7	21	预冷；KNO_3
77	*Nitrariaschoberi* L.	白刺	TP	20~30	7	21	
78	*Onobrychis viciifolia* Scop.	红豆草	TP；BP；S	20~30；20	4	14	预冷
79	*Panicum maximum* Jacq.	大黍	TP	15~35；20~30	10	28	预冷；KNO_3
80	*Paspalum dilatatum* Poir.	毛花雀稗	TP	20~35	7	28	KNO_3
81	*Paspalum notatum* Flugge	巴哈雀稗	TP	20~35；20~30	7	28	H_2SO_4 之后 KNO_3
82	*Paspalum urvillei* Steud.	小花毛花雀稗	TP	20~35	7	21	KNO_3
83	*Paspalum wettsteinii* Hack.	宽叶雀稗	TP	20~35	7	28	KNO_3
84	*Pennisetum glaucum*（L.）R. Br.	珍珠粟	TP；BP	20~35；20~30	3	7	—
85	*Pennisetum flaccidum* Griseb.	白草	TP	20~30	7	21	—
86	*Phalaris arundinacea* L.	鷫草	TP	20~30	7	21	预冷；KNO_3
87	*Phleum pratense* L.	猫尾草	TP	20~30；25	7	10	预冷；KNO_3
88	*Pisum sativum* L. S. I.	豌豆	BP；S	20	5	8	预冷；KNO_3
89	*Plantago lanceolata* L.	长叶车前	TP；BP	20~30；20	4~7	23	
90	*Plantago lessingii* Fisch. et Mey.	条叶车前	TP	20	7	21	
91	*Poa annua* L.	早熟禾	TP	20~30；15~25	7	21	预冷；KNO_3
92	*Poa pratensis* L.	草地早熟禾	TP	20~30；15~25；10~30	10	28	预冷；KNO_3
93	*Poa trivialis* L.	普通早熟禾	TP	20~30；15~25	7	21	预冷；KNO_3
94	*Polygonum divaricatum* L.	叉分蓼	TP	20；25	4	14	—
95	*Puccinellia tenuiflora*（Turcz.）	星星草	TP	10~25	5	21	
96	*Pueraria lobata*（Willd.）Ohwi.	葛藤	BP	20~30	5	14	
97	*Pueraria phaseoloides*（Roxb.）Benth.	三裂叶葛藤	TP	25	4	10	H_2SO_4
98	*Reaumuria soongorica*	红砂	TP	20~30	7	21	—
99	*Roegneria kokonorica* Keng	青海鹅观草	TP	15~30；15~25；20	6	14	预冷
100	*Roegneria mutica* Keng	无芒鹅观草	TP	10~25	6	14	预冷
101	*Rumex acetosa* L.	酸模	TP	20~30	3	14	预冷

(续)

序号	种名 学名	中文名	发芽床	规定 温度（℃）	初次计数（d）	末次计数（d）	附加说明（含破除休眠建议）
102	*Secale cereale* L.	黑麦	TP；BP；S	20	4	7	预冷；GA₃
103	*Silphium perfoliatum* L.	串叶松香草	TP；S	20～30；15～25；25	5～6	14	L
104	*Sorghum sudanense*（Piper）Stapf	苏丹草	TP；BP	20～30	4	10	预冷
105	*Stipa krylovii* Roshev.	克氏针茅	TP	15～25；20	10	28	—
106	*Stylosanthes guianensis*（Aubl.）Sw.	圭亚那柱花草	TP	20～35；20～30	4	10	H₂SO₄
107	*Stylosanthes hamata*（L.）Taub.	有钩柱花草	TP	20～35；10～35	4	10	切开种子
108	*Stylosanthes humilis* Kunth	矮柱花草	TP	10～35；20～30	2	5	切开种子
109	*Trifolium fragiferum* L.	草莓三叶	TP；BP	20	3	7	—
110	*Trifolium hybridum* L.	杂三叶	TP；BP	20	4	10	预冷；用聚乙烯薄膜袋密封
111	*Trifolium incarnatum* L.	绛三叶	TP；BP	20	4	7	预冷；用聚乙烯薄膜袋密封
112	*Trifolium pratense* L.	红三叶	TP；BP	20	4	10	预冷
113	*Trifolium repens* L.	白三叶	TP；BP	20	4	10	预冷，用聚乙烯薄膜袋密封
114	*Trifolium subterraneum* L.	地三叶	TP；BP	20；15	4	14	不需光
115	*Trigonella foenum-graecum* L.	葫芦巴	TP；BP	20～30；20	5	14	—
116	*Vicia benghalensis* L.	光叶紫花苕	BP	20	5	10	—
117	*Vicia sativa* L.	箭筈豌豆	BP；S	20	5	14	预冷
118	*Vicia villosa* Roth	毛叶苕子	BP；S	20	5	14	预冷
119	*Zoysia japonica* Steud.	结缕草	TP	20～35	10	28	KNO₃
120	*Zygophyllum xanthoxylum* Maxim.	霸王	TP；BP；S	20～35	7	21	—

注：本表规定了允许采用的发芽床、温度、试验持续时间和破除休眠的处理方法。

发芽床：所列发芽床作用相同，其重要性与排列次序无关。TP 及 BP 法可用 PP 法替代。

温度：所列温度作用相同，其重要性与排列次序无关。变温如"20～30 ℃"其含义为每天低温持续 16 h，高温持续 8 h。

初次计数：初次计数时间是采用纸床和最高温度时的大约时间，如选用较低的温度，或用砂床时，计数时间则须延迟。砂床试验初次计数可省去。

发芽需要光照的种子见表附加说明栏。

缩写字母代表的意义如下：

TP—纸上；BP—纸间；PP—褶裥纸床；S—砂；TS—砂上；L—光照；D—黑暗；KNO₃—用 0.2% 硝酸钾溶液代替水；GA₃—用赤霉酸溶液代替水；H₂SO₄—在发芽试验前，先将种子浸在浓硫酸里。

表6-2 发芽试验重复间最大容许差距(2.5%显著水平的两尾测定)

平均发芽百分率	最大容许范围	平均发芽百分率	最大容许范围
99	2	87~88	13~14	13

平均发芽百分率	最大容许范围	平均发芽百分率	最大容许范围
99	2	87~88 13~14	13
98	3	84~86 15~17	14
97	4	81~83 18~20	15
96	5	78~80 21~23	16
95	6	73~77 24~28	17
93~94	7~8	67~72 29~34	18
91~92	9~10	56~66 35~45	19
89~90	11~12	51~55 46~50	20

注:表中列出了4次重复之间(即最高与最低值之间)发芽率的最大容许差距。

表6-3 相同或不同实验室、相同或不同送验样品间发芽试验最大容许差距
(2.5%显著水平的两尾测定)

平均发芽百分率	最大容许差距	平均发芽百分率	最大容许差距
98~99	2~3 2	77~84 17~24	6
95~97	4~6 3	60~76 25~41	7
91~94	7~10 4	51~59 42~50	8
85~90	11~16 5		

注:表中列出的容许差距可用于正常苗、不正常苗、死种子、硬实或其他组分的结果比较。

表6-4 发芽试验结果统计表

试样编号		置床日期	年 月 日
草种名称	品种名称	每重复种子数	
发芽前处理	发芽床	发芽温度	持续时间

记录日期	记录天数	重复														
		I					II				III				IV	
		正	硬	新	不	死	正	硬	新	不	死	正	硬	新	不	死	正	硬	新	不	死
合计																

试验结果:	正 正常幼苗 %	附加说明:
	硬 硬实种子 %	
	新 新鲜未发芽 %	
	不 不正常幼苗 %	
	死 死种子 %	
	合计	

正常幼苗重复间的最大差距	容许差距	差距判定

备注:

检验员: 检验日期: 年 月 日

7 草种子生活力的测定

一、目的和意义

种子生活力是指种子的潜在发芽能力或种胚所具有的生命力，是预期具有长成正常幼苗的潜在能力。种子生活力测定是草类植物育种、种子生产、加工、收购、贮藏、调运、检验和研究等工作中不可缺少的重要方法。其主要目的是测定休眠种子生活力，快速预测种子生活力，分析种子不发芽和发芽异常的原因，指导草种子生产、加工、处理等技术的改进。根据我国牧草及草坪草种子检验规程中草种子生活力的测定，仅介绍四唑染色测定法。

二、实验器材

(一)仪器与用具

电热恒温箱或培养箱，冰箱，体视显微镜或放大镜，不同规格玻璃器皿(培养皿、烧杯、试管等)，不同规格染色皿、滤纸和吸水纸，解剖刀、单面刀片、解剖针，感量为 0.001 g 的天平，不同规格的加液器、吸管、镊子、数粒板等。

(二)药剂

1. 缓冲液配制

准备两种溶液，溶液Ⅰ：称取 9.078 g 磷酸二氢钾(KH_2PO_4)溶解于 1 000 mL 蒸馏水中；溶液Ⅱ：称取 9.472 g 磷酸氢二钠(Na_2HPO_4)或 11.876 g 二水磷酸氢二钠($Na_2HPO_4 \cdot 2H_2O$)溶解于 1 000 mL 蒸馏水中。取溶液Ⅰ 2 份和溶液Ⅱ 3 份混合即成缓冲液。

2. 染色液配制

染色液的浓度在 0.1%~1.0%(通常 0.1%溶液用于切开的种子染色，1.0%溶液用于整粒种子染色)，溶液的 pH 以 6.5~7.5 为宜。如果蒸馏水的酸碱度不在中性范围内，则四唑盐应该溶解在磷酸盐缓冲溶液中，即在配制好的缓冲溶液中溶入准确数量的四唑盐类(氯化物或溴化物)。例如，每 100 mL 缓冲溶液中溶入 1 g 四唑盐类即得到 1%浓度的四唑溶液。

2,3,5-三苯基氯化(或溴化)四氮唑，简称 TTC 或 TZ。其分子式是 $C_{19}H_{15}N_4Cl$，相对分子质量为 334.8，白色或淡黄色粉末，微毒，易被光分解，应装在棕色瓶中用黑纸包裹。配制的溶液也应用棕色瓶装盛，黑纸包裹。染色反应在黑暗条件下进行。

三、实验方法及步骤

(一)四唑测定的原理

生活力的四唑测定法是应用 2,3,5-三苯基氯化(或溴化)四氮唑的无色溶液作为一种指示剂，以显示活细胞中所发生的还原反应。种胚活体细胞中含有脱氢酶，具有脱氢还原作用，被活组织吸收的三苯基氯化四氮唑(无色)，从活细胞的脱氢酶上接受氢，在活细胞或组织内产生一种稳定而不扩散的红色物质二苯基甲月替。这样就能区别种子红色的有生命部分和无色的死亡部分。除完全染色的有生活力种子和完全不染色的无生活力种子外，还可能出现部分染色的种子，这些种子在其不同部位存在着大小不同的坏死组织。种子生活力的有无，不仅决定于是否染色，而且还决定于胚和(或)胚乳坏死组织的部位和面积的大小。

(二)四唑测定的特点

(1)原理可靠，结果准确

四唑测定是根据种子本身的生化反应和胚的主要解剖构造对四唑盐类的染色情况来判断其生活力强弱，能较好地表明种子内在的特性，并且四唑测定技术已发展到成熟时期。

(2)不受休眠限制

四唑测定不像发芽试验那样需要通过培养，依据幼苗生长的正常与否来估算发芽率，而是利用种子内部存在的还原反应显色来判断种子的活力情况，不受休眠的影响。

(3)方法简便、省时快速

四唑测定方法所需仪器设备和物品较少，并且测定方法也较为简便，测定所需时间短。

(4)成本低廉

由于测定所需仪器物品少，方法简便，所以测定成本较低。

(5)适用范围广

四唑测定是一种生物化学测定方法，适用于快速测定下列情况的种子生活力：收获后需要马上播种的种子；具有深休眠的种子；发芽缓慢的种子；要求估测发芽潜力的种子；测定发芽末期个别种子生活力，特别是怀疑有休眠的种子；测定已萌发种子或收获期间存在的不同类型和(或)加工的损伤(热害、机械损伤和虫蛀等)种子；解决发芽试验中遇到的问题，如不正常幼苗产生的原因或怀疑杀菌剂的处理效果等。

(三)测定方法

1. 试验样品

从净度分析后并充分混合的净种子中随机数取 100 粒种子，重复 4 次；若测定发芽末期休眠种子的生活力，则仅用试验末期的休眠种子。主要草种子的四唑测定方法见表 7-1。

2. 种子预处理

有些种子吸湿处理前需除去颖壳或种皮。多数草种子在染色前必须进行预先湿润。吸湿种子有利于进行切刺处理，以避免严重损伤种子器官或组织，并使染色更为均匀利于鉴定。预湿的方法有两种：一种是缓慢润湿，即将种子放在纸上或纸间吸湿，此法适用于直接浸在水中容易破裂的种子(如豆科大粒种子)，以及陈旧种子和过分干燥的种子。有些种子缓慢润湿不能达到充分吸胀，有必要延长浸种时间。另一种是水中浸渍，即将种子完全浸在水中，让其达到充分吸胀。如果浸渍时间超过 24 h，应换水浸渍。此法适用于直接浸入水中而不会造成组织破裂损伤的种子。

3. 染色前的样品处理

许多草种子在染色前需将其组织暴露在外面，以利于四唑溶液的渗透，便于鉴定。

预湿后，对种子表面产生的胶黏物质应除去。消除时可采用表面干燥、纸张间揩擦或在 1%~2% 硫酸钾铝 $[AlK(SO_4)_2 \cdot 12H_2O]$ 溶液中浸泡 5 min 等方法。对种皮妨碍染色的种子可采用下列技术刺、切或剥去种皮，刺、切方法如图 7-1 所示。处理后的种子应保持湿润，直到各重复都处理完为止。

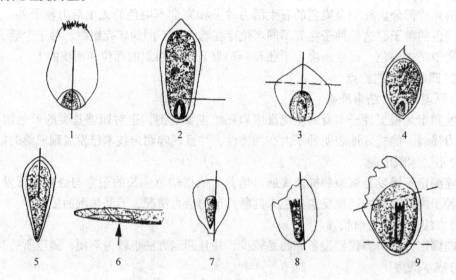

图 7-1 种子的刺、切方法

1. 禾谷类和禾本科种子通过胚和约在胚乳 3/4 纵切；2. 燕麦属和禾本科种子靠胚部横切；3. 禾本科种子通过胚乳末端部分横切或纵切；4. 禾本科种子刺穿胚乳；5. 通过子叶末端一半纵切，如莴苣属和菊科中的其他属；6. 纵切面表明以上述第 5 种方式进行纵切时的解剖刀部位；7. 沿胚的旁边纵切（伞形科中的种和其他具有直立胚的种）；8. 沿胚旁边纵切；9. 在两端横切，打开胚腔，并切去小部分胚乳（配子体组织）

(1) 刺穿

用解剖针或锋利解剖刀，对经过预先湿润处理的种子或硬实种子的非主要部位进行穿刺。

(2) 纵切

禾本科种子（体积等于或大于羊茅属种子），自种子基部沿胚轴的中线纵切，长度约至胚乳的 3/4 处；无胚乳、直立胚的双子叶种子，沿子叶略偏离中轴一侧纵切，不损伤中轴部分；胚被活的组织包围的种子，可沿胚体旁纵切。

(3) 横切

沿种子非主要组织横向切开。禾本科种子紧靠胚的上部横切，含胚一端浸入四唑溶液；具有直胚和无胚乳的双子叶植物种子，可横向切除子叶末端 1/3 或 2/5 部分。

(4) 横剖

可替代横切，是切开但未切断的一种处理方法，适用于小粒禾本科种子。如翦股颖属、梯牧草属和早熟禾属植物种子。

(5) 剥去种皮

对不适合刺切的种子，可采取全部剥去种皮（或其他某些被覆组织）的方法。

(6) 胚的分离

用解剖针在盾片上部稍偏中心处刺穿胚乳，并从胚乳中挑出带有盾片的胚，随即移入四唑溶液。此方法适用于大麦、黑麦和小麦等种子。

4. 染色

按规定的染色浓度、温度和时间，将经过处理的种子或胚完全浸入四唑溶液，移置黑暗或弱光下染色。溶液不能直接露光，因为光可使四唑盐类还原。种子染色结束后倾去溶液，用水淋洗准备鉴定。

规定的最佳时间不是绝对的，可根据种子的自身条件而改变。当积累经验后，有可能在染色早期或晚期进行鉴定。

如果染色不完全，可延长染色时间，以便证实染色不理想是由于四唑盐类吸收缓慢，而不是由于种子内部缺陷所致。但也应避免染色过度，因为这样可能掩盖种子因冻伤、衰弱而呈现的不同染色图样。

对于难以操作的小粒种子，可放在长纸条上进行预湿和预处理，然后将纸折好或卷起再浸入四唑溶液中。

5. 鉴定

种子染色结束后立即进行鉴定，为了便于观察和计数，在鉴定前应将经过染色的种子加以适当处理，使胚的主要构造和活的营养组织暴露。

为准确观察、鉴定，可利用适当光线及放大设备观察种子(如体视显微镜)。在鉴定时要考虑种子的全部构造。大多数种子具有主要构造和非主要构造。主要构造指分生组织和对发育成正常幼苗所必需的全部构造。良好发育和分化的种子或胚，对小范围的坏死部分具有修复能力，在这种情况下，主要构造的表面局部坏死也是容许的。

观察胚的主要构造和有关活营养组织的染色情况，判断种子是否有生活力，其鉴定原则为：种子或胚完全染色或部分染色为有生活力的种子；不符合上述要求，以及呈现出非特有光泽和/或主要构造表现柔弱的种子划为无生活力种子；胚或主要构造明显发育不正常的种子，无论染色与否均划为无生活力的种子。

四、结果计算

分别统计各重复中有生活力的种子数，并计算其平均值。重复间最大容许差距不得超过表 6-2 的规定(与发芽试验相同)。平均百分率修约至最接近的整数，并予以填报(表 7-2)。

可根据测定结果列入更详细的项目：如空瘪百分率，虫蚀或机械破损百分率。

在发芽试验末期，测定未发芽种子生活力时，应按发芽试验的规定填报试验结果。

表 7-1 种子四唑测定方法

种 名		20℃预湿	染色前的准备	30℃染色		鉴定的准备及组织观察	鉴定(不染色，柔软或坏死的最大容许面积)	备注
学名	中文名	方式和最短时间(h)		浓度(%)	时间(h)			
1. *Agropyron* spp.	冰草属	BP, 16 W, 3	1. 去颖, 在胚附近横切 2. 纵切胚及3/4胚乳	1.0 1.0	18 2	1. 观察：胚表面 2. 观察：切面	1/3 胚根	
2. *Agrostis* spp.	翦股颖属	BP, 16 W, 2	在胚附近针刺	1.0	18	去外稃, 露出胚	1/3 胚根	
3. *Alopecurus* spp.	看麦娘属	BP, 18 W, 2	去颖, 在胚附近横切	1.0	18	1. 观察：胚表面 2. 观察：切面	1/3 胚根	

（续）

种名		20℃预湿	染色前的准备	30℃染色		鉴定的准备及组织观察	鉴定（不染色，柔软或坏死的最大容许面积）	备注
学名	中文名	方式和最短时间(h)		浓度(%)	时间(h)			
4. *Amaranthus* spp.	苋属	W, 18	1. 在种子中心针刺横切 2. 自中心向胚根与子叶之间切开	1.0	18~24	1. 纵切一半或一半以上种皮，露出胚 2. 剥开营养组织，暴露胚及与其毗邻的营养组织	1/3 胚根；子叶浅表	
5. *Anthoxanthum* spp.	黄花茅属	BP, 18	去颖，在胚附近横切	1.0	18	观察：胚表面	1/3 胚根	
6. *Artemisia* spp.	蒿属	W, 6~18	1. 沿中线末端纵切半粒种子 2. 胚轴附近斜切 3. 切去顶端	1.0	18~24	1. 除去种皮及营养组织露胚 2. 轻压种子，使胚从切口露出	1/3 胚根；如在浅表，1/2 子叶末端，如呈弥漫状，1/3 子叶末端	
7. *Astragalus* spp.	黄芪属	W, 6~18	1. 纵切顶部种皮及营养组织 2. 沿子叶中线纵切种皮及营养组织 3. 切去顶端	1.0	18~24	除去种皮或纵切，露出胚	1/2 胚根；1/3 子叶末端；子叶边缘的1/3 总面积	
8. *Avena* spp.	燕麦属	预湿前去颖 BP, 18 W, 18	1. 在胚附近横切 2. 纵切胚及 3/4 胚乳	1.0	2	1. 观察：胚表面 2. 观察：胚表面切面盾片背部*	除一个根的原始体以外的胚根；1/3 的盾片末端	*盾片中央的不染色组织，表明受热损伤
9. *Brachiaria* spp.	臂形草属	BP, 18 W, 6	1. 去颖，在胚附近横切 2. 纵切胚及 3/4 胚乳	1.0 1.0	18 18	1. 观察：胚表面 2. 切面	1/3 胚根	
10. *Bromus* spp.	雀麦属	BP, 16 W, 3	1. 去颖，在胚附近横切 2. 纵切胚及 3/4 胚乳	1.0 1.0	18 2	1. 观察：胚表面 2. 观察：切面	1/3 胚根	
11. *Caragana* spp.	锦鸡儿属	刺破种皮 W, 18	1. 纵切种皮 2. 纵切顶端一半种皮 3. 切去顶端	1.0	6~24	除去种皮或扯开切口，露出胚	1/2 胚根；1/2 子叶末端及对应根的子叶边缘	
12. *Chloris* spp.	虎尾草属	W, 6~18	1. 纵切顶端半粒种子 2. 在胚附近横切 3. 切去 2/3 种子顶端	1.0	18~24	扯开切口或除去外稃，露出胚	1/3 胚根	

7 草种子生活力的测定　·69·

(续)

种　名		20℃预湿方式和最短时间(h)	染色前的准备	30℃染色		鉴定的准备及组织观察	鉴定(不染色,柔软或坏死的最大容许面积)	备　注
学名	中文名			浓度(%)	时间(h)			
13. *Cicer* spp.	鹰嘴豆属	W, 18	1. 不须剌切* 2. 沿中线绕切一半种皮及营养组织	1.0	6~24	除去种皮或纵切,露出胚	2/3 胚根；1/3 子叶末端,或不超过子叶边缘 1/3 总面积；1/4 胚芽末端	*如测硬实种子生活力,可将子叶末端的种皮切开,浸泡4h
14. *Cichorium* spp.	菊苣属	W, 6~18	1. 沿中线末端纵切半粒种子 2. 胚轴附近斜切 3. 切去顶端	1.0	6~24	1. 除去种皮及营养组织,露出胚 2. 轻压种子使胚从切口露出	1/3 胚根；如在浅表,1/2 子叶末端,如呈弥漫状,1/3 子叶末端	
15. *Coronilla* spp.	小冠花属	BP, 18	1. 靠近中部纵切种皮及营养组织 2. 纵切顶部种皮及营养组织 3. 切去顶端	1.0	6~24	除去种皮或纵切,露出胚	1/2 胚根；1/2 子叶末端,及或对应胚根的子叶边缘	
16. *Crotalaria* spp.	猪屎豆属	剌破种皮 W, 18	1. 纵切顶端一半种皮 2. 纵切侧面种皮 3. 切去顶端	1.0	18~24	除去种皮或纵切,露出胚	1/2 胚根；1/2 子叶末端,及或对应胚根的子叶边缘	
17. *Cynodon* spp.	狗牙根属	W, 6~18	1. 通过种皮剌破胚边缘和营养组织 2. 纵切顶端半粒种子 3. 靠近胚上部自中线向一侧横切	1.0	16~24	切开营养组织或剥开切口,露出胚	2/3 胚根	
18. *Dactylis* spp.	鸭茅属	BP, 18 W, 2	去颖,在胚附近横切	1.0	18	观察：胚表面	1/3 胚根	
19. *Desmodium* spp.	山蚂蝗属	切破种皮 W, 18	1. 纵切顶端一半种皮 2. 纵切侧面种皮 3. 切去顶端	1.0	6~24	除去种皮或纵切,露出胚	1/2 胚根；1/2 子叶末端,及或对应胚根的子叶边缘	
20. *Echinochloa* spp.	稗属	W, 6~18	1. 纵切顶端半粒种子,并撕开胚附近部分胚乳 2. 在胚附近横切	1.0	18~24	除去外稃,或剥开切口,露出胚	2/3 胚根	
21. *Elymus* spp.	披碱草属	BP, 16 W, 3	1. 去颖,在胚附近横切 2. 纵切胚及 3/4 胚乳	1.0 1.0	18 2	1. 观察：胚表面 2. 观察：切面	1/3 胚根	

（续）

种　　名		20℃预湿方式和最短时间(h)	染色前的准备	30℃染色		鉴定的准备及组织观察	鉴定(不染色，柔软或坏死的最大容许面积)	备　注
学名	中文名			浓度(%)	时间(h)			
22. *Eiytrigia* spp.	偃麦草属	BP, 16 W, 3	1. 去颖, 在胚附近横切 2. 纵切胚及 3/4 胚乳	1.0 1.0	18 2	1. 观察: 胚表面 2. 观察: 切面	1/3 胚根	
23. *Eragrostis* spp.	画眉草属	BP*, 18 ≤7℃	在胚附近横切	1.0	18	观察: 胚表面	1/3 胚根	* ≤7℃时避免发芽
24. *Festuca* spp.	羊茅属	BP, 16 W, 3	1. 去颖, 在胚附近横切 2. 纵切胚及 3/4 胚乳	1.0 1.0	18 2	1. 观察: 胚表面 2. 观察: 切面	1/3 胚根	
25. *Hedysarum* spp.	岩黄芪属	切破种皮 W, 18	1. 纵切顶端一半种皮 2. 纵切侧面种皮 3. 切去顶端	1.0	6~24	除去种皮或纵切, 露出胚	1/2 胚根; 1/2 子叶末端, 及或对应胚根的子叶边缘	
26. *Holcus* spp.	绒毛草属	BP, 16 W, 3	1. 去颖, 在胚附近横切 2. 纵切胚及 3/4 胚乳	1.0 1.0	18 2	1. 观察: 胚表面 2. 观察: 切面	1/3 胚根	
27. *Hordeum vulgare*	大麦	W, 4 W, 18	1. 分离出带盾片的胚 2. 纵切胚及 3/4 胚乳	1.0 1.0	3 3	1. 观察: 胚表面 盾片背部* 2. 观察: 胚表面 切面 盾片背部*	1 个根原始体除外的根区, 1/3 的盾片末端	* 盾片中央的不染色组织, 表明受热损伤
28. *Lactuca* spp.	莴苣属	W, 6~18	1. 纵切顶端 2. 胚轴附近斜切 3. 切去顶端	1.0	6~24	除去种皮或轻压种子, 露出胚	1/3 胚根 子叶浅表	
29. *Lespedeza* spp.	胡枝子属	切破种皮或刺破 W, 8	1. 去掉周围附属物 2. 纵切顶部一半种皮及营养组织 3. 沿子叶中线纵切种皮及营养组织 4. 切去顶端	1.0	6~24	除去种皮及其营养组织或纵切, 露出胚	1/2 胚根; 1/2 子叶末端; 子叶边缘的 1/3 总面积	
30. *Leucena* spp.	银合欢属	切破种皮 W, 8	1. 纵切种皮 2. 纵切 3. 横切	1.0	6~24	剥去种皮或纵切, 露出胚	1/2 胚根; 1/2 子叶末端; 或对应胚根的子叶边缘	
31. *Lolium* spp.	黑麦草属	BP, 16 W, 3	1. 除颖, 在胚附近横切 2. 纵切胚及 3/4 胚乳	1.0 1.0	18 2	1. 观察: 胚表面 2. 观察: 切面	1/3 胚根	

（续）

种　名		20℃预湿	染色前的准备	30℃染色		鉴定的准备及组织观察	鉴定（不染色，柔软或坏死的最大容许面积）	备　注
学名	中文名	方式和最短时间(h)		浓度(%)	时间(h)			
32. *Lotus* spp.	百脉根属	W*, 18	不必刺切*	1.0	18	除去种皮，露出胚	1/3 胚根；1/3 子叶末端，1/2 表面	*同 13
33. *Lupinus* spp.	羽扇豆属	切破种皮 BP, 18	1. 不必刺切* 2. 纵切顶端种皮及营养组织 3. 沿子叶中线纵切种皮及营养组织 4. 切去顶端	1.0	6~24	除去种皮，对分子叶及胚轴	1/2 或 2/3 胚根；1/4 胚芽末端或对应胚根的子叶边缘	*同 13
34. *Medicago* spp.	苜蓿属	W*, 18	不必刺切*	1.0	18	除去种皮，露出胚	1/3 胚根；1/4 胚芽末端；1/3 子叶尖端，1/2 表面	*同 13
35. *Melilotus* spp.	草木犀属	W*, 18	不必刺切*	1.0	18	除去种皮，露出胚	1/3 胚根；1/3 子叶末端；1/2 表面	*同 13
36. *Melinis* spp.	糖蜜草属	W, 6~18	1. 胚附近针刺 2. 横切	1.0	6~24	除去外稃	2/3 胚根	
37. *Onobrychis* spp.	红豆草属	W*, 18	不必刺切*	1.0	18	除去种皮，露出胚	1/3 胚根；1/3 子叶末端，1/2 表面	*同 13
38. *Panicum* spp.	黍属	BP, 18 W, 6	1. 去颖，在胚附近横切； 2. 沿胚乳末端纵切1/2	1.0 1.0	18 18	暴露胚	1/3 胚根；1/4 盾片末端	
39. *Paspalum* spp.	雀稗属	W, 6~18	沿中线末端纵切半粒种子，剥开切面，将胚周围营养组织分开，露出胚	1.0	6~24	充分剥开营养组织，暴露出胚及其毗邻的营养组织	2/3 胚根	
40. *Pennisetum* spp.	狼尾草属	W, 6~18	1. 纵切顶端半粒种子，剥开胚周围部分胚乳 2. 纵切基部半粒种子	1.0	6~24	充分剥开营养组织，暴露出胚及其毗邻的营养组织胚及其相邻的营养组织	2/3 胚根	
41. *Phalaris* spp.	虉草属	BP, 18 W, 6	1. 去颖，在胚附近横切 2. 沿胚乳末端纵切1/2	1.0	18	切开，露出胚	1/3 胚根 1/4 盾片末端	
42. *Phleum* spp.	梯牧草属	BP, 16 W, 2	在胚附近针刺	1.0	18	除去外稃，露出胚	1/3 胚根	

（续）

种　　名		20℃预湿	染色前的准备	30℃染色		鉴定的准备及组织观察	鉴定（不染色，柔软或坏死的最大容许面积）	备注
学名	中文名	方式和最短时间(h)		浓度(%)	时间(h)			
43. *Pisum* spp.	豌豆属	切破部位子叶、种皮 W, 18~24	1. 不必刺切* 2. 沿中线绕切一半种皮及营养组织	1.0	6~24	除去种皮，对分子叶及胚轴	2/3 胚根；1/2 子叶末端及对应胚根的子叶边缘；1/4 胚芽	*同 13
44. *Plantago* spp.	车前属	W, 18	1. 干擦或用布（纸）擦种皮 2. 沿中线纵切末端半粒种子 3. 在胚附近斜切 4. 切去顶端	1.0	18	1. 充分剥开营养组织，暴露出胚及其毗邻的营养组织 2. 纵切一半或一半以上种皮，露出胚	1/3 胚根 1/3 子叶末端或不超过子叶边缘的 1/3 总面积	
45. *Poa* spp.	早熟禾属	BP, 16 W, 2	在胚部附近针刺	1.0	18	除去外稃，露出胚	1/3 胚根	
46. *Polygonum* spp.	蓼属	W, 6~18	1. 纵切种皮和胚乳 2. 中线纵切末端半粒种子，剥开切面，将胚及周围营养组织分开，露出胚 3. 切去顶端小块胚乳	1.0	6~24	1. 充分剥开营养组织，暴露出胚及其毗邻的营养组织 2. 纵切一半或一半以上种皮，露出胚	1/3 胚根；子叶浅表	
47. *Puccinellia* spp.	碱茅属	W, 4	1. 不须刺切 2. 胚附近横切	0.1	14	去颖，露出胚	1/3 胚根 1/2 胚根	
48. *Pueraria* spp.	葛属	切破种皮 W, 18	1. 不必刺切* 2. 纵切顶端一半种皮及营养组织 3. 沿子叶中线纵切种皮及营养组织 4. 切去顶端	0.1	6~24	除去营养组织或纵切一半或一半以上种皮，露出胚	1/3 子叶末端或不超过子叶边缘的 1/3 总面积	*同 13
49. *Rumex* spp.	酸模属	W, 18	沿中线纵切，扩展切口	1.0	6~24	充分剥开营养组织，暴露出胚及其毗邻的营养组织	1/3 胚根；子叶浅表	
50. *Secale cereale*	黑麦	W, 4 W, 18	1. 分离出带盾片的胚 2. 纵切胚及 3/4 胚乳	1.0	3	1. 观察切面 2. 观察胚和盾片*	1 个根原始体除外的根区，1/3 的盾片末端	*盾片中央的不染色组织表明受热损伤
51. *Silphium* spp.	松香草属	BP, 14	1. 沿末端纵切半粒种子 2. 在胚附近横切	0.5	22	1. 除去种皮及营养组织，露出胚 2. 轻压种子，使胚从切口露出	1/3 胚根；1/2 子叶末端（浅表）；1/3 子叶末端（呈弥漫状）	

(续)

种 名		20℃预湿	染色前的准备	30℃染色		鉴定的准备及组织观察	鉴定(不染色,柔软或坏死的最大容许面积)	备 注
学名	中文名	方式和最短时间(h)		浓度(%)	时间(h)			
52. *Sorghum* spp.	高粱属	W,6~18	1. 沿中线末端纵切半粒种子,剥开切面,将营养组织分开露出胚 2. 自中线纵切基部及营养组织	1.0	6~24	除去营养组织或纵切一半或一半以上种皮,露出胚	2/3 胚根 1/3 盾片上下端	
53. *Stylosanthes* spp.	柱花草属	W*,18	1. 纵切末端种皮及营养组织 2. 沿子叶中线纵切种皮及营养组织 3. 切去顶端	1.0	18~24	除去营养组织或纵切一半或一半以上种皮,露出胚	1/2 胚根 1/2 子叶末端或与胚根相对子叶边缘	同 32
54. *Trifolium* spp.	三叶草属	W*,18	不必刺切*	1.0	18	除去种皮;露出胚	1/3 胚根;1/3 子叶末端,1/2 表面	* 同 13
55. *Trigonella* spp.	葫芦巴属	切破子叶部位种皮 W,18	1. 不必刺切* 2. 纵切末端一半种皮 3. 沿中线纵切种皮及营养组织 4. 切去顶端	0.1	6~24	除去种皮及营养组织或纵切一半或一半以上种皮,露出胚	1/2 胚根;1/2 子叶;与胚根相对子叶边缘	* 同 13
56. *Vicia* spp.	野豌豆属	切破子叶部位种皮 W,18	1. 不必刺切* 2. 沿中线绕切一半种皮及营养组织	1.0	6~24	除去种皮及营养组织或纵切一半或一半以上种皮,露出胚	2/3 胚根;1/3 子叶末端或不超过子叶边缘的 1/3 总面积	* 同 13
57. *Zoysia* spp.	结缕草属	W,6~18	1. 通过种皮刺破胚边缘及营养组织 2. 纵切顶端半粒种子 3. 靠近胚部自中线向一侧横切	1.0	18~24	充分剥开营养组织,露出胚	1/3 胚根,1/3 盾片上下端	

注:1. 各属所包括的植物种仅限于表 2-1 中所列的种;2. BP 为纸间;W 为水中。

表 7-2 种子生活力的生物化学测定

种 名_____ 学 名_____
使用仪器_____ 测定时间_____

预湿		染色前的准备	于30℃染色		鉴定的准备	鉴定 不染色的最大面积	备 注
方法	时间		浓度(%)	时间(t)			

	结 果				
	I	II	III	IV	平均
有生活力的种子(%)					
硬实(%)					
其他					
	附加结果				
	I	II	III	IV	平均
带幼虫的种子(%)					
机械损伤的种子(%)					
腐烂的种子(%)					

允许差距_____   实际差距_____

试验人：

(鱼小军)

8 草种子活力测定

一、目的和意义

草种子活力是种子的重要品质特性，高活力的种子具有明显的生长优势和生产潜力，其水平直接影响到种子的耐贮藏性和种子的发芽力、生长速率和生物量。高活力种子播种后出苗速度快，均匀一致，可获得健壮的种苗，对田间逆境也有较强的抵抗能力。种子活力的测定可以在播种或贮藏之前预知种子质量的好坏，从而避免出现苗少、不出苗或贮藏后出现种子质量的严重下降等情况。

二、实验器材

1. 材料

多年生黑麦草、豌豆、高羊茅等草种子。

2. 仪器与用具

烧杯、量筒、塑料筛、小型铝箔袋、镊子、微量注射器或移液管、加热封口机、浸式电导率测定仪、老化箱和培养箱等。

三、实验方法及步骤

种子活力的测定分直接测定法和间接测定法。直接测定法是模拟田间不良条件，观察种子的出苗能力或种苗生长速度和健壮度，如低温冷冻测定、希尔砖砾测定。间接测定法是测定某些与种子活力有关的生理生化指标，如酶的活性、浸出液的电导率、种子呼吸强度等。

（一）电导率法测定

1. 原理

高活力种子细胞膜的完整性好，浸入水中渗出的可溶性物质或电解质少，种子浸泡液的电导率低，反之低活力种子的电导率高。电导率与田间出苗率呈明显的负相关。

2. 方法

以箭筈豌豆为例，浸泡前测定净种子的含水量，使种子的含水量控制在10%~14%的范围内。

（1）大粒种子如燕麦、玉米，取50粒无破损种子称重（W，精确至两位小数），小粒种子称取0.05 g左右，重复4次。

（2）用去离子水冲洗3次，用定性滤纸吸干表面水分，分别放入500 mL的烧杯后，用量筒加入20℃的无离子水250 mL（小粒种子加无离子水150 mL），测定初始电导率（d_1）。浸泡种子的烧杯应加盖以减少蒸发和被灰尘污染。

(3) 将烧杯在20℃的温度条件下放置24 h后测定浸出液电导率(d_2)。测定时可直接将电极插入浸种液中,但不能种子与接触测定,也可将浸种液倒在另一个瓶中测定。

$$种子浸出液电导率[\mu S/(cm \cdot g)] = (d_2 - d_1)/W \tag{8-1}$$

(二) 加速老化测定

1. 原理

加速老化是采用高温(40~50℃)、高湿(相对湿度100%)处理种子,人工加速种子老化。经加速老化后,高活力的种子仍能正常萌发,低活力的种子则发芽率降低或产生不正常种苗或全部死亡。老化模拟了真正的田间环境,和种子实际萌发要求接近,对播种量的确定和播种时间选择有实际意义。

2. 方法

加速老化在老化箱内进行,老化箱分为外箱和内箱。外箱为保持高湿的恒温箱,如水温恒温箱,干燥外箱不可作老化测定。内箱最好是带盖或带罩的塑料容器。内箱内具一支架,上罩一金属网。老化测定时外箱加水,以淹没电热元件。将温度传感器放置在外箱与种子相等的高度,外箱温度控制在40~45 ℃,于内箱加水(40 mL),使水平面保持在金属网之下。数取试验样品放入金属网上,通常至少放200粒,以铺满金属网底部,丝网放在内箱的支架上,关闭内箱,并关闭外箱,进行老化。老化期间不能打开老化箱。老化结束后,取出样品,进行发芽试验,能正常出苗的为高活力种子。

(三) 控制劣变

控制劣变(controlled deterioration),也称为催腐或人工变质,测定的原理与老化法相似,即先将种样置于高温高湿逆境下处理,而后定发芽力。和加速老化法相比,此法更为严格地控制处理期间种子的含水量,因为在逆境处理前已将各种样的含水量调整到相同水平。

1. 处理条件

小粒豆科草种子用45℃±0.5℃高温,18%或20%的种子含水量处理24~48 h。不同种的适宜含水量和处理温度可参照研究老化最佳时间的办法进行研究确定。表8-1列举了几种常见草种子的适宜处理条件。

表8-1 几种常见草种子的适宜控制劣变条件

种 名	种子所需含水量(%)	催腐时间(h)	催腐温度(℃)
豌豆	20	24	45
红三叶	18	24	45
白三叶	18	24	45
苜蓿	18	24	45
苜蓿	20	48	40
黑麦草	20	48	40
高羊茅	20	48	40

2. 处理方法

(1) 计算加水量

首先用标准方法(130 ℃烘干1 h)测定各种样的最初含水量M_0(%),然后由下式计算一

定重量种样 $W(\mathrm{g})$ 调节到所需含水量 $M_t(\%)$ 时的额外加水量 $x(\mathrm{mL})$：

$$x = \frac{100 - M_0}{100 - M_t} \times W - W \tag{8-2}$$

【例8-1】种子最初含水量 $(M_0) = 11.5\%$，种子所需含水量 $(M_t) = 18\%$，种样重量 $(W) = 1.00\ \mathrm{g}$，则：

$$所需额外加水量\ x = \frac{100-11.5}{100-18} \times 1.00 - 1.00 = 0.079(\mathrm{mL}) = 79(\mathrm{\mu L})$$

(2) 种子和水入袋

小粒种子可称取 1 g 种样（每种样应至少有 200 粒种子，装入密封条件极好的小型铝箔袋中，用微量注射器或移液管加入所需水量，然后用加热封口机在距种子上方约 2~3 cm 处封袋。轻轻摇晃种袋数分钟，将种袋立置于 20 ℃ 培养箱内存放 24 h 以使种子充分一致地吸水。

(3) 催腐及发芽

将种袋移置于 45℃ ± 0.5℃ 生化培养箱内催腐，24 h 后立即解袋按标准方法进行发芽，结果以发芽正常幼苗占供试种子的百分数表示。

(四) 冷冻测定

许多作物和草种子在早春低温下播种，这时种子将受到不同程度的低温以及低温与病原菌的联合胁迫，从而影响种子的田间出苗率，高活力的种子抗低温不良影响能力强，而低活力种子抵抗能力弱，所以冷冻测定便由此应运而生。此法在欧、美等国的冷季地区广泛被用于玉米、水稻、棉花、大豆及豌豆等作物，在我国北方亦有用于玉米种子的报道，但在牧草种子测定方面尚缺乏研究。

1. 土壤冷冻法

最早采用的是土壤盒或土壤箱法。为了节省土壤和空间，也有采用土壤纸卷法。尽管上述方法已证明是两种有效地预测特定地区田间出苗率的方法，但由于采用的是当地土壤，难以大范围内标准化。

2. 纸卷冷冻法

取净种子 50 粒，重复 4 次。按发芽试验纸卷法将种子置床，纸卷竖放在有格的塑料架或容器内，并用塑料袋将容器套上以防水分丧失。随后将容器置于低温下萌发一定时间。萌发温度与时间往往因植物种的萌发特性而定，而后进行种苗评定。种苗评定时，先区分正常幼苗与不正常幼苗，并进一步量取正常幼苗的胚根长度（自根尖到胚根与子叶的着生点计）和数取胚根等于或大于 4 cm 的正常幼苗数，这类幼苗称为壮苗或高活力苗。结果以高活力苗所占供试种粒数的百分率表示。

(五) 种苗生长与评价

幼苗生长的速度和健壮程度是种子活力的重要因素，同一品种类型的种子发芽或生长速度快，则田间出苗速度也快；健壮的幼苗，能抵抗田间不良环境，田间质量表现要好，是高活力种子。该法的基本程序是将供试种子置于规定条件下萌发，而后测定幼苗的生长速度或健壮度。

1. 幼苗生长测定

本法是测定发芽正常幼苗平均根长度，可用于禾本科草种子。数取黑麦草净种子 4 份，每份 25 粒。采用类似于纸卷法置床发芽，不同的是在铺底的两层纸的上层纸上画线，即先在干纸中心沿长轴方向划一条中线，并在其下方每隔 1 cm（或 mm）划平行线（图 8-1），纸张可采用 30 cm×25 cm。充分湿润纸张，将 25 粒种子均匀地摆在中线上，使每粒种胚朝上，再盖上另一张湿纸。将纸卷成筒状直立于保湿盒或塑料袋中。在规定的 20~30 ℃或 15~25 ℃变温条件下发芽 14 d。在规定的试验末期，轻轻打开纸卷按幼苗评定方法鉴别正常幼苗，不正常幼苗和死种子，并将不正常幼苗和死种子自纸上移去，随后统计每对平行线间正常幼苗的胚根尖数，然后根据下式计算各重复正常幼苗的平均根长度。

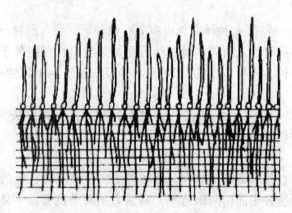

图 8-1　测定幼苗末期生长状态（任继周，1998）

$$L = \frac{nx_1 + nx_2 + \cdots + nx_{12}}{25} \tag{8-3}$$

式中　L——幼苗平均长度(cm)；

　　　n——每对平行线中间的胚根尖数；

　　　x——中线距平行线的距离(cm)。

结果以 4 个重复的平均数表示。

2. 种苗生长速度测定

此法是测定正常幼苗的平均干重，适合于无休眠的草种子。测定时先按纸卷法将 25 粒，重复 4 次的种子置床，在规定条件（表 6-1）发芽。发芽末期统计正常幼苗数，并自种子或子叶处切下幼苗，将幼苗在 80 ℃下干燥 24 h，称重并计算正常幼苗的平均干重，以此表示种苗的生长速率（SGR）。

【例 8-2】A 种批的正常幼苗总数 =90，种苗重 =5 400 mg；B 种批的正常幼苗总数 =90，种苗重 =3 600 mg

SGR_A =5 400/90 =60(mg/种苗)；SGR_B =3 600/90 =40(mg/种苗)

可解释为：A 种批发芽率较高，活力亦高；B 种批发芽率较高，但活力低。

3. 发芽指数（GI）测定

此法是先采用纸床在规定的条件下发芽（表 6-1）。种子萌发后每天统计发芽种子数，在试验末期，大多数种子萌发后，结束统计。按下式计算发芽指数 GI：

$$GI = \sum \frac{G_t}{D_t} \tag{8-4}$$

式中　G_t——每日发芽数；
　　　D_t——发芽天数。

上述 3 种种苗生长与评定方法，均对发芽时的温度、湿度要求较为严格。另外，受休眠或硬实种子的影响，在测定时应予以注意。

（鱼小军）

9　草种子水分的测定

一、目的和意义

种子水分也称种子含水量,是指种子中含有的水分重量占种子样品重量的百分率。种子水分含量是种子质量评定的重要指标,也是种子质量分级的主要指标之一。具有安全含水量的草种子有利于贮藏和运输,不易因病虫的侵害和温度等因素而引起劣变,能保持良好的生活力,并相对减轻运输负担。因而种子含水量的测定对指导种子收获、清选、药物熏蒸及种子的贮藏、运输和贸易都有着极其重要的作用。

二、实验器材

1. 材料

草种子。

2. 仪器与用具

水恒温烘箱(配有精密度为 0.5 ℃ 的温度计)、电动粉碎机、感量 0.001 g 的天平、样品盒、干燥器、干燥剂以及套筛(孔径 0.5、1.0 和 4.0 mm 的金属丝筛子)等。

三、烘干法

(一)种子水分测定技术要求

1. 测定样品

种子水分测定时样品必须装在防湿容器中,并且尽可能排除其中空气。样品接收后立即测定,测定过程中的取样、磨样和称量操作要迅速。不需磨碎的种子,这一过程所需的时间不得超过 2 min。

2. 称重

称重以 g 为单位,保留 3 位小数。

3. 试验样品

测定应取两个独立分取的重复试验样品,根据所用样品盒直径的大小,使每试验样品重量达到下列要求:

直径小于 8 cm,每试验样品重量达到 4~5 g;直径等于或大于 8 cm,每试验样品重量达到 10 g。

在分取试验样品以前,送验样品须按下列方法之一进行充分混合:a. 用匙在样品容器内搅拌;b. 原样品容器的口对准另一个同样大小的容器口,把种子在两个容器中往返倾倒。样品暴露在空气中的时间不得超过 30 s。

4. 磨碎

烘干前应磨碎的种子种类及磨碎细度见表9-1。

表 9-1 种子水分测定应磨碎的草种子及磨碎细度

学　　名	中文名	磨碎细度
Avena sativa	燕麦	
Hordeum bogdanii	布顿大麦	
H. brevisubulatum	野大麦	至少有50%的磨碎成分通过0.5 mm筛孔，
H. vulgare	大麦	而留在1.0 mm筛孔上的成分不超过10%
Secale cereale	黑麦	
Sorghum sudanense	苏丹草	
Cicer arietinum	鹰嘴豆	
Lathyrus pratensis	草原山黧豆	
L. albus	白羽扇豆	需要粗磨，至少有50%的磨碎成分通过4.0
L. luteus	黄羽扇豆	mm筛孔
Vicia benghalensis	光叶紫花苕	
V. sativa	箭筈豌豆	
V. villosa	毛叶苕子	

（二）水分测定方法

1. 高恒温烘干法

（1）预调烘箱温度

按方法要求调好烘箱所需温度并稳定在 130～133 ℃。

（2）样品制备

按上述第（一）款第3条制备试验样品。

（3）称样烘干

将试验样品均匀地铺在样品盒里，在盛入样品的前后，分别称取样品盒与盒盖的重量，并迅速盖上盒盖。烘箱温度达 130～133 ℃ 时，将样品盒盖开启后放入烘箱，待烘箱回升到所需温度时，开始计算烘干时间。通常样品烘干时间，禾谷类饲料作物种子需 2 h，草类植物及其他饲料作物需 1 h。到达规定的时间后，盖好样品盒盖，放入干燥器里冷却 30～45 min 后称重。

2. 预先烘干法

如果是需要磨碎的种子，其水分高于 17% 应预先烘干。称取两个次级样品，每个样品至少称取 25 g±0.2 mg，放入已称过的样品盒内，将这两个次级样品放在 130 ℃ 恒温箱内预烘 5～10 min，使水分降至 17% 以下，然后将初步干燥过的种子样品放在实验室内摊晒 2 h。水分超过 30% 时，样品应放在温暖处（如加热的烘箱顶上）烘干过夜。

种子样品经预先烘干以后，重新称取样品盒中次级样品的重量，并计算失去的重量，此后立即将这两个半干的次级样品分别磨碎，并按高恒温烘干法测定。

3. 种子水分快速测定方法

种子水分快速测定方法主要是应用电子仪器在短时间内快速完成种子水分测定。这类方法包括电子水分仪速测法、红外线水分速测法、快速烘箱测定法和微波烘箱-天平-微电脑组合装置快速测定法等。

电子水分速测仪比较常用,主要包括电阻式、电容式和微波式水分测定仪。整个测定过程可在 10 min 内完成,具有快速、简便的特点,尤其是适用于种子收购入库及贮藏期间的一般性检查。但这类方法也有局限性,一是在使用电子仪器测定水分前,必须用烘干减重法进行校对,以保证测定结果的正确性,并注意仪器性能的变化,即时校验;二是样品中的各类杂质应先除去,样品水分不可超出仪器量程范围,测定时所用样品量需要符合仪器要求。

(三) 结果计算和表示

1. 容许差距

除灌木种子外,若一个样品两次重复测定之间的差距不超过 0.2%,其结果可用两次测定的算术平均数表示。否则,需要重新测定。

灌木种子可依据种子大小和原始水分的不同,其重复间的容许差距范围可扩大至 0.3%~2.5%(表9-2)。

表 9-2　灌木种子水分测定两次重复间容许差距

种子大小类别	原始水分平均值		
	<12%	12%~25%	>25%
小粒种子①	0.3%	0.5%	0.5%
大粒种子②	0.4%	0.8%	2.5%

注:①小粒种子指每千克种子粒数超过 5 000 粒的种子;
　　②大粒种子指每千克种子粒数不超过 5 000 粒的种子。

2. 计算和表示

水分以重量百分率表示(表9-3),按式(9-1)计算,保留一位小数。

$$\text{种子水分}(\%) = \frac{M_2 - M_3}{M_2 - M_1} \times 100 \tag{9-1}$$

式中　M_1——样品盒和盖的重量,g;
　　　M_2——样品盒和盖及样品的烘前重量,g;
　　　M_3——样品盒和盖及样品的烘后重量,g。

若用预先烘干法,可以从第一次(预先烘干)和第二次所得结果来计算。两次水分均按式(9-1)计算,而样品的原始水分可按式(9-2)计算。

$$\text{种子水分}(\%) = S_1 + S_2 - \frac{S_1 \times S_2}{100} \tag{9-2}$$

式中　S_1——第一次整粒种子烘后失去的水分百分率;
　　　S_2——第二次整粒种子烘后失去的水分百分率。

表9-3 种子水分测定记录表

种　名＿＿＿＿＿＿＿＿＿＿　　学　名＿＿＿＿＿＿＿＿＿＿

使用仪器＿＿＿＿＿＿＿＿＿　　测定时间＿＿＿＿＿＿＿＿＿

盒　号	A	B
种子重 $W_1(g)$		
烘干种子＋盒重 $W_2(g)$		
空盒重 $W_3(g)$		
烘干种子重 $W_4(g)$		
含水量(%)		
平均含水量(%)		

说明：允许误差：＿＿＿＿＿　　实际差距：＿＿＿＿＿＿＿

计算公式：含水量(%) $= \dfrac{试样烘前重 - 试样烘后重}{试样烘前重} \times 100 = \dfrac{W_1 - W_4}{W_1} \times 100$

备注＿＿＿＿＿＿＿＿＿＿＿＿＿＿＿＿＿＿＿＿＿＿＿＿＿

试验人：

（鱼小军）

10　草种子硬实处理

一、目的和意义

豆科、锦葵科、藜科等植物的种子具有厚实、不透水的种皮或果皮，它们往往不能吸水萌发，草业生产上将这类种子统称为硬实种子。这类种子要经过一定处理才能播种，否则常会造成缺苗或出苗不整齐的现象。所以豆科草种子在播前要检查硬实率，对硬实率高的种子须采取一定措施，以提高种子发芽率和播种质量。

二、实验器材

1. 材料

豆科草种子，如百脉根、草木犀、红三叶、银叶山蚂蝗、多变小冠花、绛三叶、杂三叶、白三叶、苜蓿等。

2. 药品

浓硫酸、10%硫酸、浓盐酸、10%盐酸、10%氢氧化钠、甘油、无水乙醇等。

3. 仪器与用具

研钵、烘箱、恒温培养箱、烧杯、培养皿、直尺、镊子、纱布、滤纸、滴管、土壤刀、玻璃棒、剪刀、橡皮筋、透明胶、pH试纸、山砂、标签纸等。

三、实验方法及步骤

(一) 硬实率测定

采用吸胀法，即将种子浸入温水，在 20~30 ℃ 环境下经过 2 d，检查未吸胀的种子，算出硬实率。

(二) 硬实种子处理

1. 原理

由于硬实种子的种皮具有不透水、不透气性和对胚具有机械阻碍作用，所以只要设法将种皮的不透性和对胚的机械阻碍打破，即可解除硬实，提高发芽率。

2. 方法

(1) 物理处理法

①机械处理　将少量种子放在研钵中研磨几分钟，将种皮磨破，但会磨碎种子。也可用刀片切破种皮或去除种皮。种子待用。

②温度处理　用纱布将种子包裹后，放在 50~70 ℃ 的热水中浸种 10 min、20 min、30 min，取出待用。

③干燥处理　将种子风干或晾晒干后待用。

(2) 化学处理法

①酸处理　将少量种子放入烧杯，用滴管滴加 10% 稀硫酸（或 10% 稀盐酸），浸泡 30 min，滤去酸液，用清水反复冲洗种子至中性（可用 pH 试纸测试），待用。

②碱处理　将少量种子放入烧杯中，用滴管滴加 10% 的 NaOH 溶液浸泡 10 min，取出种子用清水反复冲洗至中性，待用。

③无水乙醇处理　将种子放入烧杯中，加适量无水乙醇浸泡处理，8 min 后取出待用。

(三) 硬实处理效果的检验

将上述处理的种子各取 4 份，每份 100 粒，未处理种子取 100 粒作为对照，做发芽试验。

(鱼小军)

11 包衣草种子测定

一、目的和意义

学会草种子质量检验的包衣种子测定方法和内容,测定丸粒种子(seed pellets)、包膜种子(encrusted seed)、种子颗粒(seed granules)、种子带(seed tapes)、种子毯(seed mats)和用农药、燃料或其他添加剂处理而未引起大小、形状或重量显著变化的种子的播种价值。

二、实验器材

1. 材料

包衣种子。

2. 仪器

扦样、净度分析、其他植物种子数测定和发芽试验所用的仪器。

三、实验方法及步骤

(一)扦样

1. 种子批的大小

包衣种子批的最大种子数目为 1×10^9 粒,即 10 000 个种子单位,每单位 100 000 粒种子。但种子批的重量(包括各种包衣材料)不得超过 42 000 kg(即 42 000 kg 加上 5% 的容许差距)。当用单位数来表示种子批大小时,该种子批的总重量需填报在检验报告上。

2. 试验样品的大小

送验样品不得少于表 11-1 和表 11-2 所规定的丸粒数或种子数。种子毯子或种子带应随机抽取若干包或剪取若干片。如果包装或成卷的种子带(毯)所含种子达到 2×10^6 粒(即 20 个单位,每单位 100 000 粒种子),可就组合成一个基本单位(即视为一个容器)。如果样品较小,

表 11-1 丸化种子(包括丸粒、包膜种子和种子颗粒)的样品大小(粒数)

测定项目	送验样品不得少于(粒数)	试验样品不得少于(粒数)
净度分析(包括植物种的鉴定)	7 500	2 500
重量测定	7 500	净丸粒部分
发芽试验	7 500	400
其他植物种子数测定	10 000	7 500
其他植物种子数测定(包膜种子或种子颗粒)	25 000	25 000
大小分级	10 000	2 000

表 11-2　种子带(毯)的样品大小(粒数)

测定项目	送验样品不得少于(粒数)	试验样品不得少于(粒数)
种的鉴定	2 500	100
发芽试验	2 500	400
净度分析(如有要求)	2 500	2 500
其他植物种子数测定	10 000	7 500

则应在检验结果报告单上填上如下说明,"送验样品仅含有多少粒种子,没有达到种子检验规程的要求"。

3. 送验样品的扦取和处理

因包衣种子送检样品所含有的种子数比未包衣种子的相同样品要少,所以扦样时应注意所扦取的样品能代表种子批。在扦样、处理和运输过程中,应注意避免造成丸化或种子带(毯)的损伤或变化,并且应将样品装在适当容器内寄送。

4. 试验样品的取得

丸化种子可用分样器进行分样,但落下的距离不能超过 25 cm。种子带(毯)则可随机取下一些带(毯)片,其中所含种子数应足够供检验。

(二)净度分析

1. 试样分取

从试验样品中分取试验样品,试验样品的大小见表 11-1,可用规定粒数的一个全试样或单独分取两个半试样(至少为全试样的一半)进行。全试样或半试样称重以实验 3 中所规定的小数位数。

2. 将试样分离为净丸粒、未丸化种子、杂质

①净丸粒　含有或不含有种子的完整丸粒;覆盖丸化物质占种子表面一半以上的破损丸粒。明显不是送验者所述的植物种的种子,或不含有种子的除外。

②未丸化种子　任何植物的未丸化种子;可认出其中含有一粒非送验者所述植物种的种子的破损丸粒;覆盖丸化物质占种子表面一半以下的破损丸粒。

③杂质　脱下的丸化物质;明显没有种子的破损丸粒,实验 3 种子净度分析中规定的作为杂质的任何其他物质。

3. 计算

以各成分的和为基数,计算每种成分的重量百分率,保留一位小数。净度分析结果应达到一位小数,所有成分百分率之和应为 100,小于 0.05 % 成分填写为"微量"。如无特殊要求,任何未丸化种子与杂质的种类不再分类计算百分率。将各成分重量之和与最初重量作比较,若增失差距超过分析前最初重量的 5%,则需重新分析。两份半试样间的差距不能超过规定的容许差距(见表 3-3),如果超过,则需按照实验 3 的有关程序进行试验。

对种的鉴定,应填写所发现的每个种的中文名、学名以及种子数。

(三)其他植物种子数测定

1. 试样分取

从试验样品中分取试验样品,试验样品的大小见表 11-1,试验样品可分为两个半试样。

2. 测定

除去丸化物质或制带物质，但不一定要干燥。须从试验样品中找出所有其他植物种子或按送验者要求找出某个指定种的种子。

3. 结果计算与表示

测定结果用供检丸化种子的实际重量和大概粒数中所发现的属于指定每个种或类型的种子数，或者用供检种子带（毯）长度（面积）中所发现种子粒数表示。此外，须计算每单位重量、单位长度和单位面积（即每千克、每米或每平方米）粒数。种子名称须注明种的中文名和学名。两个测定结果可查阅所规定的容许差（表4-2）。在进行两个样品比较时，应有大体相同的重量、长度或面积。

（四）发芽试验

1. 试验程序

将净丸粒充分混合，随机数取400个丸粒，每重复100粒。种子带（毯）的试验样品由随机取得的带（毯）片组成，4次重复，每重复至少100粒种子。在送验者要求时，或为核实丸化或种子带（毯）发芽试验结果时，可用从丸化或种子带（毯）中脱下的净种子进行核对试验，但应采用不影响种子发芽力的方法除去覆盖物质。

2. 试验条件

发芽条件应符合实验6中提及的方法、发芽床、温度、光照和特殊处理。若试验结果不理想，则丸化种子发芽试验可用褶纹纸；种子带（毯）可用纸间法（即垂直纸卷法）。根据丸化材料和种子种类的不同，供给不同的水分。如果丸化材料黏附在子叶上，可在计数时用水小心喷洗幼苗。

3. 破除休眠的特殊处理

对试验末期留下的新鲜未发芽种子，采用实验6中提及的特殊处理方法之一进行处理并继续试验。

4. 试验持续时间

试验时间可能比表6-1规定的时间要长，但发芽缓慢可能表明实验条件不是最适宜的，因此需做一个脱去包衣的种子发芽试验作为核对。

5. 幼苗鉴定

幼苗的鉴定应按照实验6的规定进行。若怀疑幼苗的异常情况偶尔会由丸化或制带物质所引起，则应按照实验6的规定，用土壤重新进行发芽试验。

6. 复粒种子构造

复粒种子构造可能在丸化或种子带（毯）中出现，或者在一颗丸粒中发现一粒以上种子。在上述情况下，应对这些构造视为单粒种子进行试验。试验结果按一个构造或丸粒至少产生一株正常幼苗的百分率表示。对产生两株或两株以上正常幼苗的丸粒或带（毯）内的种子要计数其粒数，并记录。如果不是送验者所叙述的种，即使长成正常幼苗也不能包括在发芽率内，但其数值应分开填报。

7. 结果计算和表示

以粒数的百分率表示。在种子带（毯）发芽试验时，要测量所用种子带（毯）的总长度（面积），并记录丸化或带（毯）内种子的正常幼苗、不正常幼苗和无幼苗的百分率。须说明发芽试验所用的方法及试验持续时间。另外，应填报每米种子带（每平方米种子毯）的正常幼苗数。

（五）丸化种子的大小分级

丸化种子的大小分级所需送验样品至少 250 g，分取两个试验样品各 50 g ± 5 g，对每个试验进行筛选分样。

圆孔筛的规格是：孔筛直径比种子大小的规定下限值小 0.25 mm 的筛子一个，在种子大小范围内以相差 0.25 mm 为等分的筛子若干，比种子大小的规定上限值大 0.25 mm 的筛子一个。

将筛下的各部分（包括通过上下层筛的部分）称重，保留 2 为小数。各部分的重量以占总重量的百分率表示，保留 1 位小数。两个试样之间的容许差距不得超过 1.5%，否则再分析一个试样。

（鱼小军）

12 草种子萌发吸水率的测定

一、目的和意义

种子萌发过程中吸水率主要与种子的化学成分和系统发育有关。通过测定种子萌发过程的吸水率，预测牧草品种的生长速度、抗逆性及在干旱条件下播种的出苗率。吸水率表示种子在土壤中吸水能力的强弱。吸水率测定，是将种子用各种浓度的蔗糖溶液做发芽试验，以种子能达到对照（蒸馏水）发芽率半数的蔗糖溶液的浓度作为吸水率指标。达到原来发芽率半数时蔗糖溶液的浓度越高，种子萌发过程的吸水率越高。

二、实验器材

1. 材料

不同品种的紫花苜蓿、三叶草、红豆草、燕麦、披碱草、无芒雀麦等草种子。

2. 仪器与用具

电子天平（感量为 0.000 1 g）、容量瓶（100 mL、500 mL）、培养箱、冰箱、培养皿、滤纸、滴瓶、镊子等。

三、实验方法及步骤

①从每种供试种子中随机数取 100 粒，重复 4 次。数取种子的方法可以有传统的计数法、数种板和真空数种器等。称重后将每份（100 粒）种子均匀放在铺有用蒸馏水湿润双层滤纸的培养皿内，4 次重复。

②贴上标签，置于发芽箱中调至种子最适发芽温度，进行发芽。每天补充蒸馏水，使滤纸湿润。

③当培养至需要的时间后，迅速用滤纸吸干种子表面的水分并称重。

④计算吸水率。

$$种子吸水率(\%) = \frac{种子吸水后的重量 - 种子吸水前的重量}{种子吸水前的重量} \times 100 \qquad (12\text{-}1)$$

（张志强）

13　草种子丸粒化的制作

一、目的和意义

种子丸粒化(seed pelleting)是指利用黏合剂，将杀菌剂、杀虫剂、染料、填充剂等物质黏着在种子表面，并做成外形丸状的种子单位。豆科牧草种子丸粒化还应加入与牧草种类相匹配的根瘤菌剂。经丸粒化后的种子称为丸粒种子(pelleted seed)或种子丸(seed pellet)。丸粒化种子的类型主要有重型丸粒、速生丸粒、扁平丸粒和快裂丸粒4种类型。重型丸粒是在种衣剂中加入各种助剂配料使种子颗粒加重为种子原始重量的3~50倍。

草种子大多数都带有芒、茸毛、种子细小、重量轻等特点，其流动性、散落性差，不利于播种。丸粒化可以除去芒或茸毛等种子附属物，加大种子重量，增强种子的流动性及其下落作用。丸化物质可以为幼苗生长补充营养元素、防治病虫害等。

近年来随着我国飞播牧草的发展，对牧草丸粒化种子的需要越来越大，学会牧草种子丸粒化的制作、提高丸粒化种子质量、生产大量丸粒化种子供生产需要，对于提高牧草播种质量、促进草业发展具有重要意义。

二、实验器材

1. 材料
①种子　经精选加工的苜蓿、苏丹草、高羊茅等草种子。
②惰性物质　黏土、硅藻土、泥炭、炉灰等。
③黏合剂　阿拉伯树胶、聚乙烯醇等。
④种衣剂。

2. 仪器与用具
(1) 丸化设备
种子丸粒化包衣机或者其他型号的丸粒化设备、小型喷雾器、烧杯、筛子、口罩、橡胶手套等。
(2) 丸化种子的检验用具
扦样器、分样器、螺旋测微尺、白色滤纸、培养皿、细尖玻璃棒、颗粒强度测定仪(灵敏度0.1 gf，即9.8×10^{-4}N)、种子水分快速测定仪、光照发芽箱、发芽室配套设备、电子秤(3~5 kg)、电子天平(感量为0.01 g和0.001 g)等。

三、试验方法及步骤

1. 种子丸粒化

(1) 材料的准备

预先对即将进行丸粒化的种子进行精选，然后对种子进行消毒，再用黏合剂浸湿种子。将种子丸粒化所需全部材料准备妥当。

(2) 检查种子丸化包衣机

先调整控制模式为自动模式，然后设置丸化包衣机的相关参数，转速设置为 10~31 r/min，倾角32°，不同种子要求不同，要根据实际情况进行调整。确定机器处于良好的安全工作状态后方可进行下一步。

(3) 输料

将准备好的种子加入圆筒中，并加入一定量的种衣剂。不同种子药种配比一般设定在 1:(50~100)。自动模式下每次喷液、加粉时间在 12 s 之内（供液量在 25 mL 以内，粉料质量在 0.6 kg 以内）、胶悬液采用羧甲基纤维素溶液（羧甲基纤维素:自来水 = 1:50）。最后密封圆筒。

(4) 转动圆筒

以 10~20 r/min 的速度转动圆筒，由于摩擦力，种子也随之转动，当转动到一定高度时，种子在重力的作用下脱离筒壁，然后又被带动，如此反复不停地翻转运动，使药液与种子充分混合均匀。

(5) 过筛

当种子丸化均匀并达到一定体积时，停止转动，取出种子，并过筛，选取大小、形态一致的丸化种子。不同作物丸化种子粒径大小要求不一样。一般丸化倍数在 3~20。

(6) 干燥

对过筛后的丸化种子进行自然风干或人工干燥（烘干温度为 60℃，烘干时间为 30 min）。使丸化种子的外表水分蒸发，便于包装、贮藏、播种等。

2. 丸化种子的质量指标及其检测

丸粒化种子的质量指标反映了种子丸化技术工艺、配方的科学性。丸化种子检测的主要技术指标有以下几个。

(1) 丸粒形状

要求圆形或近圆形，大小适中，表面光滑。用螺旋测微尺测定丸化种子样品纵横两个方向的直径，计算平均值，并判断是否符合圆形或近圆形的要求。

(2) 整齐度 (uniformity degree)

即符合标准粒径要求的丸化种子重量占包衣种子总试样总重量的百分率。要求整齐度 $\geqslant 98\%$。

将丸化种子样品置于大孔筛子上，筛去过大粒径的丸化种子后，再置于相差 2 个筛目的小筛上，筛去过小粒径的丸化种子，选符合标准粒径的丸化种子，称重后按下式计算整齐度。并测定丸化种子直径，以判断丸化种子是否均匀整齐一致。

$$整齐度(\%) = 符合标准粒径的丸化种子重量(g) / 样品总重量(g) \times 100 \quad (13\text{-}1)$$

(3)单子率(single seed rate)

即每粒丸化种子中只有一粒种子的粒数占被检验丸化种子总数的百分率。要求单子率≥98%。

(4)有子率(seed pelleted rate)

即种子丸化后有种子的粒数占被检验丸化种子总数的百分率。要求有子率≥98%。

(5)伤子率(seed injure rate)

即种子丸化后受伤丸粒种子的粒数占被检验丸化种子总数的百分率。要求伤子率≤0.5%。

将丸化种子均匀地置于培养皿内白色湿润滤纸上 5 min 后，用细尖玻璃棒扒开丸化粉料，观察每个丸化种子内种子的粒数。有种子的就为有子，只有一粒种子的就为单子，种子损伤的就为伤子。有子率、单子率和伤子率按下式进行计算。

$$有子率(\%) = 有子粒数 / 试样总粒数 \times 100 \tag{13-2}$$

$$单子率(\%) = 单子粒数 / 试样总粒数 \times 100 \tag{13-3}$$

$$伤子率(\%) = 伤子粒数 / 试样总粒数 \times 100 \tag{13-4}$$

(6)单粒抗压强度(single pellet compressive strength)

即平均每粒丸化种子所能承受的最大压力。要求单粒抗压强度≥150 gf。

每个样品取 100 粒，用颗粒强度测定仪逐个测定被压碎时的压力。单粒抗压强度按下式计算，以克力(gf)为单位(注：gf 为非法定单位，1gf = 9.8 × 10^{-3} N)。

$$单子抗压强度(gf) = 100\ 粒丸化种子所能承受的最大压力之和 / 100 \tag{13-5}$$

(7)裂解率

即丸粒化种子在水中 1 min 内或湿润滤纸上 5 min 内吸水崩裂的能力。要求裂解率≥98%。

选用充分晒干的包衣丸化种子，均匀置于培养皿湿润滤纸上，5 min 后，观察裂解情况，单子裂解显示为丸化种子开裂、松散。裂解率按下式进行计算。

$$裂解率(\%) = 5\ min\ 单子裂解数 / 试样总粒数 \times 100 \tag{13-6}$$

(8)丸化倍数(pelleted rate)

即丸化种子粒重与裸种粒重的比值。

取裸种及丸化种子各 1 000 粒分别用天平称其重量，重复 3 次，取其比值作为丸化倍数。丸化倍数按下式进行计算。

$$丸化倍数 = 丸化种子千粒重 / 未丸化种子千粒重 \tag{13-7}$$

(9)发芽率测定

按标准发芽试验方法在砂床中进行。

(10)含水量

用快速水分测定仪测定丸化种子含水量。要求种子含水量≤8%。

3. 结果

填写丸化种子检验结果报告单(表13-1)。

表13-1　丸化种子检验结果报告单

种　名		品种名		生产日期	
裸种质量标准	纯度(%)		净度(%)		发芽率(%)
	千粒重(g)		含水量(%)		发芽势(%)
丸化种子质量指标	裸种重量(kg)		丸化种子重量(kg)		丸化倍数
	有子率(%)		单子率(%)		裂解率(%)
	千粒重(g)		发芽率(%)		单粒抗压强度(gf)
	丸化种子形状		整齐度(%)		
综合评定	合格		不合格		检验日期

试验人：

四、注意事项

①操作人员必须戴口罩、橡胶手套及穿防护服，以免药剂中毒。同时，在试验过程中不能喝水、吃东西，试验后用肥皂洗净手脸后方能进食。

②在种子丸化与应用过程中，对农药、激素等添加剂的使用，要按照国家安全卫生环保标准操作，严格控制残留量。农药型种衣剂会污染土壤和造成人畜中毒，应尽量避免使用克菌丹农药型种衣剂。

③药剂的准备过程中，其配比一定要适当，不能过多，以免造成出苗后幼苗中毒，同时，药液的混合也要均匀。

④在输料的环节中，不能一次性地将所有的种衣剂都加入圆筒中，防止因全部加入而混合不均匀，影响丸化质量。

（鱼小军）

第 2 篇
草类植物育种

14 育种试验的设计及播种

一、目的和意义

牧草及草坪草育种的过程即设计和实施育种方案的过程。育种试验设计和播种是育种计划中重要组成部分,是育种工作不可缺少的环节,是每一个年度育种工作的开始,也是承上启下确保育种工作顺利进行的基础。本试验通过对比法或随机区组法等田间试验设计,了解田间设计的基本方法和步骤;编写种植计划书;进行田间区划并练习试验圃的播种技术。

二、实验器材

供试品种数个、测绳、皮卷尺、标杆、瓷盘、天平、纸袋、铅笔等。

三、实验方法及步骤

1. 种子材料的准备

将供试品种材料取出,整理和清选,去掉种子内夹杂的其他品种的种子、杂草种子、土块、石子、茎秆等,筛选出大而饱满的种子。然后检查千粒重,进行发芽试验,以确定各品种的发芽率。

根据种子的发芽率、纯净度、千粒重,计算出小区播种量。方法如下:

$$种子用价 = 种子发芽率 \times 种子净度 \tag{14-1}$$

$$每公顷理论播种量 = (每公顷苗数 \times 千粒重)/1\,000 \tag{14-2}$$

$$实际播种量 = 理论播种量 / 种子用价 \tag{14-3}$$

$$小区播种量 = (每公顷实际播种量 \times 小区面积)/10\,000 \tag{14-4}$$

按计算出的小区播种量将各小区种子分别称出,装入纸袋,纸袋上写明名称及种子数量,然后对种子袋进行排队编号。种子排列完毕后;按顺序放置在瓷盘内,以备播种。

2. 编制种植计划书

编制种植计划书是每年田间管理的具体计划,要求根据试验的题目和目的要求结合本单位具体条件来拟定。其内容如下:

①试验名称和目的;

②试验材料;

③试验设计:包括田间设计方法、重复次数、小区面积和形状。行株距、小区区距及走道的宽度、试验地总面积等;

④播种日期、地点、播种量、播种方法;

⑤田间管理计划:写明试验地地势、土壤类型和肥力。制定具体的中耕除草、水肥管理

及其他相应的管理措施；
　　⑥田间种植简图；
　　⑦编制田间记载表(表14-1)。
　　3. 试验地的规划
　　试验地规划的一般原则是：使各个试验区排列有序，整齐美观；节省用地，便于管理；因地制宜，确保精确等。
　　(1)小区的面积和形状
　　试验小区面积的大小决定于试验的性质和要求，试验品种的多少，每个品种的种子量。试验可利用土地面积的大小，重复次数的多少以及劳力状况等。小区的形状一般以长方形较好，长、宽通常为5 m×3 m或5 m×2 m。
　　(2)确定重复次数
　　重复次数决定于试验要求的准确程度，每个品种的种子数量，土壤肥力的差异程度等。
　　(3)小区区距、走道及保护行的设置
　　试验小区之间要有间距，称为区距。区距的宽度以牧草的种类不同而异，可以酌情处理，一般为1~3 m。
　　(4)试验地面积的计算
　　试验地总面积的计算是重复次数乘以每个重复的小区数再乘以小区的面积。加上所有的区距、走道和保护行的面积。同时要求计算出整个试验面积的总长度和总宽度，以便于田间区划。
　　(5)区组和各小区的排列
　　各个重复试验区(区组)的排列取决于试验的形状。可以依次排列。也可以并排排列。在采用顺序排列法时。可用抽签法或随机数字表来安排小区顺序。
　　(6)田间区划
　　田间区划是根据种植计划书，把纸面上的种植图具体落实到试验地。在规划试验区时要注意位置恰当，形状整齐，各小区成规则的长方形。区划时根据已算出的试验区的总长度和总宽度，首先在试验区较为整齐的一边定出一条直线，然后拉直测绳，作出标记。再以勾股定律确定出与此直线垂直的另一条边。再用同样方法确定出第三条边。再连接两端点即为整齐规则的试验区。然后进一步划出每个重复的小区长度及走道宽度，再划出小区宽度和区距宽度，依次分别用测绳把小区面积的长、宽的直线划出，即可进行播种。
　　4. 播种
　　①先按小区顺序将种子袋一一排列，每一个重复地放在一起。然后按田间种植方案对号入座，将种子袋依次放在各小区头上。排列完毕，经与种植简图核对无误时，方可进行播种。
　　②按规定的行距划行。人工开沟，沟要开得平直，深浅一致，深度和长度均达到规定要求。
　　③将种子倒在瓷盘或纸上，根据小区播种的行数的多少，将种子分成均匀的几份，每一份种子播种一行。手撒时要尽量均匀。拨完后覆土耙平，将种子袋压在小区边上。全部试验小区播种后，收回纸袋。在收纸袋过程中，要与计划书逐一进行核对，如果发现错误，立即记入计划书中，以免混乱。

同一试验圃要求在同一天播完，至少同一重复各小区要在同一天内播完。播种是按种植简图进行的，但在播种过程中，有时由于临时变更或播种中的差错，小区排列可能有所变动。所以播种完毕后，要依据种植简图，按最后的实际情况播种，画出正式的田间种植图，撰写田间试验（圃）计划说明书（表14-1），作为以后观察记载时随时查阅之用。

表14-1 田间试验（圃）计划说明书

年　　月

试验名称			负责单位		
目的及主要研究内容：					
试验区总面积：			前作及试验地概况：		
本年耕作、施肥、灌水及田间管理计划：					
田间设计	供试品种（或处理项目）：				
	对照品种（或处理）：		小区形状及面积：		
	排列方法：		重复次数：		
	行距：	株距：	区距：		走道宽度：
	播种量		覆盖作物品种：		播种量
	播种方式：	播种期：	保护行品种：		
种子来源及生产年份：					
种子处理情况：					
	试验区的规划，播种有无差错：				
	本年气象特点及自然灾害：				

（马向丽）

15　多年生豆科牧草的扦插技术

一、目的和意义

多年生豆科牧草的无性繁殖技术是育种工作的重要技术手段之一。它对于无性系的建立，优良单株或优良品系的扩大繁殖，雄性不育系的繁殖与保存，自交系的选育等都是不可缺少的技术。在许多育种方法如多元杂交，轮回选择，母系选择中也作为一个重要的技术而加以运用。本实验的目的，在于通过具体操作以掌握扦插技术及苗床管理要领，以便今后在育种工作中能熟练地应用。

二、实验器材

苜蓿成株的枝条、尺子、剪刀、喷壶、无纺布、基肥等。

三、实验方法及步骤

苜蓿虽能用根、茎、叶等进行无性繁殖，但以枝条扦插比较有利。茎的数量较多，可以同时扦插很多单株而又不损伤母株。扦插又不需要过高的设备条件，简单易行，在大田条件下就可以进行。现以苜蓿茎的扦插为例说明多年生牧草的无性繁殖技术，也适用于许多豆科牧草。

1. 苗床的准备

有条件的可施有机肥 $1.5\sim3\ kg/m^2$，过磷酸钙 $45\ g/m^2$。然后翻土整地，同时拾去杂物和石块，充分灌水以待扦插。

2. 剪取插条

由母株基部剪取的枝条，要整修后再扦插。每个枝条要求在其顶端保留一个叶节。插条的长度不限，视品种的节间长短而定。因此每个插条应从叶节的上部靠近节的地方剪断，这样可以同时剪掉分枝和小叶而只保留托叶内的腋芽。一般一个插条长约 5 cm。个别的可达 10 cm。短的 2~3 cm 也可以成活。这样剪法，一个母株可以繁殖几十株甚至上百株。

苜蓿扦插最适宜的时期是孕蕾期。这时扦插的成活率很高，而且能繁殖较多的数量。开花以后扦插，成活率逐渐降低。从生长时期来说春季萌发后植株高度达 30 cm 左右即可扦插。

3. 扦插

准备好的插条，根据扦插的不同目的，可按不同的间隔距离插入泥中。扦插时叶节向上，节部露出地面 1~2 cm 左右，太低易被土埋没，过高则易增加水分散失而干枯。插好后再灌少量水分。使茎与土壤紧密接触。

4. 苗床管理

扦插后要注意管理，扦插4周后统计成活率[成活率% = 成活株数/扦插株数×100]。为保持土壤的湿润，勤于浇水。在生长季节中光和温度无须特殊调节，在自然状况下即可满足需要。在大田扦插，将插条插入湿土中后，立即灌水，以后每隔3~5 d灌水1次，使大田始终保持湿润，这样，经过4~5次灌水后就可以逐渐加大灌水间隔。使用这种方法，在灌水便利的条件下也可获得相当的成活率。为了避免插条叶节处被土埋没，插条可适当剪长一些，可用2~3个叶节的插条扦插。

最好是浇透水后，待地面稍干，铺上较薄的薄膜，人在畦间走道上，按照行、株距，用削尖的竹签，将薄膜戳个小洞，又把插条通过小洞插入土中。这样的利用薄膜的保湿、保温，不仅不必再浇水，而且长根成苗快，成活率也高了。

大田扦插不须移栽，比较方便，但用水量大，不易管理。苗床扦插，管理和观测都很方便，扦插后4~5周再移栽到大田，只要及时浇水，可保证全苗，带土移栽或用营养袋移栽效果好，而且苗床温湿易于控制，春秋季节用塑料薄膜覆盖以增温保湿，插条的生长发育显著优于大田扦插的插条。

（马向丽）

16　多年生禾本科牧草的扦插技术

一、目的和意义

以扁穗牛鞭草为例，具体操作，掌握多年生禾本科牧草的扦插技术及苗床管理要领，以便今后在育种工作中能熟练应用。

二、实验器材

扁穗牛鞭草、直尺、剪刀、喷壶、基肥等。

三、实验方法及步骤

扁穗牛鞭草为禾本科多年生匍匐型牧草。喜土层深厚肥沃的酸性或微碱性土壤，不耐旱，不耐瘠薄，对水肥条件较为敏感，喜氮、磷、钾肥。

1. 苗床准备

有条件可施有机肥 3 kg/m^2，钙镁磷肥 37.5 g/m^2。然后翻土整地，同时拾去杂物和石块，插前灌水。

2. 扦插

扁穗牛鞭草可在 3~10 月的孕穗期，刈割的地上茎作种茎，每段 4 个节以上，约长 30~40 cm，其中 2~3 节埋入土中，1~2 个节露于地面，行距 20~30 cm，株距 3~4 cm。可打窝扦插，也可开沟条插，插后再浇水，使与土壤紧密接触。扦插亩用种茎 0.37~0.75 kg/m^2，每平方米密度为 80~110 株。

3. 苗床管理

扦插后应保持土壤湿润，待成活后，即可追施适量清粪水。拔节初期，可施尿素 3.75 g/m^2。因扁穗牛鞭草不耐旱，生长期应根据土壤干湿度，进行合理灌溉，苗期注意中耕除杂。

（马向丽）

17 牧草开花习性的观察

一、目的和意义

牧草的开花习性是草品种改良和生产应用的基本知识。不同的牧草因其自身的发育特点不同，往往具有不同的花器官结构特征和开花授粉习性。如有的牧草为风媒花，而有的牧草则靠蜜蜂、蝴蝶等昆虫进行授粉；有的牧草花器官结构便于自花授粉，而有的则便于异花授粉。观察牧草的开花习性主要是了解其生长发育规律，为杂交育种和生产制种提供依据。

二、实验器材

1. 材料

紫花苜蓿、燕麦等。

2. 用具

放大镜、镊子、剪刀、标签、笔、记录本等。

三、实验方法及步骤

1. 开花标准

（1）豆科牧草开花标准

以旗瓣向外展开，龙骨瓣露出翼瓣之间为准。

（2）禾本科牧草开花标准

外稃向外张开一定角度，柱头露出，花药下垂为准。

2. 观察开花习性的时期

一年生牧草在播种当年进行观察。多年生牧草以生活第二年的为宜。因为这个时期牧草生长旺盛，枝叶繁茂，开花也最为正常。

3. 花器结构的观察

一般两性花植物的花朵由花萼、花瓣、雄蕊、雌蕊等花器官组成，多数植物的花朵基部还着生花苞片，而单性花则缺少其中的雄蕊或雌蕊。例如，对于燕麦来说，要说明其花序类型，每穗有多少轴节，每个轴节着生几个穗枝梗，每个穗枝梗有几个小穗，每个小穗有几个小花；小花的构造，如雌雄蕊数目、柱头形状和颖、稃的组成，以及授粉方式和媒介物等。

4. 花期和开花持续期

开花期一般采用整体观察，即小区内20%植株开花为初期；80%植株开花为盛期。同时还要了解由出苗（返青）至开花所需天数；由出苗（返青）至种子成熟所需天数。

开花持续期包括以下观察内容：某牧草品种的整个开花持续期，是指从实验区开始开花的第 1 天算起到开花结束所需的天数；一个植株的开花持续期，是指全株从开始开花到全部小花开放结束所需的天数；一个花序的开花持续期，是指一个花序由第 1 朵小花开放至最后 1 朵小花开放结束所需的天数；1 朵小花的开花持续期，是指一个小花由开颖到闭颖所需的天数。

5. 开花顺序

牧草开花顺序是按一定的顺序规律进行的，如有的从花序上部一次向下开花，有的从花序下部开始开花。由于同一花序小花开放早晚不同，因此种子成熟的也不一致，种子饱满度也不同。

观察开花顺序一般采用图示法，即每一个所要研究的品种取 10 株，每株选取主茎的一个花序，挂牌标记，在纸上分别绘制每一花序的开花模式图（图 17-1）。图中自下而上以 1、2、3、…、18、19 代表花序的各个小穗数，小圆圈代表小穗上的小花。靠近穗轴的是小岁的第 1 朵小花，接着是第 2 朵花，第 3 朵花…。因为牧草白天和夜间均有开花的可能，所以，从 0～24 h 内，每隔 2 h 观察一次，并在图示上标明穗上每一朵花开放的日期和钟点，之后，可将同一天开放的小花在图上用线连接起来。开花全部结束之后，研究每一花序开花的图式，并确定它开花时间的长短以及花序上的开花顺序。

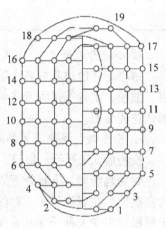

图 17-1 开花模式图

6. 开花强度

开花强度反映了牧草开花的动态，通过观察可以了解某种（或品种）牧草开花期中哪些天开花最盛和一天中什么时候开花最多。

调查牧草开花达到高峰日期的方法，是选择 10 个花序，记载小花总数，然后每天观察一次，将已开的小花去掉，分别记下第 1 天、第 2 天…等各天的开花数目，并将每天开花数换算成它在总数中所占的百分率。

一昼夜内的开花强度是指从 0:00～24:00 内牧草开花的强度，反映了一天中的开花动态。对于确定杂交的时间很有帮助。方法基本同上，但需每两小时观察记载一次，连续几天，将结果列入表中（表 17-1、表 17-2）并绘出曲线图。

表 17-1 牧草开花期每天的开花强度

时间 (d)	花 序										开花百分数
	1	2	3	4	5	6	7	8	9	10	
1											
2											
3											
4											
5											
⋮											

表 17-2 牧草一昼夜内的开花强度

时间 (h)	花序										开花百分数
	1	2	3	4	5	6	7	8	9	10	
0~2											
2~4											
4~6											
6~8											
8~10											
⋮											

7. 小花开放动态

指小花开放过程中各个阶段形态的变化和所需的时间等。包括开颖、花药伸出、柱头外露、散粉、闭颖等过程及各阶段所需时间，开花全过程所需时间等。详细记载上述过程并绘制开花的简图。

8. 子房膨大规律及成熟的测定

授粉后 5 d 开始，每隔 3 d 采样品 10 粒，观察其大小、颜色、性状等特征。当籽实内呈白色时为乳熟期，乳状物凝固呈现蜡状时为蜡熟期，籽实变硬、呈现正常大小，颜色呈黄色为完熟期，在观察籽实成熟的过程中，还应测定不同成熟期籽实的发芽率和千粒重。以便确定授粉后多少天种子才具有发芽能力。

9. 结实率测定

统计每个花序开花总数和结实数，即可求出结实率。

$$结实率(\%) = (结实数／开花数) \times 100 \tag{17-1}$$

10. 种子落粒性的测定

观察开花结实后的牧草穗子，考察某种(或品种)牧草落粒性是否一致、落粒程度等。如是否在种子完熟后开始落粒、含青落粒或枯黄落粒、沿穗轴由上而下或由下而上落粒、不落粒或无规律性落粒、随穗整体落粒、带芒种子芒针是否脱落、落粒种子是否具有发芽能力等。

（周向睿）

18　豆科牧草的有性杂交技术

一、目的和意义

观察了解豆科牧草的花器构造和开花习性；以紫花苜蓿为例，练习和掌握豆科牧草的有性杂交技术，以便将来在育种工作中能运用。

二、实验器材

1. 材料

不同品种的苜蓿。

2. 用具与药剂

花粉盒、小剪刀、牛角勺、尖头镊子、标签、脱脂棉、棉线、扩大镜、75%酒精、大头针、毛笔、铅笔、隔离袋等。

三、实验方法及步骤

1. 紫花苜蓿的花器构造和开花习性

紫花苜蓿属于豆科蝶形花亚科苜蓿属。为总状花序，长 1～2.5 cm，具花 5～30 朵；总花梗挺直，比叶长；苞片线状锥形，比花梗长或等长；花长 6～12 mm；花梗短，长约 2 mm；蝶形花，两性花。有旗瓣一枚、翼瓣二枚、龙骨瓣一枚，雌蕊一个，雄蕊十个呈九合一离，九个雄蕊的花丝聚合成花丝管。苜蓿为无限花序，全株开花的顺序是自下而上。在一天中，5：00～17：00 均在开花，但开花最盛时期是在午前 9：00～12：00，小花的开放时间可持续到 2～3 d。苜蓿为虫媒花，自花授粉是高度不孕的。

2. 有性杂交技术

杂交最好在晴天上午进行，6：00～9：00 去雄，10：00～12：00 授粉。

（1）去雄杂交

选取位于主茎上的花序进行杂交，在准备杂交时，用剪刀剪花序上已开放的全部小花和上部发育不全的花蕾，只留花冠比花萼长一倍、两花约为黄绿色呈球状一团的小花进行去雄，去雄时用镊子夹去花药，用镊子把遮盖着龙骨瓣的旗瓣和翼瓣向一旁折转，用尖锐的镊子沿着龙骨瓣切开并轻轻地将其向旁边折转，或直接用注射针头或大头针将花蕾沿龙骨腹部划开，并轻轻地向两旁折转，即见到雄蕊，小心地用镊子夹去花药。

授粉，从父本植株上采集花粉，一般选旗瓣和翼瓣已开，只用龙骨瓣未开的发育良好的花序，用牛角勺或木制小匙伸到父本的花中，在小勺压迫龙骨瓣基部的情况下龙骨瓣开放，雄蕊和雌蕊用力地弹出，把花粉留在小匙上，放入花粉盒或直接给母本授粉。授粉时可用毛笔头或棉球蘸少许花粉涂抹母本柱头。每杂交一朵花或一个组合时，用70%的酒精棉球擦镊子和牛角勺等用具。去雄和授粉后套上隔离袋(用蜡纸糊制长9 cm，宽4 cm)或用棉花或纱布包裹花序，并挂上标签。

(2)不去雄杂交

因为苜蓿自花授粉高度不孕，很容易与其他的花授粉(柱头具有选择性)，因此育种实践上多数采用不去雄杂交法，即母本不去雄，直接授予父本的花粉。进行这种杂交时，父、母本的花朵应该选择旗瓣和翼瓣已经张开，但龙骨瓣未张开，雄蕊管未弹出的花朵进行杂交。先用牛角勺伸到父本的花中，在牛角勺压迫龙骨瓣基部，龙骨瓣解钩花开，雄蕊和雌蕊有力地弹出，把花粉留在牛角勺上，放入花粉盒或直接给母本授粉。授粉前用镊子将花药剪破并搅拌。授粉时可用毛笔头或棉球蘸少许花粉涂抹母本柱头。每杂交一朵花或一个组合时，用70%酒精棉球擦牛角勺以杀死残留花粉。

(马向丽)

19 禾本科牧草的有性杂交技术

一、目的和意义

以燕麦为例，了解燕麦的开花生物学特性，练习燕麦的有性杂交技术，以便将来育种工作中应用。

二、实验器材

燕麦的品种资源圃、花粉盒、小剪刀、尖头镊子、隔离纸袋、标签、放大镜、铅笔、毛笔或棉球。

三、实验方法及步骤

1. 燕麦的花期构造和开花习性

燕麦为圆锥花序，花序分节，每节上又有再分枝，小穗着生在再分枝上。每个小穗有2~6个小花，通常只有1~3花结实，下部第一小花结实最大，其他小花结的种子较小。小穗具有内颖、外颖。每个小花有内稃、外稃和雄蕊、雌蕊组成。内稃质地较软且小，包于外稃；外稃大，背部着生有芒。内外稃之间有三个雄蕊，一个雌蕊。雄蕊分花丝和花药两部分，雌蕊由柱头和子房组成，雌蕊成熟时柱头为羽状二裂。燕麦为自花授粉植物。整个穗子开花顺序是从上往下，穗枝梗的小穗开花是从外向里，每个小穗里的小花开放是由基部向顶。每一个小花开放前，花丝先伸长花药顶部形成裂缝，花粉散出，落在雌蕊柱头上，并开始发芽。此时子房基部的浆片吸水膨胀，使内外稃张开。一天之内开花时间为14：00~16：00，每穗开花时间持续3 d左右。

2. 有性杂交方法

(1) 选株

在预先确定好的杂交组合的母体群中选择健壮无病，具有本品种典型性状植株，正处于孕穗后期，小穗刚刚从叶鞘抽出，剥开颖后雌蕊柱头已成羽状，花药由绿变成黄绿色。这样的穗子去雄最好。

(2) 整穗

从叶鞘中剥出整个圆锥花序，减去下部发育不全的小穗和上部已授粉的小穗，每个花序只保留中上部的5~10个小穗。然后在每个小穗中，只保留基部较大的1~2个小花，其余的全部剪掉。经过整穗后，每个花序保留10个左右的小花。

(3) 去雄

整好穗后，立即进行去雄。去雄是用左手大拇指和中指轻轻捏住小穗下部，用食指轻压小穗顶部，使两个护颖张开，再用手捏住。右手用镊子轻压小穗顶部，使第一个小花和第二个小花分开，后用左手把第二个小花分开，再用左手捏住。然后用镊子小心把内外稃拨开。轻轻地把三个雄蕊去掉。注意不要夹破花药，更不要用力损伤内外稃和雄蕊。如果发现花药破裂、花粉散出时，随即将此拔出。并将镊子用酒精消毒，以杀死镊子上残留的花粉粒。去雄后，让小花恢复原状，再做下一个小花。去雄应当在上午进行，这时天然杂交的机会少。去雄完毕后，套上隔离袋用大头针别住，挂上标签，写明父母本的名称和去雄日期，去雄者，以备杂交。

(4) 授粉

授粉之前先要采粉，要选择父本品种健壮无病的典型植株，一般在抽穗一半的花序上，挑选靠叶鞘的小穗，而花药已变黄成熟但尚未破裂。采集足够数量的花粉置花粉盒中，用镊子将花药剪破并搅拌后再进行授粉。在母本去雄后的第二天下午，进行采集花粉和授粉为宜。授粉时先把穗部套的隔离袋取下，照去雄的方法把内外稃打开，再用毛笔蘸少量的花粉置于羽状柱头上，并轻轻地擦抹。然后闭合内外稃，使其恢复原状，又用隔离袋把穗子套起来，以防其他花粉传入，最后在标签上注明授粉日期等的整个杂交过程。授粉1周后，即可去掉隔离袋。以利于杂交种子的生长发育。种子成熟后，按组合分别收获保存。供下年种植。

(马向丽)

20　花粉生活力的测定

一、目的和意义

花粉生活力是花粉具有存活、生长、萌发或发育的能力。在生产实践和育种工作中，为了进行辅助授粉和杂交授粉，需要早期采集和贮藏花粉。为保证有性杂交顺利进行，在授粉前进行花粉生活力测定，与播种前进行种子生活力测定，具有同等重要的意义。此外，在许多特殊条件下，花粉生活力的测定也很重要，如：自交或远缘杂交时，为了分析结实率或不结实原因时；鉴定雄性不育系时；了解某些杂交技术时，如测定花粉的刺激作用，测定受精选择等。通过本实验，学习并掌握测定牧草花粉生活力的技术和方法。

二、实验器材

1. 材料

主要牧草及饲料作物，如紫花苜蓿、红豆草、老芒麦、冰草、玉米、燕麦等的花粉。

2. 用具与药剂

显微镜、解剖针、镊子、棕色滴瓶、吸水纸、凹片、载玻片、盖玻片；碘—碘化钾、醋酸洋红、联苯氨—甲奈酚、氯化三苯基四氮唑、蔗糖、硼酸。

三、实验方法及步骤

（一）直接检验法

每个实验小组选定同品种种株去雄。注意：选用的花蕾最好是花前 1~2 d 且发育正常，饱满。每天去雄 20 个花蕾，然后套袋隔离，连续 5 d，共 100 朵花。这一实验要和花粉贮藏实验相配合，即花粉贮藏的当天开始去雄。授粉时，每去雄一次，分别授以两种不同贮藏条件下的花粉（各 10 朵），连续 5 d，就使得贮藏期分别为当天、第二天、第三天、第四天、第五天的花粉授到了去雄后的花蕾上。实验时，一定要挂牌标好品种、花粉贮藏期、贮藏条件、株号授粉日期及授粉人。等最后一个处理完后 10 d，检验结实率和结籽率。

（二）化学试剂染色法

1. 碘—碘化钾染色法

①原理　发育正常的花粉积累淀粉较多，可被 I_2-KI 染成蓝色。发育不良的花粉积累淀粉极少或无淀粉，用 I_2-KI 染色时，不显蓝色，而呈黄褐色。

②试剂配制　1% I_2-KI 溶液。

称取 0.5 g KI 溶于少量蒸馏水中，再加 1 g 碘，定容至 100 mL 贮存于棕色瓶中。

③操作步骤　取少量花粉于载玻片上，加一滴蒸馏水，用镊子充分捣碎后，再加 1~2 滴

I_2-KI 溶液，盖上盖玻片，20 min 后在显微镜下观察花粉着色情况。凡被染成蓝色的为生活力强的花粉粒，呈黄褐色的为无生活力花粉。观察三张片子，每片统计 3~5 个视野中花粉粒总数与着蓝色的花粉粒数。

2. 醋酸洋红染色法

染色、观察及统计方法与 1 法相同，但染色时间应以 3~4 min 为宜。

3. 过氧化物酶测定法

①原理　具有生活力的花粉含有活跃的过氧化氢酶。此酶能利用过氧化物使各种多酚及芳香族胺发生氧化而产生颜色。按照本法凡被染成红色、紫红色的花粉粒都有生活力，没有生活力的花粉仍为无色或黄绿色。

②试剂配制

a. 0.2 g 联苯胺溶解在 100 mL 50% 酒精中；

b. 0.15 g 甲萘酚溶解在 100 mL 50% 酒精中；

c. 0.25 g 碳酸钠溶解在 100 mL 50% 酒精中。

a、b、c 各液于使用前等量混合配成试剂 I 并贮存于棕色滴瓶中，在试验前配制 3% 过氧化氢水溶液作为试剂 II。

③操作步骤　先在载玻片上加少量待测花粉，然后在花粉上滴试剂 I 及试剂 II 各 1 滴，用镊子搅匀后盖上盖玻片，经 3~4 min 后，在显微镜下检查花粉的颜色。观察及统计方法与 1 法相同。

4. 氯化三苯基四氮唑（TTC）染色法

①原理　凡具有生活力的花粉，在其呼吸作用过程中都有氧化还原反应，当 TTC 渗入有生活力的花粉时，花粉中的脱氢酶在催化去氢过程中与 TTC 结合，使无色的 TTC 变成三苯基甲臜，使花粉被染成红色。

②试剂配制　先称取 0.832 g $Na_2HPO_4 \cdot 2H_2O$ 和 0.27 g KH_2PO_4 溶于 100 mL 蒸馏水中，配成 pH 7.17 的磷酸盐缓冲液，再称取 0.05 g 氯化三苯基四氮唑溶于新配成的 10 mL 磷酸盐缓冲液中，存于棕色瓶中。

③操作步骤　取少量花粉放在载玻片上，在花粉上滴 1~2 滴 TTC 溶液，搅匀后盖上盖玻片。将此载玻片置于 35~40℃ 恒温箱中约 15~20 min 后镜检，观察和统计方法与 1 法相同。

（三）发芽测定法（培养基培养法）

花粉离体萌发测定花粉生活力是检测效果最为准确的方法。常用的花粉发芽培养基有液体和固体两种，以前者最为简便，本试验选用前者。

①配制培养基　有效成分主要有蔗糖、硼酸、柠檬酸及赤霉素等。不同植物所用的蔗糖培养液的浓度是不同的，配制 3%~30% 的蔗糖培养液：在 100 mL 水中，加糖 3~30 g，加热溶解后，再加 0.1% 硼酸数滴。

②操作步骤　取双凹载玻片上，滴 2 滴培养液于槽中，用解剖针挑少许花粉均匀撒于培养液的表面（注意不必搅拌，以防花粉混于液体中因缺少空气而影响发芽，又因花粉深浅不一而在显微镜检查时因光线折射而不易观察）。将制好的片子放在垫有湿润滤纸的培养皿内，于 20~22℃ 温箱中培养。待花粉萌发后于显微镜下观察，方法同前，统计花粉总数，计算平均发芽率。

(四)形态观察法

①原理 根据花粉自身的形态特征来判断花粉生活力。一般情况下，畸形、皱缩、小型化等均为无生活力花粉，而有光泽，饱满，具有本品种花粉典型特征等性状的均为有生活力花粉。

②操作步骤 取少量花粉放在载玻片上，在花粉上滴入半滴蒸馏水，搅匀后镜检。观察三张片子，每片统计3~5个视野中花粉粒总数与有生活力的花粉粒数，计算百分数。

(刘建荣)

21 牧草染色体的加倍

一、目的和意义

多倍体普遍存在于自然界，利用多倍体可以改良作物的某些经济性状，同时还可利用多倍体克服远缘杂交过程中的障碍。除了自然界存在的多倍体物种之外，还可采用物理方法和化学方法人工诱发多倍体植物。在诱发多倍体的方法中，以应用化学药剂秋水仙素效果最好，应用最为广泛。

秋水仙素是从百合科植物秋水仙（*Colchicum autumnala* L.）的器官和种子中提炼出来的一种植物碱，化学分子式为 $C_{22}H_{25}O_6N$。纺锤丝的主要化学成分为蛋白质，而蛋白质分子之间由硫氢基形成二硫键聚合。秋水仙碱能抑制硫氢基，同时保持细胞活性，因此它能阻止蛋白质分子聚合，或使已构成纺锤丝的蛋白质分子间发生解聚，从而阻止分裂细胞形成纺锤丝或破坏纺锤丝。常用的有效浓度为 0.01%~1.0%。

掌握用秋水仙素人工诱导牧草染色体加倍的方法及鉴定多倍体的技术。

二、实验器材

1. 材料

① 红三叶草（*Trifolium pratens*，$2n=14$）、玉米（*Zea mays*，$2n=20$）、大麦（*Hordeum vulgare*，$2n=14$）、黑麦（*Secale cereale*，$2n=14$）、蚕豆（*Vicia faba*，$2n=12$）等植物种子。

② 大麦（*H. vulgare*）、黑麦（*S. cereale*）等植物二倍体和同源多倍体的种子、叶片等植株、器官新鲜材料、标本或照片。

2. 仪器与用具

光学显微镜、目镜测微尺、镜台测微尺、恒温培养箱、剪刀、镊子、刀片、解剖针、载玻片、盖玻片、烧杯、广口瓶、培养皿、吸水纸、纱布、吸水纸等。

3. 药剂

0.05%~0.1%秋水仙碱溶液、无水乙醇、冰乙酸、1 mol/L 盐酸、改良苯酚品红染色液。

三、实验方法及步骤

1. 秋水仙制剂的配制

（1）水溶液

可将秋水仙素直接溶于冷水中或先以少量酒精为溶媒，然后再加冷蒸馏水，先配成1%的高质量分数母液，用时再根据需要将母液稀释至所需浓度。配制母液的目的是便于贮存和节约使用，母液或已稀释的溶液放于棕色瓶中，盖紧以减少与空气的接触，置于暗处。处理时也要避免强光照射,以免改变药性,降低药效。使用过的溶液经过滤仍可应用,但浓度已改变。秋水仙素常用质量分数范围为0.2%~0.5%。

二甲基亚砜是一种有效的载体剂,能促进秋水仙素渗透到植物组织中,一般采用质量浓度为1%~3%的二甲基亚砜与一定浓度的秋水仙素混合制成水溶液来应用,可增强染色体加倍的诱导效果。

(2)羊毛脂软膏

可将秋水仙素粉末(如为结晶,须先研成细粉末)直接加入精制羊毛脂软膏(为淡黄色软膏,熔点40℃,不溶于水)中并搅拌均匀,也可把一定量的精制羊毛脂放入小研钵中,然后将质量分数为0.01%~0.5%(按所需浓度配制)的秋水仙素溶液少量徐徐加入并充分混合。

(3)混合乳剂

可取硬脂酸1.5 g,羊毛脂8 g,1,4-氧氮陆圜(C_4H_9ON)0.53 mL,加水20 mL,并加热融化配乳酪状态。然后再用时加入秋水仙素溶液,对水稀释至需要浓度。还可用甘油7.5 mL,水2.5 mL,10% Santomerse(湿润剂)6~8滴配成混合液,用时加入秋水仙素溶液并稀释至最终浓度。

2. 利用秋水仙素加倍染色体

(1)浸渍法

处理种子、插条、接穗、禾本科幼苗及双子叶植物幼苗的茎端生长点可用此法。

作物种子常用干种子进行直接处理。如麦类可将干种子先放在0.1%升汞溶液中消毒10 min,接着放入0.1%秋水仙素溶液中浸种24 h,用清水冲洗数次后,一部分播种于土壤中使其发芽,另一部分种子用于直接观察根尖染色体数目。除处理干种子外,也可将植物种子浸入水中使其萌动,再注入一定浓度的秋水仙素溶液,加盖避光,置于发芽箱保持适宜发芽温度(一般20~25℃),处理时间数小时至3 d。处理中适当遮盖,不使种子见光并保持湿润,每天加入适量的稀释一倍或原浓度的秋水仙素溶液,但不要淹没种子。处理后用清水冲洗数次,然后播种于土壤或砂培。

种子处理的缺点在于秋水仙素处理后根部易受药害,阻碍以后的根系发育,尤其在处理双子叶植物幼苗时药害较为严重,而只处理茎生长点可以避免这一点。处理双子叶植物幼苗时,可将嫩茎生长点处割裂一小口,倒置或横插于盛有药剂的器皿中,让茎端的生长点浸入0.03%~0.05%秋水仙素溶液中。对于禾谷类植物,也可采用类似方法,在玉米、高粱等作物幼苗长出3~5片真叶,麦类、水稻2~3个分蘖时,将幼苗挖出,根部用清水冲洗后以湿布遮盖以免干燥。用小刀在茎生长点处切一深至2~3个叶鞘的伤口,如幼苗有几个较大的分蘖,在每一分蘖上均需切一伤口,以增加秋水仙素溶液与茎生长点的接触机会。将幼苗倒置,使茎尖浸入0.03%~0.05%秋水仙素溶液中处理3~4 d,处理时室温不超过20℃,处理苗株的容器要放在室内光线不太强烈的地方,并在容器上标出溶液的水平面,以便每天加注秋水仙素溶液补充蒸腾和蒸发散失的水分,保持室内温度不超过10℃,让幼苗缓慢恢复生机。对于黑麦等作物也可将冲洗干净的整个根系浸入秋水仙素溶液中2~5 d,最后用水冲洗后移栽。

对于用根繁殖或用插条繁殖的植物,可将幼分生组织或细嫩枝条浸入秋水仙素溶液处理1~2 d,再用清水充分冲洗后移栽。

(2) 滴液法

对长大的草本植物的顶芽、腋芽生长点的处理多采用此法。常用的秋水仙素水溶液质量分数是 0.1%~0.4%，每日滴 1 至数次，反复处理数日，使溶液透过表皮渗入组织。为避免处理液损失，可用小片脱脂棉包裹幼芽，将药液滴在脱脂棉上，这种方法能够在较长时间内保持脱脂棉湿润，有利于药液向分生组织渗入。滴液法能避免或减轻药剂对根系和茎叶的影响，一般不致引起处理植株的死亡，而且还可以随时观察处理过程中的反应情况，及时决定增加或减少处理次数和处理浓度。

(3) 涂抹法

把配好的羊毛脂软膏和小毛刷均匀涂布在幼苗或枝条顶端，根据需要可反复涂抹数次。适当遮盖处理部位，以减少蒸发并避免雨水冲刷。

(4) 注射法

对于小麦等小粒禾谷类植物适用此法。用注射器把秋水仙素水溶液注射到幼株分蘖的生长点上方，诱导生长点细胞染色体加倍。

(5) 喷雾法

用喷雾器将配制好的秋水仙素乳剂喷到要处理的顶芽、腋芽或其他部位。每日数次，连续数日，喷时及喷后须注意遮蔽日光（如考虑在室内进行），避免药剂很快蒸发散失。如果乳剂中有甘油，应在处理后几小时或一日内把甘油冲洗掉。

(6) 药剂—培养基法

把稀释的秋水仙素水溶液（如 0.1%）加入琼脂培养基中，把幼胚在培养基上培养 2~4 d，然后把萌动胚用清水漂洗干净，再移植到不含秋水仙素的培养基上继续培养成幼苗，最后移栽至土壤中。这种方法最适合处理远缘杂交后因胚乳不发育或发育不良由种子剥离下的幼胚。实施胚抢救的同时，通过秋水仙素诱导幼胚萌动过程中的幼芽和幼根细胞染色体加倍。

3. 植物多倍体的鉴定

需要对秋水仙素处理后的植物材料进行鉴定，才能明确植物染色体加倍是否成功。植物多倍体的间接鉴定是根据植物的育性、形态特征等进行初步的间接判定，鉴定方法视鉴定对象是异源多倍体还是同源多倍体略有不同。异源多倍体一般较易鉴定，加倍当代植株的全部或部分花药即可正常散粉结实，育性得到恢复，所以检查处理材料的育性变化是鉴定异源多倍体的可靠标志。如处理成功的小黑麦杂种第一代，其一部分小穗在开花时就会出现饱满的花药并散出花粉，表现部分可育性。此类植株的种子下年长成的植株几乎都是加倍了的异源六倍体或异源八倍体小黑麦。同源多倍体在植株形态上多呈巨大型，可通过观察叶片是否变肥厚，叶形有无变化，气孔、保卫细胞及花粉粒是否变大，茎是否变粗等进行鉴定。一般最明显的变化是花器和种子显著变大，但结实率往往下降。如果出现这类植株，可初步判断为染色体加倍成功。连续 2~3 代的鉴定是必要的，如植株形态、花器大小、生育期等的确与原始供体大不相同，所结种子明显增大，更有把握判定已加倍成功。

最可靠的还是直接鉴定的结果。直接鉴定就是检查药粉母细胞或根尖细胞内染色体数目。凡染色体数比原始数目增加一倍的即为多倍体。染色体标本制片方法多采用常规压片法（参见牧草染色体的镜检方法）。

(刘建荣，周向睿)

22 牧草染色体的镜检方法

一、目的和意义

染色体的形态数目，在各种动植物中是相对恒定的。搞清染色体数目以至形态特征，对于植物的实验分类，多倍体育种和单倍体育种以及杂交（尤其是远缘杂交）育种等，都是不可缺少的重要基础工作之一。有些牧草及饲料作物，如玉米、豌豆、燕麦、山黧豆、箭筈豌豆、黑麦草、鹅冠草、披碱草、无芒雀麦等，染色体比较大，制作和观察较易；而有些牧草如三叶草、苜蓿、红豆草、草木犀、饲用甜菜、扁蓿豆等，由于染色体很小，制片和计数都比较困难。在制片过程中由于材料不同，其具体方法和难易程度有很大的差别。对于植物材料来说，通常以根尖和花药为材料，采用压片法和涂抹法来进行染色体检查。掌握对牧草染色体形态和数目进行鉴定的基本方法。

二、实验器材

1. 材料

苜蓿、鹅冠草、黑麦草、老芒麦等的根尖，黑麦、大麦、豌豆等的花药。

2. 用具及药剂

恒温培养箱，显微镜，水浴锅，载玻片，盖玻片，镊子，培养皿，单面刀片，吸水纸。预处理液：0.05%～0.1%的秋水仙素水溶液；饱和对二氯苯溶液；0.002～0.004 mol/L 8-羟基喹啉（根据实际情况选用）；卡诺氏固定液：3份95%乙醇，加入1份冰醋酸（现配现用）；1 mol/L HCl，卡宝品红，醋酸洋红。（各试剂的配置方法详见后附）

三、实验方法及步骤

（一）根尖染色体压片与观察

植物根尖细胞分裂旺盛，而且取材容易，操作方便。因此，它是细胞有丝分裂相制备与观察的理想取材部位。

1. 取材

将牧草种子在25℃左右温度下发芽，待根长至1.5～2.0 cm时，选生长良好，粗壮无干缩的根尖下0.5cm剪下进行预处理。

2. 预处理

一般采用低温处理和化学药剂处理的方法，可以降低细胞质的黏度，使染色体缩短分散，防止纺锤体形成，使更多的细胞处于有丝分裂中期，便于进行染色体计数。

(1) 低温处理

将取材的根尖放入盛有蒸馏水的烧杯或其他容器内，放在 1～4℃ 的冰箱或其他低温条件下处理 24 h。不同的植物对低温的敏感程度不同，效果也不同。

(2) 化学药剂处理

常用的药剂有 0.05%～0.1% 的秋水仙素水溶液；饱和对二氯苯溶液；0.002～0.004 mol/L 8-羟基喹啉等。秋水仙素溶液对纺锤体的抑制效果最好，一般在室温条件下处理 2～4 h 可达到理想的效果。如果处理时间过长，染色体会变得太短，不利于对染色体结构进行研究。对二氯苯和 8-羟基喹啉对不同的植物效果也不相同。植物染色体数目多，个体小的适合于使用对二氯苯，而染色体中等长度的更适合于 8-羟基喹啉，同时能使缢痕区更为清晰。

3. 材料固定

经过预处理的根尖，再放到卡诺固定液中，固定 24 h。固定材料可以转入 70% 酒精中，在 4℃ 冰箱中贮存，贮存时间最好不超过两个月。

4. 解离

从固定液中取出大蒜或洋葱根尖，用蒸馏水漂洗，再放到 1 mol/L HCl 中，在 60℃ 水浴中，解离 8～10 min，然后用蒸馏水漂洗。

5. 染色与压片

卡宝品红是目前应用最广的一种植物染色体剂，具有分色清晰、操作简便、快速的特点，是植物染色体研究中优选的常规方法。

将解离好的根尖放在一张干净的载玻片上，用刀片切去根冠及伸长区部分，只留下分生区，加一滴卡宝品红染液，用镊子把根尖捣碎，去除残渣，静置 2～3 min 后盖上盖玻片，然后用吸水纸吸去多余的染液，再用铅笔的橡皮头轻轻敲打有材料的部位，使细胞铺展成薄薄的一层。

6. 镜检

找到分裂中期的细胞，进行染色体的鉴定。

(二) 花粉母细胞涂抹制片与观察

1. 取材

各种植物的花粉母细胞减数分裂期，常可从一定的形态指标来识别。一般认为，燕麦、大麦、黑麦开始孕穗时，当剑叶已从顶端抽出，且距下面一叶达 2～5cm 时取样为合适；豌豆是从现蕾开始，选取 1mm 左右大小的花蕾或小段花序。当然，各种作物因品种或地区不同，减数分裂盛期常有差异。

一般在 8：00～10：00 取材，然后将花序浸泡于卡诺氏固定液中固定，不要超过 24 h，用酒精洗涤后浸泡于 70% 酒精中贮存于 4℃ 冰箱中待用。

2. 制片

取出浸泡于 70% 酒精中的雄穗，挑选花药还未变黄的小花（花药呈黄色表明减数分裂时期已过），用蒸馏水冲洗干净，用镊子拨开颖壳，取出花药。取 3 枚花药放在洁净的载玻片上，加一滴醋酸洋红，用刀片将花药横向切断，用镊子轻轻挤压花药，使花粉母细胞从花药中逸出，再用镊子把药壁等残渣去除。

染色 10 min 后，盖上盖玻片，在盖玻片上加一张滤纸片，吸去多余染液，轻轻压片即可。在显微镜下观察染色情况，如果染色稍浅，可以在酒精灯上手持载玻片来回移动烤片，以片子不烫手为宜。烤片使细胞质颜色变浅，染色体着色深。

3. 镜检

找到终变期或分裂中期的细胞，进行染色体的鉴定。

附：试剂配制的方法

卡诺氏（Carnoy's）液（现配现用）

卡诺氏Ⅰ：冰乙酸（V）：无水乙醇（V）=1:3

卡诺氏Ⅱ：冰乙酸（V）：无水乙醇（V）：氯仿（V）=1:6:3

这两种固定液作组织及细胞固定用，渗透、杀死迅速，固定作用很快，植物根尖固定约需 15 min，花粉囊约 1 h，若固定时间太长（超过 48 h）则会破坏细胞。固定液中的纯酒精固定细胞质，冰醋酸固定染色质，并可防止由于酒精而引起的高浓度收缩和硬化。Ⅰ液适合于植物，Ⅱ液适合于动物，也适用于植物（如小麦）。有时在材料已经固定大约 30 min 后加几小滴氯化低铁的含水饱和液于固定液中可助染色体染色。可用甲醇可代替乙醇并对黑麦效果很好。至于大大超过被固定组织数量的固定液，常使固定效果更好。

1% 秋水仙碱母液：称 1 g 秋水仙碱或取原装 1 g 秋水仙碱，先用少量酒精溶解，再用蒸馏水稀释至 100 mL，冰箱贮藏备用。其他浓度的秋水仙碱溶液可以此稀释得到。

0.002 mol/L 8-羟基喹林：取 0.002 mol 的 8-羟基喹啉溶于 100 mL 蒸馏水中。

饱和对二氯苯溶液：在 100 mL 蒸馏水中加对二氯苯直至饱和状态。

盐酸乙醇解离液：95% 乙醇与浓盐酸各一份混合而成。根尖细胞制片中，用于溶解果胶质。

卡宝品红（改良石炭酸品红，改良苯酚品红）染液：先配成 3 种原液，再配成染色液。取原液 C 10～20 mL，加 45% 的乙酸 80～90 mL，再加山梨醇 1.8 g，配成的 10%～20% 的石炭酸品红液，一般两周以后使用着色能力显著加强。该染色液的浓度可根据需要而变更，淡染或长时间染色可用 2%～10% 的浓度，浓染可用 30% 浓度，再用 45% 乙酸分色。山梨醇为助渗剂兼有稳定染色液的作用，不加山梨醇也可以，但着色效果略差。此液具有醋酸洋红染色方便的优点，还具有席夫试剂只对核和染色体染色的优点，且染色效果稳定可靠。此液适于动植物各种大小的染色体、体细胞染色体和减数分裂染色体，并具有相当牢固的染色性能，保存性好，室温下两年不变质。

醋酸洋红染液：取 45% 的乙酸溶液 100 mL，放入锥形瓶，加热至沸，移去火源，徐徐加入 0.5～2 g 洋红，煮沸约 5 min 或回流煮沸 12 h，冷却后过滤，再加 1%～2% 铁明矾水溶液数滴，直到此液变为暗红色不发生沉淀为止。也可悬入一小铁钉，过 1 min 取出，使染色剂中略具铁质，增强染色性能。滤液放入棕色瓶中盖紧避光保存。此染液为酸性，适用于涂抹片，染色体染成深红色，细胞质染成浅红，长久保存不褪色。

（刘建荣）

23 牧草无融合生殖的鉴定

一、目的和意义

无融合生殖可分为无孢子生殖、二倍体孢子生殖、不定胚生殖和单性生殖4种类型。利用无融合生殖途径可以固定杂种优势，从而改良现有植物的育种策略，因而在农业生产上有重要的意义和潜力。因此，必须具有简单、准确的植物无融合生殖的鉴定体系。

二、形态学观察法

7种可以作为初步识别植物无融合生殖的形态特征：异花授粉植物中产生整齐一致的后代或典型的母本后代；同一母本的不同 F_1 代出现相同类型；两性状截然不同的亲本杂交后其 F_2 代不分离或分离很少；用具有显性标记基因的亲本花粉给一个隐性亲本授粉，其杂交后代表现为隐性性状；在非整倍体、三倍体、远缘杂交或预期不育的植株中，其种子育性很高；非整倍体或杂合体能稳定地遗传；一籽多苗(多胚)现象、多柱头、一小花多胚珠及融合子房等(草地早熟禾、滨草等)。

三、胚胎学观察法

（一）实验器材

1. 材料

抽穗期至乳熟期的小穗早熟禾花序。

2. 仪器

石蜡包埋机、全自动切片机、展片台、烤片台、正置显微摄像生物显微镜、图像分析系统，真空泵等。

3. 药剂

FAA固定液(福尔马林:冰醋酸:70%乙醇=1:1:18)；不同浓度乙醇：70%、85%、95%、100%；伊红溶液(95%乙醇)；二甲苯；石蜡、小纸盒、刀片、埃利希氏(Ehrlichs)苏木精等。埃利希氏(Ehrlich's)苏木精的配制：苏木精1 g、纯酒精(或95%酒精)50 mL、冰醋酸5 mL、甘油50 mL、钾矾(硫酸铝钾)5 g、蒸馏水50 mL，瓶口用双层纱布包扎，放于通风处，直至变为紫红时即可使用，用前用原液一份加50%酒精与冰醋酸等量混合液稀释。

（二）实验方法及步骤

1. 样品采集与固定

采集草地早熟禾抽穗期至乳熟期的小穗，立刻固定于70%乙醇浓度的FAA混合固定液(福尔马林:冰醋酸:70%乙醇=1:1:18)中。真空抽气15~20 min，使药品充分浸泡材料以迅速杀死细胞，防止细胞自溶，贮存完整的细胞结构。24 h后转入70%乙醇中进行脱水处理或贮存。将材料置于70%乙醇中放在显微镜下用解剖刀和解剖针去掉早熟禾小花的内颖和外颖，并将每朵小花分离。

2. 脱水

采用梯度酒精多浓度法脱水。脱水程序：70%（2 h）→85%（2 h）→95%（2 h）→100%（1 h）→100%（1 h），在脱水过程中将95%的酒精换为95%酒精作溶剂的伊红溶液，摇床摇动脱水。

3. 透明

本研究采用的透明剂为二甲苯（xylene），透明步骤在通风橱中进行。为防止材料发生收缩，采取逐级过渡的方法，即逐步从无水乙醇过渡到纯二甲苯中。该步骤为2/3 无水乙醇+1/3 二甲苯（1 h）→1/2 无水乙醇+1/2 二甲苯（1 h）→1/3 无水乙醇+2/3 二甲苯（30 min）→二甲苯Ⅰ（10 min）→二甲苯Ⅱ（10 min）。纯二甲苯更换两次，以除尽乙醇。

4. 浸蜡与包埋

选用熔点为52~56℃的石蜡浸蜡，在浸渗前要先将不同等级的石蜡分别以容器装好放在恒温箱中，使其杂质沉淀。组织块在不同等级蜡杯中浸蜡的时间如下：二甲苯中加入碎蜡（36℃；0.5~3 h）→加碎蜡（36℃；0.5~3 h）→再加一次碎蜡（36℃；0.5~3 h）→50%蜡（40~42℃；0.5~3 h）→75%蜡（48~50℃；0.5~3 h）→纯蜡A（56~58℃；20 min~1 h）→纯蜡B（56~58℃；20 min~1 h）→纯蜡C（56~58℃；20 min~1 h）。浸蜡不透包埋后会出现白色不透明部分，此时需要再浸蜡一次。包埋前事先备好冰袋，将蜡液倒入包埋盒中并平置于冰袋上降温，待底层蜡液稍凝固后迅速将材料移入包埋盒中，立刻置于冷水中待其凝固。

5. 修块、固定

取出包含有材料及蜡块的小纸盒，除去包被蜡块周围的纸，露出包含有材料的蜡块。依据材料所处位置，将蜡块切割成小块，使每个小块包含一个材料，并修成下宽上窄的梯形，注意上部矩形对边平行。滴几滴融化的蜡于小木块上，将梯形蜡块底部粘贴其上，使其粘贴牢固。

6. 切片、展片、烤片

切片前事先在展片台盛满蒸馏水，水温调至40℃，然后将切成的蜡带漂在水面中（亮面朝下），待蜡带平整后用干净的载玻片一端浸入展片台中并将蜡带轻轻移到载玻片上整齐排列，贴上标签放置在烤片台上，烤片台调至38℃，将载玻片上水珠蒸发后放在烘箱37℃中烤片72 h，进行脱蜡染色。

7. 染色与封固

脱蜡结束后→100%乙醇（3 min）→95%乙醇（2 min）→83%乙醇（2 min）→70%乙醇（2 min）→50%乙醇（2 min）→35%乙醇（2 min）→蒸馏水（2 min）→4%铁矾（10 min）→流水冲洗（10 min）→蒸馏水过一下→埃利希氏（Ehrlichs）苏木精（0.5%浓度，10~30 min）→自来水返蓝（10~30 min）→2%铁矾（8 s）→自来水（10 min）→35%乙醇（2 min）→50%乙醇（2 min）→70%乙醇（2 min）→83%乙醇（2 min）→伊红（0.5%浓度，5 min）→100%乙醇（2 min）→2步透明（5~10 min）→封片→自然风干。

8. 图片处理

正置显微摄像生物显微镜下观察并拍照。照片处理系统处理照片。

四、胼胝质观察法

(一) 实验器材

FAA 固定液 (福尔马林:冰醋酸:70%乙醇 = 1:1:18); 不同浓度乙醇: 70%、85%、95%、100%; 伊红溶液 (95%乙醇); 二甲苯; 石蜡、小纸盒、刀片、0.1%高锰酸钾水溶液; 0.05%苯胺蓝染色 30 min。

(二) 实验方法及步骤

1. 制作石蜡切片

同上。

2. 染色

切片脱蜡复水后, 用 0.1%高锰酸钾水溶液处理 15 min, 以熄灭自发的背景荧光, 流水彻底冲洗数 20 min, 0.05%苯胺蓝染色 30 min, 用染色液封片。

3. 观察

在荧光显微镜下观察胚胎发育过程中不同生殖过程中胼胝质在胚囊中的积累过程, 并显微照相。

4. 图片处理

正置显微摄像生物显微镜下观察并拍照。照片处理系统处理照片。

(张志强)

24　牧草的田间选择

一、目的和意义

练习和掌握单株选择和混合选择的基本方法，以便在育种和良种繁育过程中加以应用。

二、实验器材

燕麦或狗尾草种植区、标签、种子袋、尺子、天平、铅笔、记录表格。

三、实验方法及步骤

本试验以燕麦或狗尾草的若干繁殖性状为田间选择目标，目的在于培育种子早熟、高产的品种，在田间选择的目标是：穗大、粒多、粒重、饱满以及生长健壮无病虫害的营养体丰产型。

在进行田间选择时，直接采、割，单穗编号，根据田间选择项目表记载。室内考种。

1. 单株选择法

也叫穗选复壮法。在燕麦或狗尾草成熟时，根据选择的目标性状每人选择10株，拴上标签，写明选择地点、日期、品种名称及选择人，并带回室内考种。单株分别脱粒贮存。第二年播种，每1个单株播种1行（小区），每隔10行种1行原来的品种作比较。根据目标性状及产量等情况选留好的株行，淘汰不好的株行，第三年把选留的株系后代进行初步比较试验。通过细心观察和对比，再淘汰掉一部分表现差的小区，选留好的小区。即可进一步进行比较试验，再进行大田试验，最后通过审定在生产上应用。

2. 混合选择法

在燕麦或狗尾草成熟时，在大田中，根据目标性状进行选株，每人选株10株，选好后捆扎在一起，拴上标签，写明选择地点、日期、品种名称及选择人。入选的10株混合脱粒贮存。第二年将混合脱粒的种子，一部分进行比较试验，与对照品种和原始群体进行比较；另一部分种在大田，供第二次选择优良单株。第三年，将上年混合脱粒的种子进行比较试验，与对照品种、原始群体和第一次选择的群体进行比较；另一部分种在大田，供第三次选择优良单株。入选者再全部混合脱粒，供下年比较和选择。若选择性状有所改进，可以升级试验；否则，在前一轮混合选择的群体中继续重复混合选择，直到选出性状稳定的新品系。

将单穗10穗的种子脱粒、飏净后，填写田间选择项目表（表24-1）。

表 24-1　燕麦田间选择项目表

种质材料名称＿＿＿＿＿＿＿＿＿＿＿＿＿＿　　测定日期＿＿＿＿＿＿＿＿＿＿＿＿＿＿

穗号	穗长(cm)	小穗数(个)	每穗粒数(个)	共重(g)

（马向丽）

25　一年生饲料作物的室内考种

一、目的和意义

在室内考查，分析利用饲料作物的经济性状称考种。其目的是测定单株生产力，为选育良种提供基本数据。

二、实验器材

燕麦或青稞、大麦、箭筈豌豆等全株。钢卷尺、剪刀、游标卡尺、瓷盘、纸袋、天平、记录本、铅笔等。

三、实验方法及步骤

室内考种是继田间选择后必须进行的重要工作，要对田间选择出的优良单株进行系统考查，室内考种首先要在田间取样，样本必须具有充分的代表性，才能使结果准确。样本应在作物成熟后收获，并在田间条件下连根挖取。样本数目视实验研究的性质、面积大小及植株生长的整齐程度而定。但一般不少于20株，多可至30~50株。样本挖好后抖去泥土，捆成样束，挂上标签。标签上写明品种名称，重复小区及样点号码等。

样本带回室内，放干之后，逐一进行考种，其顺序是：先量株高，称全株重，然后根据考种项目分段剪下植株各部分，按顺序排在考种台上，进行测定，并记录。室内考种项目根据实验的目的和要求可以酌情增减。

以燕麦为例介绍考种各项目：

1. 株高

由植株基部(分蘖节)量至穗顶部(不包括芒)。

2. 节间长和茎粗

以茎之基部2~3节的节间长和直径为准。

3. 分蘖

分蘖数包括主茎在内的全部茎秆数目。其中又可分为：

(1) 有效分蘖

凡能抽穗结实的分蘖、其中又可分为前期分蘖和后期分蘖两部分。看主穗顶部10 cm以内的麦穗为前期分蘖，低于主穗10 cm的结实麦穗为后期分蘖。

(2) 无效分蘖

未抽穗或抽穗不结实的分蘖为无效分蘖。

4. 穗形

燕麦为圆锥花序，花序的类型变化很大，有下列5种：

(1) 收缩型（侧散花序）

圆锥花序的侧枝很靠近穗轴，小穗常向一侧开展。

(2) 半收缩型

圆锥花序的侧枝向上散开与穗轴成 30°～40°锐角。

(3) 周散型

侧枝向上散开，但锐角较大，约 60°～70°。

(4) 疏型

侧枝长，水平散开，即与花序的主轴成 90°直角。

(5) 下垂型

侧枝稍弯，并向下垂。

5. 穗长

以主穗长为准，从穗节（颈）量至穗顶部（不包括芒）。

6. 每穗轮数

燕麦花序分节，每节轮生（或侧生）着数个穗枝梗。

7. 全穗侧枝数

计算全穗共有多少个着生小穗的侧枝数。

8. 小穗数

统计主穗的全部小穗数。

9. 每穗粒数

主穗的全部子粒数。

10. 芒

分别记载芒的颜色、长度、芒尖形状（如有无螺旋状等）。

11. 千粒重和谷壳率

将脱下的全部种子混匀后，随机选 100 粒称重，重复两次。再剥去颖壳，称重去壳籽粒的千粒重，然后求出谷壳率。

$$\text{谷壳率}(\%) = (\text{带壳千粒重} - \text{去壳千粒重}) / \text{带壳千粒重} \times 100 \tag{25-1}$$

12. 单株生产率

风干后的整个单株（包括主茎和分蘖），也包括根、茎、叶和穗的重量为单株干重。主茎及有效分蘖所有穗子的全部籽粒重量为单株籽粒重，除去籽粒重外的全部地上部分重量（包括主茎和全部分蘖等）为单株茎秆重。

13. 籽粒生产率（相对生产率）

即单株籽粒重占全株地上部干物质重的百分率：

$$\text{籽粒生产率}(\%) = \text{籽粒重} / \text{不带根的全株干物质重} \times 100 \tag{25-2}$$

14. 茎叶生产率

即单株茎叶重占全株地上部干物质重的百分率：

$$\text{茎叶生产率}(\%) = \text{茎叶重} / \text{不带根的全株干物质重} \times 100 \tag{25-3}$$

（周向睿）

26 多年生牧草越冬率的测定

一、目的和意义

多年生牧草的越冬率是衡量牧草生产性能的一个重要指标，也是作为牧草品种筛选和引种的生态适应性评价的重要生物学性状。影响牧草越冬能力的因素包括多年秋冬季的环境胁迫（包括冷害、寒害、干燥、冰封导致根缺氧）和翌年返青期的环境胁迫，也与土壤耕作和关键的田间管理技术密切相关。了解和熟悉豆科和禾本科等多年生牧草越冬性的含义、特性及进行越冬率测定的必要性，掌握越冬率测定的科学方法。为在牧草育种中，区别多年生牧草不同种或品种的越冬性强弱，为选出抗寒性强、越冬良好的原始材料和育成品种提供依据，同时为采取合理有效的御寒田间管理措施提供参考和判定。

二、实验器材

1. 材料

紫花苜蓿（*Medicago sativa*）、沙生冰草（*Agropyron desertorum*）、无芒雀麦（*Bromus inermis*）和老芒麦（*Elymus sibiricus*）等多年生牧草。建议选择不同品种原始材料圃作为试验对象。

2. 用具

100 cm×100 cm 样方或 50 cm×50 cm 样方、样线、米尺、铁锹、小铲等。

三、实验方法及步骤

1. 选择样地

选择所测定的目标多年生牧草，在牧草枯黄期前，对当年播种或次年播种的牧草进行存活植株数的测定，具体要求在田间长势均匀的地段进行测定，如是小区撒播，选用 100 cm×100 cm 样方或 50 cm×50 cm 样方。如是沿行条播，利用样线等距离选 2~3 个 1 m 的样段进行株数存活率的测定（$N_{存活}$），且最好为翌年越冬率的测定做标记。

2. 测定时间

应选择在土壤解冻后、牧草返青一周左右进行第一次越冬率的测定，其后可每隔 1 周或 15 d 定期进行监测。

3. 测定方法

①在上一年测定植株数存活率标记的样方或样段上，统计返青的植株数（$N_{返青}$），如不便于观察是否属于两个完整独立的植株，用铁锹或小铲去掉植株周围的土，对其根茎部进行断定。越冬率计算：

$$越冬率(\%) = (N_{返青}/N_{存活}) \times 100 \tag{26-1}$$

②如上一年没有进行植株存活的测定,在牧草返青后,选择田间长势均匀的地段确定选用样方还是样段进行测定,对选定的所有植株,用铁锹或小铲去掉植株周围的土,露出根茎部,并使各植株之间彼此分离而便于计数。检查存活植株数($N_{存活}$)和死亡植株数($N_{死亡}$),两者之和为植株总数。

$$越冬率(\%) = (N_{存活}/(N_{存活} + N_{死亡}) \times 100 \tag{26-2}$$

(唐 芳)

第3篇

草类植物生物技术

27 培养基母液的配制

一、目的和意义

母液是欲配制培养基的浓缩液,一般配成比所需浓度高10~100倍。优点:①保证各物质成分的准确性;②便于配置时快速移取;③便于低温保藏。

以MS培养基母液的配制为例,掌握配制培养基母液的基本技能;同时,掌握培养基各种母液的贮存方法。

二、实验器材

1. 仪器与用具

各类天平、磁力搅拌器、冰箱、烧杯、量筒、玻璃棒、试剂瓶、标签。

2. 药剂

95%酒精,0.1~1 mol/L NaOH,0.1~1 mol/L HCl,配制MS培养基所需的各种无机物、有机物,蒸馏水。

三、实验方法及步骤

(一)母液的配制

1. MS大量元素母液(10×)

称10升量定容至1 000 mL(表27-1)。配1升培养基取母液100 mL。

表27-1 MS培养基中大量元素母液配方

序号	化学药品	1升量(mg)	10升量(g)
1	NH_4NO_3	1 650	16.5
2	KNO_3	1 900	19
3	$CaCl_2 \cdot 2H_2O$	440	4.4
4	$MgSO_4 \cdot 7H_2O$	370	3.7
5	KH_2PO_4	170	1.7

2. MS微量元素母液(100×)

称10升量定容至1 000 mL(表27-2)。配1升培养基取母液10 mL。

表 27-2　MS 培养基中微量元素母液配方

序号	化学药品	1 升量(mg)	10 升量(mg)
1	$MnSO_4 \cdot 4H_2O$	22.3	223
2	$ZnSO_4 \cdot 7H_2O$	8.6	86
3	H_3BO_3	6.2	62
4	KI	0.83	8.3
5	$Na_2MoO_4 \cdot 2H_2O$	0.25	2.5
6	$CuSO_4 \cdot 5H_2O$	0.025	0.25
7	$CoCl_2 \cdot 6H_2O$	0.025	0.25

注意：$CoCl_2 \cdot 6H_2O$ 和 $CuSO_4 \cdot 5H_2O$ 可按 10 倍量(0.25 mg×10 = 2.5 mg)或 100 倍量(25 mg)称取后，定容于 100 mL 水中，每次取 10 mL 或 1 mL，即含 0.25 mg 的量。

3. MS 铁盐母液(100×)

称 10 L 量定容至 100 mL(表 27-3)。配 1 L 培养基取母液 10 mL。

表 27-3　MS 培养基中铁盐母液配方

序号	化学药品	1 升量(mg)	10 升量(mg)
1	$Na_2 \cdot EDTA$	37.3	373
2	$FeSO_4 \cdot 7H_2O$	27.8	278

4. MS 有机物母液(100×)

称 10 L 量定容至 100 mL(表 27-4)。配 1 L 培养基取母液 10 mL。

表 27-4　MS 培养基中有机物母液配方

序号	化学药品	1 升量(mg)	10 升量(mg)
1	烟酸	0.5	5
2	盐酸吡哆素(V_{B6})	0.5	5
3	盐酸硫胺素(V_{B1})	0.1	1
4	肌醇	100	1 000
5	甘氨酸	2	20

5. 生长调节剂

单独配制，浓度为 1~5 mg/mL，本实验要求配成 1 mg/mL。

配制培养基母液时注意事项：

①一些离子易发生沉淀，可先少量水溶解，再按配方顺序依次混合；

②制母液时用蒸馏水或重蒸馏水；

③品应用化学纯或分析纯；

④溶解生长素时，可用少量 0.1~1 mol/L 的 NaOH 或 95% 酒精溶解，溶解分裂素类用 0.1~1 mol/L 的 HCl 加热溶解(如再加蒸馏水，易产生白色沉淀，此时可加入热水)。

(二)母液的保存

1. 装瓶

将配制好的母液分别装入试剂瓶中,贴好标签,注明各培养基母液的名称、浓缩倍数、日期、配制者。(注意将易分解、氧化者,放入棕色瓶中)

2. 贮存

4℃冰箱。

(周向睿)

28 培养基的配制与灭菌

一、目的和意义

以 MS 培养基的配制为例,掌握培养基的制作方法;掌握高压灭菌的方法和基本操作。

二、实验器材

1. 仪器与用具

天平、高压蒸汽灭菌锅、灭菌锅、烧杯、培养皿、移液管、量筒、三角瓶、药匙、称量纸、pH 试纸、记号笔等。

2. 药剂

MS 的大量元素母液、微量元素母液、有机物母液、Fe 盐母液、肌醇、蔗糖、琼脂粉、1 N NaOH 和 1 N HCl。

三、实验方法及步骤

(一)配方设计

以 MS 为基本培养基(mg/L),见表 28-1。

表 28-1 MS 培养基中激素配比设计

No.	6-BA	NAA	IBA
CK	0	0	
1	0.5	0.1	
2	1.0	0.1	
3	2.0	0.2	
4	1.0		0.2
5	2.0		0.2

(二)配制培养基

(1)溶化琼脂

量取 300 mL 左右蒸馏水,加入 4.8 g 琼脂粉,加热直至完全溶化。

(2)各种母液的吸取

大量元素 50 mL、微量元素 1 mL、有机成分 1 mL、Fe 盐 5 mL、肌醇 10 mL 加在一起,倒入 1 L 烧杯。

(3)加入蔗糖

称取 30 g 蔗糖,溶于溶有琼脂的 300 mL 蒸馏水中。

(4)加生长调节剂

根据试验设计，量取生长调节剂，加在一起，倒入烧杯。

(5)定容

用量杯加蒸馏水至 1 L。

(6)调节 pH 值

将 pH 调至 5.8，用 pH 试纸进行测定，用 1 mol/L HCl 或 1 mol/L NaOH 调节。

(7)分装

30~40 mL/瓶 6，培养基勿碰三角瓶口。

(8)用具清理和洗涤

各种母液按原位置摆整齐，用过的量筒，移液管、烧杯、铝锅等用水洗涤干净，然后按次序放回原处。

(三)灭菌

将配制好的培养基用高压蒸汽消毒器灭菌，其具体操作步骤如下：

①加水。

②把包扎好的培养基装入高压锅。

③盖上热压锅盖，上紧螺帽(注意对角拧紧螺帽)关上气阀和安全阀。

④加热。

⑤排除冷空气。

⑥排除冷空气后，关闭放气阀，待压力升到 1 kg 位置时，开始计算灭菌时间，一般在 1 kg 压力(121℃)下灭菌 15~20 min 即可，但要注意保持稳定压力。

⑦灭菌时间达到 20 min 后，停止加热，待压力自动降到 0 时，打开放气阀，打开热压灭菌锅盖(注意对角扭松螺帽)，稍待冷后再把培养基取出。

⑧将灭菌好的培养基取出后，放到超净工作台中，静置至培养基凝固，待用。

(周向睿)

29　外植体材料的选择、消毒及接种

一、目的和意义

学习和掌握选择合适的外植体、并进行科学的体表灭菌消毒、获得无菌植物材料的方法；通过在超净工作台上进行无菌操作训练，熟练掌握外植体接种方法。

二、实验器材

1. 仪器与用具

超净工作台、解剖刀、镊子、烧杯、酒精灯、滤纸、已灭菌的培养基等。

2. 药剂

酒精、升汞、次氯酸钠、H_2O_2等。

3. 材料

紫花苜蓿或燕麦。

三、实验方法及步骤

(一) 外植体的选择

植物的细胞、组织或器官均可作为外植体，包括幼胚、子叶、胚轴、幼叶、茎和茎尖、根和根尖、幼穗、花、花药、花粉、子房、胚珠、种子等。在选择外植体时需要考虑以下因素：部位、类型、品种、季节、生理状态、发育年龄。

1. 取材的部位

同一植物不同部位的外植体，其细胞的分化能力、分化条件及分化类型有相当大的差别。不同物种相同部位的外植体其细胞分化能力可能相差很大。双子叶植物常用胚轴和子叶；单子叶植物常用幼穗、种子、幼胚；花粉培养用花药。

2. 生理状态和发育年龄

一般幼小的叶作材料仅产生根，用老叶培养容易形成芽，中等年龄的叶则同时产生根和芽。

3. 外植体的大小

大小要适宜。太大启动分裂较方便，但体积太大操作不方便；太小则难于启动或启动不良。外植体的组织块要达到2万个细胞(即5~10 mg)以上才容易成活。

4. 取材的时间和季节

避免阴雨天取材，晴天最好在下午取材；不同的材料取材季节不同，培养的难易程度也不同。大田与温室相结合。

(二)外植体的消毒

(1)材料预处理

除去不需要的部分,将所需部分切割至适当大小,置自来水龙头下流水冲洗几分钟至几小时,主要视植物材料清洁程度而定(表29-1)。这在污染严重时特别有用。

表29-1 外植体消毒剂的使用浓度、时间及效果

消毒剂	浓度(%)	消毒时间(min)	效果
酒精	70~75	0.2~2	好
次氯酸钠	0.5~10	5~20	很好
升汞	0.1~0.3	2~10	最好
H_2O_2	10~12	5~15	好

(2)配制消毒液

10%次氯酸钠溶液或0.1%升汞。

(3)将接种用具、无菌水等从80℃烘箱中或直接从高压灭菌器中取出,置于超净工作台上。打开超净工作台中的紫外灯,在进行紫外线灭菌处理至少30 min后关掉紫外灯。

(4)操作人员洗手擦干,换上洁净工作服,戴上帽子以免头发散落以及带来污染。坐到超净台前,并将装有经湿热灭菌培养基的培养瓶、配好的消毒液、洗净沥干的植物材料置于超净工作台上,用70%酒精棉球擦手与器具外壁,即可对经上述预处理的植物材料进行表面灭菌处理,自此以后各步均须在超净工作台上操作。

(5)具体首先将经上述预处理、沥干水的植物材料放入广口瓶或烧杯,向其中倒入新鲜配制、浓度一定的消毒液(液面高度超出植物材料至少0.5 cm),开始计算灭菌时间。

(6)在持续灭菌时间内定时用玻璃棒轻轻搅动,以促进植物材料各部分与消毒液充分接触,驱除气泡,使灭菌彻底。在灭菌时间结束前1 min时,即可开始用玻璃棒等轻轻压住植物材料将消毒液慢慢倒入废物缸,注意勿使植物材料滑出。接着立即倒入适量无菌水,轻搅植物材料以清洗去除灭菌剂残留。一般表面灭菌时间的计算是从倒入消毒液开始,到倒入无菌水为止。无菌水的清洗时间每次约3 min;清洗5次。

(三)外植体的接种

(1)倒出、沥去最后一次清洗用水,开始进行植物材料的切割及接种。逐一取出经上述灭菌处理的植物材料,置于下面垫有经灭菌处理的培养皿(或小白瓷碟)的无菌纱布或滤纸上,左手拿小镊子,右手拿解剖刀,切除各切段或切块上被灭菌剂毒坏的部分。如有必要,也可再行切分。在完成切割后,将解剖刀和小镊子在95%乙醇中浸蘸一下,在酒精灯焰上灼烧灭菌之后放回原处,以便待冷却后下一切割再用。

(2)左手拿培养瓶,将培养容器口外壁在靠近酒精灯外焰处转燎数秒,以将其可能带有的微生物等固定于原处;在酒精灯焰附近处,用右手拇指与食指配合将瓶塞打开,并将其夹于左手无名指与最小指之间;再将培养瓶口在酒精灯焰上轻转灼烧灭菌;以右手拇指与食指配合,用大镊子夹紧一外植体准确送入培养容器,并将其轻轻地半插入固体培养基;将大镊子在95%乙醇中浸蘸一下,在酒精灯焰上灼烧灭菌之后放回原处,以便待冷却后下一操作再用;将培养瓶口及瓶塞分别在酒精灯焰上小心地轻转灼燎数秒;盖好瓶塞,旋紧,将其置于

超净工作台的适当位置。

（3）在完成了该第一只培养容器的外植体接种操作后，用70%乙醇对超净工作台的台面进行擦拭灭菌，接着再进行第二只培养容器的外植体接种及超净台台面的灭菌，直至全部完成。

（周向睿）

30　愈伤组织诱导及悬浮细胞培养

一、目的和意义

随着分子生物学和植物基因工程的发展，借助生物技术手段建立高频、高繁、高效的苜蓿再生体系，已经成为牧草品种改良的重要途径。利用组织培养技术和悬浮细胞培养在短期内获得大量愈伤组织和再生苗，为牧草的转基因技术提供条件，对推进以组织培养技术为基础的牧草遗传转化工程的发展具有重要意义。

二、实验器材

1. 材料

苜蓿种子。

2. 仪器与用具

超净工作台、人工气候室、高压灭菌锅、恒温摇床、手术刀、镊子、剪刀、三角瓶、组培瓶、培养皿、灭菌滤纸、封口膜等。

3. 药剂

配制 MS(固体/液体)培养基所需各大量元素、微量元素等；2,4-D、KT、头孢霉素 cef、6-BA、NAA、酒精、次氯酸钠等。

三、实验方法及步骤

(一)愈伤组织诱导

(1)将苜蓿种子用 70% 的酒精杀毒 30 s，10% 次氯酸钠溶液消毒 10 min，蒸馏水冲洗 3~5 次，均匀撒到三角瓶中，用于无菌苗发芽，25℃发芽 1 周。

(2)将得到的无菌实生苗子叶(去掉子叶顶尖部分)以及下胚轴切下，接种到 MS 培养基 + 2 mg/L 2,4-D + 0.5 mg/L KT + 300 mg/L cef 的培养皿中上，每个培养基接种 20 个外植体，25℃暗培养 1 周。

(3)将培养 1 周后的子叶和下胚轴，转移到新的 MS 培养基上，进行继代培养，约 2 周后长出愈伤。

(二)悬浮细胞培养

(1)先将 50 mL 液体 MS 培养基倒入 100 mL 的三角瓶中，挑选继代 10~15 d 均一性强的松软愈伤组织 0.6 g，无菌解剖刀和镊子将愈伤组织分割成 3 mm 左右的小块，加入装有 50 mL 0.5 mg/L NAA、2.0 mg/L 6-BA、0.2 mg/L KT、2.5 mg/L 的 2,4-D 的液体 MS 培养基的 250 mL 的三角瓶中，并将三角瓶固定在摇床上，为 25℃，遮光培养，摇床转速设定为

100~120 r/min，10 d 继代 1 次。

（2）用无菌的 100 目滤网进行过滤除去大的细胞团，以收获具有 90% 以上的单个游离细胞的悬浮细胞。

（3）将获得的悬浮细胞置于具有 100 mL 相应液体培养基的三角瓶中，得到多叶苜蓿悬浮细胞系，培养温度 25℃，摇床转速 100~120 r/min。

（张志强）

31 植物茎尖脱毒与病毒检测

一、目的和意义

茎尖培养脱毒原理是1934年White提出的"植物体内病毒梯度分布学说"。虽然病毒侵入植物后在体内全面扩散,但在植物体内的分布是不均匀的。生长旺盛的根尖和茎尖一般都无或很少有病毒。病毒在植物体内通过维管束进行长距离转移,以及通过胞间连丝进行细胞间转移。植物茎尖分生组织区域没有维管束,病毒只能通过胞间连丝传递。该区域生长素浓度高,新陈代谢旺盛,病毒增殖与移动速度不及茎尖分生组织细胞分裂和生长快。越靠近茎尖区域,病毒感染越少,茎尖生长点(0.1~0.5 mm)区域几乎不含或很少含有病毒。因此,茎尖分生组织作为外植体,几乎不含病毒,对它进行组织培养可获得无病毒植株。

为避免有些病毒也能侵染茎尖分生组织,可通过对茎尖分生组织培养所用材料进行热处理,即在适宜的恒定高温或变温和一定光照条件下处理一段时间,可使部分病毒钝化失活。热处理和茎尖分生组织培养脱毒相结合,可以提高脱毒率。通过茎尖分生组织培养获得的植物脱毒苗,不仅可以去除病毒,还可以去除多种真菌、细菌及线虫病害,使种性得以恢复,明显提高作物的产量和品质;植株健壮,减少化肥和农药施用量,抗逆性强,降低生产成本,减少环境污染,形成生态良性循环。此外,脱毒苗生产属技术与劳力密集型生产活动,还可增加就业机会。

目前常用的脱毒苗检测技术包括:

(1)病毒可见症状观察

直接观察植株的茎、叶有无病毒的特征症状,这是一种最简单的方法。但寄主植物感染病毒后出现症状的时间可能较长,影响检测的准确性。同时对于不表现可见症状的隐症病毒该方法几乎无效。

(2)指示植物法

利用病毒在其他植物上出现的病毒特征作为鉴别病毒种类的标准,这种用于产生病毒症状特征的寄主即为指示植物,又称鉴别寄主。指示植物法操作简便易行,成本低,结果准确可靠,但所需时间较长,对大量样品的检测比较困难。

(3)血清学法

植物病毒可作为一种抗原,注射到动物体内产生抗体。抗体主要存在于血清中,故称含有抗体的血清为抗血清。不同的病毒刺激动物产生的抗体均有各自的特异性。因此,根据已知的抗体与未知抗原能否特异结合形成抗原—抗体复合物(血清反应)的情况便可判断病毒的有无。常用的血清检测方法有ELISA或Dot-ELISA检测法等。血清检测法是目前使用最广泛和较为可行的方法,可用于大批量样品的检测。

(4) PCR 法

利用 RT-PCR 检测病毒的存在与否。根据已经分离到的病毒及其基因序列合成一对引物（病毒特异引物），提取待测脱毒植株的 RNA（可能含有病毒 RNA）；利用反转录酶将 RNA 反转录为 cDNA，再以 cDNA 为模板进行 PCR 扩增，PCR 产物经琼脂糖凝胶电泳，观察有无目的片段来检测脱毒情况。

(5) 电子显微镜检测法

利用电镜直接观察脱毒培养后的植物材料，确定其中是否含有病毒颗粒，以及它们的大小、形状和结构。这种方法对于检测潜伏病毒非常有用，只是所需设备昂贵，技术复杂，不易在一般苗圃中推广。

通过本实验，了解植物茎尖分生组织培养和脱毒苗再生的基本原理，熟练掌握植物茎尖分生组织脱毒培养的一般方法，了解脱毒植株鉴定的常规病毒检测方法。

二、实验器材

1. 材料

盆栽带白三叶草花叶病毒（WCMV）的白三叶草。

2. 仪器与用具

光照培养箱、灭菌锅、pH 计、电子天平、超净工作台、光学显微镜、酒精灯、解剖针、解剖刀、镊子、三角瓶、玻璃培养皿、吸水滤纸、纱布、金刚砂。

3. 药剂

MS 培养基粉末、70% 乙醇、无水乙醇、0.1% $HgCl_2$、吐温-20（Tween-20）、灭菌蒸馏水（dH_2O）、6-苄氨基腺嘌呤（6-BA）、萘乙酸（NAA）、1mol/L 盐酸（HCl）溶液、磷酸缓冲液（Na_2HPO_4 10.9g 和 NaH_2PO_4 2.3g 溶于 1L dH_2O 中，pH7.0，0.22μm 滤膜过滤除菌）、蔗糖、琼脂等。

4. 培养基配法

①0.1 mg/mL 6-BA 母液　电子天平称取 10 mg 6-BA，用少量 1 mol/L HCl 溶液溶解，然后用 dH_2O 定容到 100 mL。

②0.1 mg/mL NAA 母液　电子天平称取 10 mg NAA，用少量无水乙醇溶解，然后用 dH_2O 定容到 100 mL。

③茎尖分化培养基　MS + 0.5 mg/L 6-BA + 30 g/L 蔗糖 + 7.0 g/L 琼脂。

④生根培养基　1/2MS + 0.2 mg/L NAA + 15 g/L 蔗糖 + 7.0 g/L 琼脂。

三、实验方法及步骤

1. 热处理

带病毒的白三叶草植株在 36~38℃ 和光照 3 000 Lux 条件下，盆栽培养 2 周。

2. 实验材料灭菌处理

将茎尖分化培养基和生根培养基配制到三角瓶中并用灭菌锅灭菌，所用解剖针、解剖刀、镊子和玻璃培养皿和 dH_2O 等都需要灭菌。

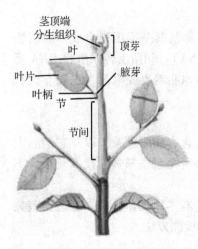

图31-1 植物顶芽和腋芽示意
（引自 baike.soso.com）

3. 超净工作台灭菌

用70%的乙醇擦拭超净工作台，将实验所需用具放入其中，打开紫外灯进行灭菌处理15 min，鼓风机打开10 min后可进行无菌操作。手用肥皂洗净，再用70%乙醇棉擦拭一遍。

4. 芽的表面消毒

切取1~2 cm长的顶芽或腋芽（图31-1），先用自来水清洗干净后用70%乙醇浸泡30 s，再用0.1%的$HgCl_2$溶液（加几滴Tween-20，可以降低消毒材料和消毒剂之间的表面张力，使消毒剂迅速扩散到消毒材料表面，进而提高消毒效果）处理10 min，然后用灭菌dH_2O清洗3~5次，用灭菌滤纸吸取多余水分备用。

5. 茎尖分生组织剥离

在双筒解剖镜下，用灭菌过的解剖针一层层剥去芽鞘或幼叶，当形似一个晶亮半圆球形的顶端分生组织暴露出来以后，用灭菌过的解剖刀切取0.2~0.5 mm且带有1~2个叶原基的生长点（图31-2、图31-3）。

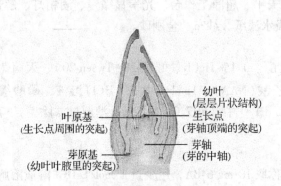

图31-2 茎尖分生组织
（引自 baike.soso.com）

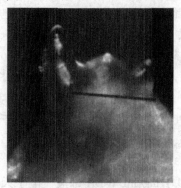

图31-3 植物茎尖剥离
（引自薛建平等，2005）

6. 茎尖分生组织培养

将剥离的茎尖立即接种到分化培养基上培养，培养条件为25℃，光照强度1 500 Lux，光照时间16 h/d。培养至20 d至1个月左右时统计生成的不定苗。

7. 继代培养

将生成的不定苗用灭菌过的镊子取出，放到灭菌的培养皿中，然后用灭菌过的解剖刀切割成带有1~2片叶的小段，插入新鲜的茎尖分化培养基进行一次继代培养，此时将生成大量丛生苗。

8. 生根培养

用灭菌过的镊子将继代培养生成的丛生苗取出，放到无菌的培养皿中，然后分离成单苗，转入生根培养基中诱导生根。培养条件为25℃，光照强度为3 000 Lux，光照时间16 h/d。

9. 炼苗和移栽

待无菌苗的根长至 1~2 cm 时，将三角瓶上的覆盖物去掉，在光照培养箱中炼苗 2 d，在此过程中要注意保持培养箱中的湿度。然后，将根部的培养基用灭菌 dH_2O 洗去，移栽到装有蛭石和草炭混合物(1:2)的培养钵中培养，大概 1 周左右即可成活。

10. 脱毒苗的检测

(1) 病毒可见症状观察

白三叶草花叶病毒(WCMV)侵染白三叶后，叶片呈现皱缩褪绿、环斑或环纹、坏死斑等症状。可据此检测脱毒苗的脱毒情况。

(2) 指示植物法

WCMV 的指示植物有藜科的昆诺藜，豆科的菜豆、豌豆、豇豆和苜蓿等。根据已报道的结果，当这些指示植物叶片接种了 WCMV 病毒后，会出现叶片局部褪绿坏死、局部枯斑、接种叶片萎蔫、系统褪绿坏死等症状。从被鉴定植物上取 1~3 g 幼叶，在 pH 为 7.0 的磷酸缓冲液中研磨至匀浆，用两层纱布过滤，取滤液，再在滤液中加入少量 27~32 μm 的金刚砂。将滤液摩擦接种于指示植物如紫花苜蓿的叶面上，指示植物应在严格防虫条件下隔离繁殖和检测，以避免交叉感染而影响结果判断。接种 2~6d 后观察有无病毒病症状。

(3) 血清学法

目前已有 WCMV 病毒的 ELISA 试剂盒，可按操作步骤进行检测。

(4) PCR 法

目前已有 WCMV 病毒基因组序列的报道，可根据基因序列设计病毒特异引物检测。

（苗佳敏）

32 花药培养及花粉发育时期的鉴定

一、目的和意义

花药培养是指用组织培养技术，将花粉发育至一定阶段的花药接种到人工培养基上进行培养，以诱导其花粉粒改变发育进程，使其不经受精而发生细胞分裂，形成花粉胚或愈伤组织，进而由单个花粉粒发育成完整植株。植物的花粉是由花粉母细胞经减数分裂形成的，其染色体数目只有体细胞的一半。因此，由离体培养花药的方法使其中的花粉发育成的完整植株，称为单倍体植株。

由花药培养获得的单倍体植株，经染色体自然或人工加倍，可得到纯合双单倍体（DH）株系。DH株系在遗传上非常稳定，不发生性状分离，能极早稳定分离后代，缩短育种年限；此外，隐性性状可通过此方法得以纯合表现，也可使一些突变选择尽快纯合；且花粉植株不论来源于F_1代或F_2代，其当代株系均表现出丰富的多样性，如株高、抗逆性、可育性等。这些性状相互交叉，组成了具有多种性状特征的株系，因此花药培养育种既可充分利用植物的种质资源，又可获得性状的多样性。

在诱导花粉发育成花粉植株的过程中，接种时花粉所处的发育时期是影响培养效果的重要因素。不同物种花粉的最适发育时期不同，对大多数植物来说，单核中期至晚期的花粉最容易形成花粉胚或花粉愈伤组织。因此，花药在接种前，应预先压片进行镜检，以确定花粉的发育时期，并找出花粉发育时期与花蕾、花药大小、外观形态和色泽的对应关系，以此来指导选材。基本培养基对花药培养的成败也有较大影响，其中铵态氮和硝态氮的浓度及比值是影响花粉愈伤组织形成的重要因素。

此外，对花药进行适当的预处理，如低温、高温、离心或预培养等，可以改变花粉的分裂方式和发育途径，显著提高花药培养的成功率。

通过本实验，需要掌握花药培养的基本原理及操作要领，并学会利用压片法检测花粉发育时期，了解花粉发育各时期的细胞学特征。

二、实验器材

1. 材料

紫花苜蓿不同发育时期的花蕾。

2. 仪器与用具

显微镜、超净工作台、灭菌锅、pH计、镊子、解剖针、载玻片、盖玻片、刀片、酒精灯、滤纸、纱布、培养皿、三角瓶等。

3. 药剂

NB 培养基粉末、MS 培养基粉末、70% 乙醇、无水乙醇、0.1% $HgCl_2$、Tween-20、卡诺氏固定液(无水乙醇:冰乙酸 = 3:1)、醋酸洋红染色液、1 mol/L HCl 溶液、45% 的醋酸、2,4-二氯苯氧乙酸(2,4-D)、萘乙酸(NAA)、6-苄氨基腺嘌呤(6-BA)、氯吡脲(KT-30)、蔗糖、琼脂、灭菌 dH_2O 等。

4. 培养基配法

①0.1 mg/mL 2,4-D 母液　电子天平称取 10 mg 2,4-D，用少量无水乙醇溶解，然后用 dH_2O 定容到 100 mL。

②0.1 mg/mL KT-30 母液　电子天平称取 10 mg KT-30，用少量无水乙醇溶解，然后用 dH_2O 定容到 100 mL。

③愈伤组织诱导培养基　NB + 0.5 mg/L 2,4-D + 0.3 mg/L NAA + 0.5 mg/L 6-BA + 3 mg/L KT + 90 g/L 蔗糖 + 6.0 g/L 琼脂，pH5.8。

④增殖培养基　NB + 0.5 mg/L 2,4-D + 0.5 mg/L NAA + 30 g/L 蔗糖 + 6.0 g/L 琼脂，pH5.8。

⑤分化培养基　MS + 0.2 mg/L NAA + 3 mg/L 6-BA + 30 g/L 蔗糖 + 6.0 g/L 琼脂，pH5.8。

⑥生根培养基　1/2MS + 0.2 mg/L NAA + 15 g/L 蔗糖 + 6.0 g/L 琼脂，pH 5.8。

三、实验方法及步骤

1. 花粉各发育时期的观察

4 月中上旬，于晴天上午采集紫花苜蓿生长健壮、无病虫害的花蕾。用冰盒带到实验室，用解剖针将花药取出放到卡诺氏固定液固定 24 h，然后 70% 乙醇保存，镜检时用醋酸洋红染色液染色 5 min，放到载玻片上，用解剖针大头一端在染液中将花药轻轻压碎，目的是使花粉从药囊中游离出来，然后去除药壁残渣，盖上盖玻片。在酒精灯火焰上迅速来回轻烤几次，目的是破坏染色质，促使细胞核染色，同时驱赶气泡。注意不可过热或煮沸，待制片冷却后，可在显微镜下观察花粉各发育时期细胞学特征(图 32-1)。

四分孢子期时，花粉通过减数分裂，形成连接在一起的四个小孢子。显微镜观察时，在一个平面上往往只看到 3 个小孢子，看到 4 个小孢子的情况较少。单核早期，细胞体积较小，相比之下核显得大，核位居正中，细胞质没有液泡化。单核中期，细胞体积增长至正常大小，细胞质中开始出现小液泡，细胞核开始向边缘移动。单核晚期，细胞质中小液泡连成大液泡，细胞核被挤到边缘靠近细胞壁。这一时期又称单核靠边期。双核期，单核小孢子于第一次有丝分裂后，形成两个形态、大小不同的子核。一个是染色质松散，染色较浅的营养核；另一个是染色质紧密，染色较浓的生殖核。三核期由于淀粉的大量累积，细胞核内状况不易观察到，二核型花粉生殖核的分裂往往要在花粉发芽之后才能看到。

2. 取材

单核中晚期的花粉最适合花药培养，此阶段又称单核靠边期。一般情况下，单核靠边期的紫花苜蓿花蕾的外形特征是：花萼和花蕾等长呈绿色，花药也呈绿色。根据此标准，从田间选取合适的花蕾。

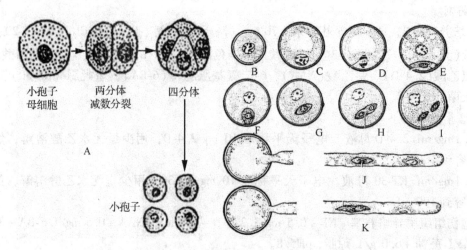

图 32-1　花粉粒的形成和发育过程(引自秦永华等，2016)

A. 四分孢子期；B. 单核早期；C. 单核后期；D、E. 小孢子经有丝分裂进入双核期；F、G. 双核期花粉的发育；H、I. 花粉粒中的生殖细胞分裂形成两个精子，成为三核期花粉；J、K. 双核期花粉在萌发后，生殖细胞进入花粉管中分裂形成两个精子

3. 材料预处理

将采集的花蕾浸入水中，置4℃冰箱预处理24 h。

4. 材料消毒

将花蕾包在纱布中，放入70%的乙醇中浸泡30 s，在0.1% $HgCl_2$ 溶液(加入几滴 Tween-20)中浸泡10 min，然后用无菌水冲洗3~5次，置于含有无菌滤纸的无菌培养皿中。

5. 愈伤组织诱导

在超净工作台中，用灭菌过的镊子和解剖针仔细剥开花蕾，取出花药，注意要将花丝组织去除干净且不要碰伤花药壁。将花药接种到装有愈伤组织诱导培养基的培养皿中，每个培养皿接种15个花药，然后用封口膜封上，放到25℃培养箱中暗培养15 d，然后在光强1 500 Lux、光照时间16 h/d、湿度40%的培养箱中培养。25 d后统计愈伤组织诱导率(图32-2)。

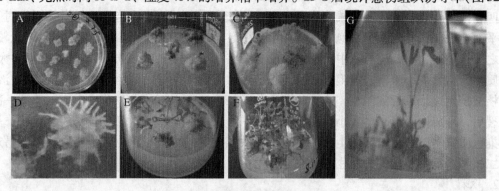

图 32-2　苜蓿愈伤组织芽的分化

(引自武自念等，2013)

A. 愈伤组织；B、C. 愈伤组织分化不定芽；D. 分化培养后形成的根；
E、F. 分化芽的复壮培养；G. 单倍体幼苗

6. 继代培养

当愈伤组织直径长到 0.5~1.0 cm 时，将其转入增殖培养基进行继代培养，每 15 d 继代一次。继代培养时将光照强度调为 2 000 Lux。

7. 愈伤组织分化

当愈伤组织继代培养 3~4 次时，将其转入装有分化培养基的三角瓶中，每瓶接种 3 块。培养条件同继代培养。20 d 后统计愈伤组织分化出再生芽数目(图 32-2)。

8. 生根壮苗培养

当再生芽长至 1~2 cm 时，将其转入生根培养基，每个三角瓶一株，25 d 后统计生根的苗数(图 32-2)。

9. 倍性鉴定

小苗的根长至 0.5~1.5 cm 时，在超净工作台上用消毒过的刀片切下小苗的根，放入 0℃ 的冰水中处理 24 h。然后放入卡诺氏固定液中固定 24 h；将固定的材料浸入 1 mol/L HCl 溶液中 60℃ 解离 5 min，用蒸馏水洗净；用 45% 的醋酸在室温下软化 20 min，然后用醋酸洋红染色液染色 4 h；置于清洁载玻片上，加上盖玻片轻轻敲打压片，用吸水纸吸去多余染液。然后用显微镜观察染色体数目，倍性为单倍体的植株是由花粉发育而来的。

10. 单倍体幼苗移栽

对于经染色体数目观察确定为单倍体的幼苗，先将三角瓶上的覆盖物去掉，在光照培养箱中炼苗 2 d。然后将根部的培养基用灭菌 dH_2O 洗去，移栽到装有蛭石和草炭混合物(1:2)的培养钵放到温室培养。放到温室的最初 4 d，可以覆盖塑料薄膜，4 d 后去膜培养。

（苗佳敏）

33 原生质体的分离与纯化

一、目的和意义

植物原生质体是除去细胞壁后的"裸露细胞",是开展基础研究的理想材料。与完整植物细胞相比,原生质体易于摄取外来的物质,如 DNA、染色体、病毒、细胞器和细菌等,因此可利用其作为理想的受体进行各种遗传操作。由于没有细胞壁,有利于进行体细胞诱导融合(细胞杂交),形成杂种细胞,经培养进而分化产生杂种植株,使那些有性杂交不亲和的植物种间进行广泛的遗传重组,因而在植物育种上具有巨大的潜力。原生质体也用于研究细胞壁再生、膜结构、细胞膜的离子转运和细胞器的动态变化等。因此,植物原生质体在生物学基础理论研究、遗传转化研究、改良作物品质及育种方面有着广泛的用途。

酶解法分离原生质体是一种常用的技术,其原理是植物细胞壁主要由纤维素、半纤维素和果胶质组成,因而使用纤维素酶、半纤维素酶和果胶酶能降解细胞壁成分,除去细胞壁。由于原生质体仍然具有完整的细胞核结构及相应的遗传物质,根据细胞全能性的原理,它同样有发育成为完整植株的潜力。通过本实验,了解原生质体的基本特征,掌握分离、纯化和培养的原理与方法。

二、实验器材

1. 材料

无菌叶片。

2. 仪器与用具

高压蒸汽灭菌锅、超净工作台、离心机、倒置显微镜、光照培养箱和振荡培养箱等。三角瓶、离心管、烧杯、培养皿、300 目滤网、解剖刀、镊子、滤纸、细菌过滤器、滤膜、培养瓶、血球计数板、移液器、封口膜等。

3. 药剂

纤维素酶、果胶酶等酶制剂、聚乙二醇(PEG)、甘露醇、葡萄糖、甘氨酸、谷氨酰胺、水解酪蛋白、葡聚糖硫酸钾、牛血清蛋白和吗啉乙基磺酸(MES)等。

三、实验方法及步骤

(一)试剂的配制

1. 酶液的配制

按 1 g 材料加入 10 mL 酶液的比例配制。配制酶储备液(7 mmol/L $CaCl_2 \cdot 2H_2O$ + 0.7 mmol/L $NaH_2PO_4 \cdot 2H_2O$ + 3 mmol/L MES + 0.5 mol/L 甘露醇,pH5.6),定容至 10 mL,灭菌

备用。使用时在酶储备液中加入1%纤维素酶R-10和0.8%果胶酶R-10。

因酶制剂经过高压灭菌处理后会失活，用时将酶制剂按比例加入已灭菌的溶液内。因酶制剂一般都不太纯，配好后经3 500 r/min离心5 min，弃去其中杂质，吸取的上清液用0.45 μm滤膜的细菌过滤器抽滤灭菌。

2. 洗液的配制（用于酶解产物的洗涤）

8 mmol/L $CaCl_2 \cdot 2H_2O$ + 2 mmol/L $NaH_2PO_4 \cdot 2H_2O$ + 0.5 mol/L 甘露醇，灭菌。

3. 原生质体培养基的配制

将大量元素、微量元素、铁盐和有机附加物分别配成10倍或100倍的母液，低温保存（表33-1）。在配制培养基时，按比例吸取、混合、分装和灭菌。

表33-1 原生质体培养基的配方

母液类别	药品名称	浓度（mg/L）	母液类别	药品名称	浓度（mg/L）
大量元素	KNO_3	2 500	铁盐	$Na_2EDTA \cdot 2H_2O$	37.2
	NH_4NO_3	250		$FeSO_4 \cdot 7H_2O$	27.8
	$(NH_4)_2SO_4$	134	有机附加物	肌醇	100
	$MgSO_4 \cdot 7H_2O$	250		盐酸吡哆醇	1
	$CaCl_2 \cdot 2H_2O$	900		盐酸硫胺素	10
	$CaHPO_4 \cdot H_2O$	50		烟酸	1
微量元素	$MnSO_4 \cdot 4H_2O$	10		KT	0.2
	$ZnSO_4 \cdot 7H_2O$	2		NAA	0.1
	H_3BO_3	3		蔗糖	13 700
	$Na_2MoO_4 \cdot 5H_2O$	0.025		木糖	250
	$CoCl_2 \cdot 6H_2O$	0.025		pH	5.8

（二）原生质体的分离

1. 叶片处理

在超净工作台内将无菌叶片从培养瓶内取出，放在培养皿内萎蔫1 h，以提高叶肉原生质体对以后处理的忍耐力。直接取室外培养的叶片则需进行表面灭菌（70%乙醇浸泡5 s，无菌水冲洗2~3次，再以2%次氯酸钠溶液浸泡10 min，无菌水冲洗3~4遍）。

2. 细胞壁的酶解

在超净工作台内，用镊子撕去供试叶片表皮，去掉叶脉，剪成0.5 cm^2小块，浸在含酶液的培养皿中，封上封口膜。黑暗振荡培养，保持27℃，酶解12~24 h，振速为50~60 r/min。

（三）原生质体的收集与纯化

1. 原生质体的收集

取出装有酶解好材料的三角瓶，置于超净工作台内，将酶解物用小漏斗（装有300目不锈钢网）过滤。过滤液收集于10 mL离心管中，500 r/min离心2 min，去掉上清液，沉淀物为原生质体的粗提物。

2. 原生质体的纯化

用注射器（装上长针头）向离心管底部缓缓注入20%蔗糖6 mL，在500 r/min离心5 min。两相溶液界面间出现一层纯净的完整原生质体，杂质和碎片都沉到管底。收集界面处的原生质体。

3. 原生质体的清洗

将 1 mL 洗液加到收集的原生质体中，轻轻摇动，用力不可太大，以免原生质体破裂，500 r/min 离心 2 min，弃上清液，留沉淀，并重复 1 次。再用 1 mL 培养液将沉淀轻轻打起，500 r/min 离心 2 min，弃上清液，留沉淀。

(四) 原生质体的培养

1. 培养

用 2 mL 培养液将沉淀在离心管内的原生质体轻轻悬起，并倒入 2 个小培养皿内，只需一薄层即可。用封口膜封口，以防污染和培养基中水分散失造成渗透压提高，因为渗透压提高对原生质体是一种冲击，会导致对其完整性的破坏。将小培养皿放在一装有湿滤纸的塑料袋中，要求在散射的暗淡光(强光刺激会使原生质体死亡)和湿润环境中培养，温度 25℃。

2. 观察和记录

次日，用倒置显微镜观察原生质体生长情况，视野内呈现出很多且圆的原生质体。2~3 d 后细胞壁再生。可照相记录每天观察到的结果。同时，要注意原生质体的密度，因为培养基中原生质体必须有一定密度，不然难以分裂。取原生质体提取液一滴于载玻片上，加入相同体积的 0.02% FDA(荧光素双醋酸酯)稀释液，静置 5 min 后，于荧光显微镜下观察，发出绿色荧光的为有生活力的原生质体，没有产生绿色荧光或发出红色荧光的为无生活力的原生质体。

3. 原生质体再生

具有生活力的原生质体在合适的培养条件下 3~6 d 就可以看见原生质体的第一次分裂，2 周左右可见到小细胞团。不断加入新鲜细胞培养基，加入的时间和容量按实验情况而异，原则上要在原生质体一次或几次分裂后逐步加入。细胞团继续长大成愈伤组织到植株分化的过程与其他组织培养情况相同。

四、注意事项

(1) 除去细胞壁的酶液种类和浓度是决定能否获得大量原生质体的关键，应根据试验材料的不同来调节，确定最适宜的酶种类和浓度。

(2) 酶液和洗液中的渗透调节剂对于获得完整稳定的原生质体非常重要。渗透压不合适，容易造成原生质体的破裂。

(3) 原生质体的收集、纯化和清洗的离心均在超净工作台内操作。

(张志强，彭　珍)

34 原生质体融合

一、目的和意义

体细胞杂交技术又称为原生质体融合，是原生质体在化学或物理条件下进行融合而获得杂交体细胞的过程，也是获得植物不同种、属、科之间杂交体细胞，形成远缘遗传物质交流，实现优良品种重组改良，克服有性杂交不亲和屏障的重要育种手段。

二、PEG-高 pH 高钙法

（一）实验器材

1. 材料

紫花苜蓿和百脉根原生质体。

2. 仪器与用具

生物安全柜、生化培养箱、电融合仪、摇床、立式压力蒸汽灭菌锅、倒置显微镜、荧光倒置显微镜、离心机、超声波清洗器、电子分析天平、冰箱、超纯水机、酸度计、电磁炉、电热恒温干燥箱、移液枪等。

3. 药剂

用于愈伤组织诱导、原生质体分离和培养的主要试剂及仪器参照前面章节。

①PEG 6 000　碘乙酰胺（IOA）；FDA 用丙酮配制成 5 mg/mL 溶液；

②PEG 融合液　35% 聚乙二醇（PEG，MW=6 000），附加 10 mmol/L $CaCl_2 \cdot H_2O$, 0.7 mmol/L KH_2PO_4，6% 葡萄糖，pH 5.8；

③高 pH 高钙洗液　0.2 mol/L $Ca(NO_3)_2$ 配于的 pH 10.5 的 0.1 mol/L NaOH-甘氨酸缓冲液中；

④$CaCl_2$ 洗液　0.16 mol/L $CaCl \cdot 2H_2O$ + 0.1% MES，pH 5.8。

原生质体融合产物培养基：KM_8P 液体培养基和 MS 固体培养基。

（二）实验方法及步骤

1. 原生质体的钝化处理

①将 IOA 溶解于 CPW 溶液，终浓度为 3 mmol/L；将 R-6G 解于含 100.0 g/L 的二甲基亚砜（DMSO）溶液中，终浓度为 50 μg/mL，经 0.22 um 的滤膜灭菌备用。

②将纯化后的紫花苜蓿和百脉根原生质体分别悬浮于 3 mmol/L IOA 的和 50 μg/mL R-6G 溶液中，25℃室温下处理 5 min，然后 100 g 离心 5 min，收集原生质体，用 CPW 酶溶剂洗涤 2 次，再用各自的液体培养基洗涤 1 次。

③测定原生质体的活力。在各自培养基上培养原生质体，确定其是否不能再生愈伤组织，

是否钝化。

2. 原生质体融合

①将钝化的两亲本原生质体均悬浮于 $CaCl_2$ 洗液中，按 1:1 混合，用吸管吸出 0.2 mL 原生质体混合液滴到直径 6 cm 的培养皿底部，呈分隔开的小液滴，静置约 20 min，倒置显微镜下观察原生质体附贴于培养皿底部。

②在相邻两小液滴之间小心滴加 3 倍混合液体积的 30% PEG 融合液，并使液滴之间连通，在室温静置 10 min 诱导融合。

③在液滴边沿缓慢加入 1 mL 高 pH 高钙洗液，10 min 后再加入 1 mL 高 pH 高钙洗液，如此操作 4~5 次，直至倒置显微镜下观察，原生质体恢复呈球形。

④室温放置 1 h，缓慢吸出所有液体，培养皿底部沉积的原生质体先用 $CaCl_2$ 洗液轻轻洗涤 2 次，再用选择培养基洗涤 2 次，最后加入 2 mL 新鲜培养基培养。

⑤观察与摄影。以 FDA 染色观察融合体活性。每 1 mL 原生质体悬浮液加 25 μL FDA 染料，在荧光显微镜中蓝光激发块（G 激发）直接观察。在紫外光激发下，FDA 标记的紫花苜蓿原生质体在暗场（暗视野）细胞质呈绿色，AO 标记的百脉根原生质体在暗场中细胞质呈橙红色，将两种标记的原生质体进行融合处理后，异核体将显示两种荧光。在荧光倒置显微镜下观察并统计异源融合率。

三、电融合

①将经过失活处理的两亲本原生质体以 1:1 等密度等体积混合均匀后小心转移到细胞融合仪电融合小室中。

②交流电场强度为 15~20 V/cm，交流电场频率为 2 000~2 500 kHz；直流脉冲场强为 200~250 V/cm、脉冲宽幅为 40 μs、直流脉冲 3 次。

③在融合过程中，为保持电阻值在一定范围内，应每隔几分钟往融合室中滴加电融合液，防止电融合液蒸发干燥。

④原生质体融合产物的培养。原生质体融合完毕后，将细胞悬浮液静置 15 min，小心吸出后收集于离心管中，在 200 r/min 下离心 3 min，去上清液后再用 KM_8P 原生质体培养基离心洗涤 2~3 次，最终以 KM_8P 液体培养基悬浮并置于含有 MS 培养基的培养皿中。

（张志强）

35 植物离体培养诱导开花

一、目的和意义

离体开花是指用组织培养技术方法，使植物开花的过程在培养容器中完成，也称为试管开花。具有条件可控、不受季节和地域的限制，成花时间短、花期长、观赏性强，也为研究植物开花的分子生物学机制提供了一个理想的实验系统。

试管开花技术可应用于花卉生产，开发成试管花卉，可解决传统盆栽花开放季节局限、花期短暂，难以满足观赏需求等问题。此外，试管开花可以提早明确育种后代的性状，使得常规栽培需要许多年才能开花的人工杂交新品种，在较短的时间内就能得到鉴别，大幅缩短育种年限，能更为有效地进行种质资源的筛选、保存和推广；试管花卉本身作为一个实验系统，能使植物在较短的时间内完成从无性到有性的人工繁殖过程，这对于生产周期长、濒临灭绝的特殊植物种质资源的完整保存、分类鉴定、杂交遗传育种和开花机理等研究工作有重要意义。

开花诱导是通过控制培养条件和培养基组成，研究外部因子对外植体花芽分化的影响，诱导处于营养生殖期或生殖生长期的植物开花。离体培养条件下，成花一般有3种方式：①外植体直接分化形成花芽；②外植体形成愈伤组织后，再由愈伤组织直接分化成花芽；③外植体再生营养枝(苗)后，再生枝(苗)在试管内再形成花芽。

影响离体诱导开花的因素有很多，包括：①外植体的取材部位、年龄及生理状态。一般来说，顶芽和茎段上部的芽积累的成花物质多于下部茎段的芽，顶芽比下部芽容易诱导成花；②植物生长调节剂，在缺少植物生长调节剂的情况下，绝大多数植物不能被诱导开花，不同组合及不同浓度的生长调节剂对诱导试管成花的效果差异较大；③多胺对植物花芽形成、花器官分化、性别分化和雌雄可育性等方面起着重要调节作用；④碳、氮源及浓度；⑤培养条件，如光周期、光照强度、温度及pH等因素。

本实验的目的是以春石斛为材料，通过离体诱导外植体形成再生苗后，然后在诱导开花培养基上诱导开花，需要了解和掌握离体成花条件和控制技术。

二、实验器材

1. 材料

盆栽春石斛。

2. 仪器与用具

超净工作台、灭菌锅、pH计、电子天平、镊子、剪刀、滤纸、三角瓶等。

3. 药剂

MS 培养基粉末、70% 乙醇、甲醇、0.1% $HgCl_2$、Tween-20、1 mol/L NaOH 溶液、萘乙酸 (NAA)、6-苄氨基腺嘌呤 (6-BA)、苯基噻二唑基脲 (TDZ)、15% 多效唑 (PP333) 可湿性粉剂、活性炭、蔗糖、琼脂、灭菌 dH_2O 等。

4. 培养基配法

① 0.1 mg/mL TDZ 母液　电子天平称取 10 mg TDZ，用少量 1 mol/L NaOH 溶液溶解，然后用 dH_2O 定容到 100 mL。

② 1.0 mg/mL PP333 母液　电子天平称取 15% PP333 可湿性粉剂 667 mg，先用少量甲醇溶解，然后用甲醇定容到 100 mL。

③ 增殖分化培养基　MS + 0.5 mg/L NAA + 2.0 mg/L 6-BA + 20 g/L 蔗糖 + 7.0 g/L 琼脂，pH 5.8。

④ 生根壮苗培养基　1/2 MS + 0.2 mg/L NAA + 2.0 mg/L 6-BA + 10 g/L 蔗糖 + 7.0 g/L 琼脂，pH 5.8。

⑤ 诱导开花培养基　MS + 0.2 mg/L TDZ + 1.0 mg/L PP333 + 0.1 g/L 活性炭 + 40 g/L 蔗糖 + 7.0 g/L 琼脂，pH 5.8。

三、实验方法及步骤

1. 取材

选择生长旺盛的盆栽春石斛健康植株，选取大约 2 cm 长，带 1～2 个新生腋芽的茎段作为外植体（图 35-1），剪去多余的叶片。用洗洁精水清洗枝条表面，然后水流冲洗 10 min 备用。

2. 材料消毒

将材料转入超净工作台，用 70% 的乙醇浸泡 30 s，然后用含有 Tween-20 的 0.1% $HgCl_2$ 消毒 8 min，无菌水冲洗 5 遍，用灭菌的滤纸吸干多余的水分，备用。

3. 茎段诱导分化

将消毒过的茎段接种到含有增殖分化培养基的三角瓶中，每瓶 2 个茎段，封口膜封上后，放入 25℃、光强 2 000 Lux、光照时间 14 h/d 的培养箱中培养。20～30 d 左右开始形成丛生苗，并统计出苗率。

图 35-1　茎段外植体
（引自张新平，2008）

图 35-2　丛生苗
（引自张新平，2008）

4. 增殖培养

在超净工作台中,将诱导形成的丛生苗切成单个小苗,并转接于增殖分化培养基中,在同诱导分化相同的培养条件下培养30 d左右,此时将产生大量丛生苗(图35-2)。

5. 生根壮苗培养

当再生苗长至1~2 cm且具有1~2片叶时,将其转入生根壮苗培养基中,在相同条件下培养,直至生成1~2 cm的根,此时就可作为诱导开花的试管苗(图35-3)。

6. 开花诱导

将从生根壮苗培养基中获得的试管苗转接到诱导开花培养基中,在23℃、光强2 000 Lux、光照时间12 h/d的培养箱中培养。培养60~90 d时,可能有花芽形成和开花现象(图35-4)。

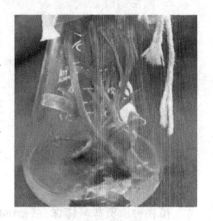

图35-3 试管苗
(引自邢琳,2010)

A　　　　　B　　　　　C

图35-4 试管中花芽形成以及开花
(引自董璐,2015)

(苗佳敏)

36 离体种质保存

一、目的和意义

植物种质资源离体保存(germplasm conservation in vitro)是指对离体培养的小植株、器官、组织或细胞等,采用限制、延缓或停止其生长的方法进行保存,需要时可恢复其生长,并能再生完整植株。离体保存的优点是:①试管中保存大量无性系,所占空间少,节省人力物力;②避免病毒、病虫和自然灾害的侵袭引起的种质丢失,便于交流利用;③保持遗传稳定性;④需要时可快速繁殖。

当然离体种质保存也有一些不足之处:①限制或延缓生长时,需要定期转移,多次继代培养有可能造成遗传变异、材料分化和再生能力逐渐丧失;②易受微生物污染和发生人为差错。

离体种质保存的一个基本要求就是要把继代的次数减少到最低限度。常用的离体保存方法有限制生长保存法(slow growth conservation)和超低温保存法(cryopreservation)。限制生长保存法是以组织培养技术为基础,通过改变试管苗或组织的生长环境,使培养物生长降至最小限度,延长继代间隔时间,有效保证种质的遗传稳定性,实现种质资源中短期保存的方法;主要有低温保存法、高渗保存法和生长抑制剂保存法等。超低温保存法就是将离体植物材料经过一定方法处理后在超低温(-80℃以下)条件下保存的方法。该方法可以使细胞所有代谢、生长等活动都处于停止状态,因而也避免了遗传变异的发生,而且也不会使细胞丧失形态发生潜能。主要有常规超低温保存、玻璃化法超低温保存、包埋脱水法超低温保存和干燥冷冻法超低温保存等方法,可以实现长期保存。

本实验的目的是以紫花苜蓿为例,了解离体保存种质的原理和方法,学习和掌握限制生长保存和玻璃化法超低温方法。限制生长保存在常温下常采用添加生长抑制剂或提高培养基渗透压等方法使培养物尽可能地缓慢生长。在非结冰的低温下培养时,由于酶的作用受到限制,从而生长十分缓慢,继代间隔时间延长,达到较长期的保存。低温结合高渗透压或生长抑制剂的方法能有效延长种质的保存时间,提高存活率。玻璃化法超低温保存,是指生物材料经高浓度玻璃化保护剂处理后,快速投入液氮保存,使保护剂和细胞内水分来不及形成冰晶,从而进入一种完全的玻璃化状态,此状态下水分子没有重排,不产生结构和体积的变化,是一种对细胞冷冻伤害最小的状态。在培养基中加入冷冻保护剂或诱导抗寒力的物质可以提高材料的存活率。冰冻保护剂对材料既有保护作用又有毒害作用,主要与其浓度、处理时间和处理温度有关。加入冰冻保护剂通常在低温下进行,高温增加冰冻保护剂对细胞的伤害。超低温保存是否成功与植物材料的特性、预处理、冰冻保护剂、冰冻方法、解冻和恢复培养方法等有关。

二、实验器材

1. 材料

紫花苜蓿组培无菌苗。

2. 仪器与用具

超净工作台、显微镜、灭菌锅、pH 计、光照培养箱、1.8mL 冻存管、水浴锅、镊子、解剖刀、滤纸、三角瓶、培养皿、量筒、烧杯等。

3. 药剂

MS 培养基粉末、萘乙酸(NAA)、6-苄氨基腺嘌呤(6-BA)、甘油、乙二醇、二甲基亚砜(DMSO)、D-甘露醇、脱落酸(ABA)、蔗糖、琼脂、灭菌 dH_2O 等。

4. 培养基配方

(1) 限制生长法

①限制生长培养基 I MS + 0.1 mg/L NAA + 0.5 mg/L 6-BA + 30 g/L 蔗糖 + 20 g/L 甘露醇 + 7.0 g/L 琼脂,pH5.8;

②限制生长培养基 II MS + 0.1 mg/L NAA + 0.5 mg/L 6-BA + 30 g/L 蔗糖 + 2.0 mg/L ABA + 7.0 g/L 琼脂,pH5.8;

③恢复培养基 MS + 0.2 mg/L NAA + 2.0 mg/L 6-BA + 30 g/L 蔗糖 + 7.0 g/L 琼脂,pH5.8;

④生根培养基 1/2MS + 0.2 mg/L NAA + 15 g/L 蔗糖 + 7.0 g/L 琼脂,pH5.8。

(2) 玻璃化超低温法

①冷冻前预处理培养基 MS + 140 g/L 蔗糖 + 7.0 g/L 琼脂,pH5.8;

②装载液 20% 甘油 + 140 g/L 蔗糖;

③玻璃化溶液 PVS2(30% 甘油 + 15% 乙二醇 + 15% DMSO + 140 g/L 蔗糖);

④卸载液 MS + 420 g/L 蔗糖;

⑤过渡培养基 MS + 100 g/L 蔗糖 + 7.0 g/L 琼脂,pH5.8;

⑥恢复培养基 MS + 0.2 mg/L NAA + 2.0 mg/L 6-BA + 30 g/L 蔗糖 + 7.0 g/L 琼脂,pH 5.8。

三、实验方法及步骤

(一) 限制生长法

1. 取材

将紫花苜蓿组培丛生苗剪成单苗,用作离体保存的材料。

2. 接种限制生长培养基

将单苗接种于限制生长培养基 I 和 II 上,培养条件为温度15℃,光照强度 2 000 Lux,12 h/d;同时也种一批在恢复培养基上生长,温度为25℃,作为对照。

3. 定期观察材料的生长情况

以在恢复培养基上生长的幼苗为对照,记录离体保存培养后 30 d、60 d、90 d、120 d、150 d、180 d、210 d、240 d、270 d、300 d、330 d 和 360 d 材料的株高、叶数、叶色的变化,计算株高/叶数比值，分析矮化指数（株高/叶数）的变化，并观察记录试管苗的死亡率。

4. 恢复培养

将在限制生长培养基上培养 360 d 后存活下的植株，去掉根系和老叶转接到恢复培养基。培养条件为温度 25℃，光照强度 2 000 Lux，12 h/d。

5. 活力检测

在恢复培养基上培养 30 d 后，观察生成的丛生苗状况，转接到生根培养基，观察生根情况。

（二）玻璃化超低温保存

1. 取材预处理

选取生根培养基上培养 30 d 左右较粗壮的紫花苜蓿试管苗，将根除掉，去除老叶，去顶至约 4 cm 长，然后接种到冷冻前预处理培养基上。放到温度 25℃、光照强度 2 000 Lux、12 h/d 的培养箱中培养 3 d。

2. 装载液预处理

在显微镜观察下用解剖刀切取 2~3 mm 带 1~2 个叶原基的茎尖。在室温下，用装载液预处理 50 min。

3. 玻璃化溶液预处理和超低温保存

装载液预处理后，在 0℃下用玻璃化溶液处理 40 min，然后将茎尖转入含新鲜玻璃化溶液的 1.8 mL 冻存管中，每管约 8 个茎尖，然后迅速投入到液氮中保存 1 周左右。

4. 快速解冻

取出冻存管，在 40℃水浴中化冻 80 s，解冻后的茎尖用卸载液洗涤两次共 20 min，之后取出茎尖，用滤纸吸去水分。快速解冻可以迅速越过再次结冰的危险温度区（-50~-10℃），使细胞免遭损伤。用卸载液洗涤可以除去冰冻保护剂的残留毒害。

5. 过渡培养

茎尖转到过渡培养基，在 25℃黑暗条件下培养 2 d。通过过渡培养，逐步降低蔗糖浓度，使茎尖进一步适应恢复培养基的较低蔗糖浓度。

6. 恢复培养

将茎尖转到恢复培养基上，在 25℃黑暗条件下培养 1 周。因为有些材料冰冻保存后，细胞生长略有一段滞后期，可能冰冻细胞需要一段修复损伤的时间。

7. 常规培养

将暗培养 1 周的培养基继续在光照下培养 4 周左右，培养条件为 25℃，2 000 Lux 光强下 12 h/d。

8. 活力检测

如果茎尖恢复为绿色或部分长芽或愈伤组织的视为存活，否则记为不存活。根据成活的茎尖数统计成活率。

（苗佳敏）

37 RAPD 分子标记

一、目的和意义

随机扩增多态性 DNA(random amplified polymorphism DNA, RAPD)标记技术是 1990 年美国杜邦公司科学家 Williams 和加利福尼亚生物研究所 Welsh 领导的两个小组几乎同时发展起来的一项新技术。它是以人工合成的随机寡核苷酸(通常为 10 个碱基,10bp)片段作为引物,以生物的基因组 DNA 作为模板进行 PCR 扩增。该单引物可能和基因组 DNA 有许多个结合位点,当两个结合位点之间的 DNA 片段长度符合 PCR 反应条件时即可被扩增。再经琼脂糖凝胶电泳分离,经 EB 或其他核酸染料显影来检测扩增产物 DNA 片段的多态性。遗传材料的基因组 DNA 如果在特定引物结合区域发生 DNA 片段插入、缺失或碱基突变,就有可能导致引物结合位点的分布发生相应的变化,导致 PCR 产物增加、缺少或发生相对分子质量变化。若 PCR 产物增加或减少,则产生 RAPD 标记(图 37-1)。

RAPD 原理同 PCR 技术,但又有别于常规 PCR 反应,主要表现在:①常规 PCR 反应所用的是一对引物,长度通常为 20bp 左右;RAPD 所用引物为一个,长度仅 10bp;②常规 PCR 复性温度较高,一般为 55~60℃,而 RAPD 的复性温度仅 36℃左右,一方面可保证引物与模板 DNA 的稳定配对,同时允许适当错误配对,提高多态性检出率;③常规 PCR 产物为特异扩增的结果,而 RAPD 产物为随机扩增的结果。

RAPD 具有一些优点:①不需 DNA 探针,设计引物也不需知道序列信息;②技术简便,不涉及分子杂交和放射自显影等技术;③DNA 样品需要量少,引物价格便宜,一套引物可应用于不同物种的研究,具有广泛性和通用性;④RAPD 易发现多态性,敏感性高。但是 RAPD 也有一些不足之处:①RAPD 一般为显性标记,无法区分从一个位点扩增的 DNA 片段是纯合的还是杂合的,无法进行等位基因分析;②重复性不高,PCR 反应中条件的变化会引起一些扩增产物的改变;但如果把 PCR 反应条件标准化,还是可以得到重复性好的结果;③存在共迁移问题,在胶上看到的一条带可能包含了非同源扩增产物,因为琼脂糖凝胶电泳只能分开不同相对分子质量大小的片段,而不能分开有不同碱基序列的片段。

运用 RAPD 分子标记技术,可对不同种植物的基因组 DNA 进行 PCR 扩增,进行遗传多样性分析(图 37-2)。目前该方法已广泛应用于种质资源鉴定与分类、目标基因的标记等研究上,也有利用 RAPD 标记来绘制遗传图谱。

本实验的目的是了解 RAPD 分子标记的原理,掌握其 PCR 操作和凝胶电泳基本方法。

二、实验器材

1. 材料

多花黑麦草不同种质资源(40 个左右)的幼嫩叶片。

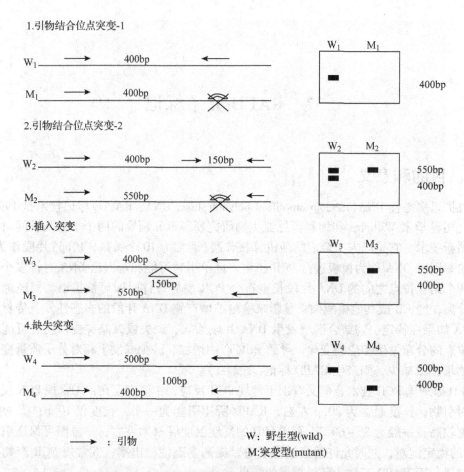

图 37-1　随机引物 PCR 产物多态性的分子基础(引自方宜钧等，2000)

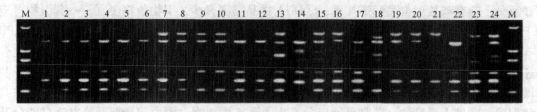

图 37-2　RAPD 扩增片段多态性琼脂糖凝胶电泳(引自薛建平等，2005)

2. 仪器与用具

PCR 扩增仪、移液枪、离心机、漩涡混合器、加热磁力搅拌器、北京六一 DYCP-32C 型琼脂糖水平电泳仪(凝胶板 25 cm×25 cm，最多 51 个点样孔)、紫外分光光度计、灭菌 PCR 管、灭菌 1.5 mL 离心管、灭菌 2.0 mL 离心管、研钵、研钵杵等。

3. 药剂

十六烷基三乙基溴化铵(CTAB)、聚乙烯吡咯烷酮(PVP40)、乙二胺四乙酸二钠($EDTA-Na_2$)、NaOH、三羟甲基氨基甲烷(Tris-Base)、HCl、NaCl、硼酸、醋酸铵、琼脂糖、β-巯基乙醇、Gel Red 核酸染料、氯仿、异戊醇、异丙醇、70% 乙醇、无水乙醇、Taq DNA 聚合酶

(2.5U/μL)、10 × Taq 缓冲液（100 mmol/L Tris-HCl pH8.0 500 mmol/L KCl, 25 mmol/L $MgCl_2$）、dNTPs 溶液（10 mmol/L）、RAPD 引物（10 μmol/L）、6 × DNA Loading buffer、DNA 相对分子质量 Marker、10 mg/mL RNaseA、液氮、矿物油、灭菌 ddH_2O 等。

4. 试剂配制

（1）1 mol/L Tris-HCl pH8.0

称取 121.1 g Tris Base 溶于 800 mL dH_2O，磁力搅拌器搅拌，用浓 HCl 调节 pH 到 8.0，加 dH_2O 定容到 1 000 mL，然后高温高压灭菌 20 min。

（2）0.5 mol/L EDTA pH8.0

称取 186.1 g EDTA-Na_2 溶于 800 mL dH_2O，磁力搅拌器搅拌，用 10 mol/L NaOH 调节 pH 到 8.0，加 dH_2O 定容到 1 000 mL，然后高温高压灭菌 20 min。

（3）5 mol/L NaCl

称取 292.2 g NaCl 溶于 800 mL dH_2O，磁力搅拌器 65℃ 加热搅拌直至溶解，冷却后定容到 1 000 mL，然后高温高压灭菌 20 min。

（4）10% CTAB

称取 100.0 g CTAB 溶于 800 mL dH_2O，磁力搅拌器 65℃ 加热搅拌直至溶解，冷却后定容到 1 000 mL，室温保存。

（5）2% CTAB 裂解液

10% CTAB	200.0 mL
1 mol/L Tris-HCl pH8.0	100.0 mL
0.5 mol/L EDTA pH8.0	40.0 mL
5 mol/L NaCl	280.0 mL
PVP – 40	10.0 g

dH_2O 补足到 1 L，高温高压灭菌 20 min，室温保存。在提取 DNA 时加 1% β-巯基乙醇至终浓度为 1%。

（6）TE 缓冲液

1 mol/L Tris-HCl pH8.0	1.0 mL
0.5 mol/L EDTA pH8.0	0.2 mL
ddH_2O	98.8 mL

高温高压灭菌 20 min，冷却后 4℃ 保存。溶解 DNA 时可加入适量 10 mg/mL 的 RNaseA，使终浓度为 10 μg/mL。

（7）5 × TBE 缓冲液

Tris Base	54.0 g
硼酸	27.5 g
0.5 mol/L EDTA pH8.0	20.0 mL

dH_2O 补足到 1 L，高温高压灭菌 20 min，室温保存。琼脂糖凝胶电泳时稀释 10 倍使浓度为 0.5 × 使用。

（8）1.5% 琼脂糖凝胶

一般分子标记用长度稍微大些的胶可以使条带跑开，便于条带分析。本实验用的制胶槽大约长 25 cm，宽 25 cm，配置 250 mL 的胶较合适。所以称取 3.75 g 琼脂糖溶于 250 mL 0.5×的TBE 缓冲液，在微波炉中加热溶解，等温度降到不烫手时加 12.5 μL Gel Red 核酸染料，摇匀，然后倒入制胶槽。

三、实验方法及步骤

1. 基因组 DNA 提取

采集新鲜多花黑麦草不同种质资源的幼嫩叶片放于冰盒中，带回实验室，并用 CTAB 法提取多花黑麦草不同种质资源的基因组 DNA。

(1) 取 0.5 g 左右叶片，于液氮中研成粉，转入含有 700 μL 的 2% CTAB 裂解液(含 1.0% β-巯基乙醇)的 2.0 mL 离心管中，该缓冲液已经在 65℃ 水浴锅中预热；将离心管放入 65℃ 水浴锅保温 30 min，其间不时摇动。

(2) 加入等体积的氯仿:异戊醇(24:1)，轻缓颠倒离心管混匀，室温下，12 000 r/min 离心 10 min。

(3) 将上清液转入一个新的 2.0 mL 离心管中，加入等体积的氯仿:异戊醇(24:1)，轻缓颠倒离心管混匀，室温下，12 000 r/min 离心 5 min。

(4) 将约 600 μL 上清液转入一个新的 1.5 mL 离心管中，加入 60 μL 7.5 mol/L 的醋酸铵和等体积的异丙醇，混匀，-20℃ 冰箱放置 1 h 或 -80℃ 冰箱放置 20 min。

(5) 将冰箱中静置的离心管在 12 000 r/min 下离心 5 min，去上清液，用 1 mL 70% 乙醇漂洗沉淀两次，再用 1 mL 无水乙醇漂洗 1 次，离心机离心后，弃掉无水乙醇，放到超净工作台中，用它的无菌风吹干。

(6) 风干后加入 50 μL 的 TE 缓冲液(含 10 μg/mL RNaseA)，放入 37℃ 水浴锅中加热 1 h，涡旋混匀离心，然后放到 -20℃ 冰箱保存备用。

(7) 取 2 μL DNA 溶液进行琼脂糖凝胶电泳检测，并用紫外分光光度计检测 DNA 浓度，取部分 DNA 溶液将 DNA 浓度调整为 20 ng/μL。

2. 引物筛选

挑选 5 个形态差异明显的多花黑麦草种质 DNA 作为筛选引物的模板，选取不同的 RAPD 引物，根据 RAPD 反应体系和 PCR 扩增程序，对这 5 个 DNA 进行 PCR 扩增，然后琼脂糖凝胶电泳检测，根据电泳结果挑选多态性效果好的引物。

(1) RAPD 反应体系

先将不同种质的基因组 DNA 加到 PCR 管的底部，然后在 1.5 mL 离心管中配制 PCR 反应液。每个反应的体系为 20 μL，根据种质资源数量，用移液枪按下表组分分别加入各试剂，混匀离心，然后分装到各 PCR 管，再用 1 滴矿物油覆盖试样。假如有 40 个种质资源的 DNA 要检测，则配制反应液时各组分要按表 37-1 的 40 倍体积加。

(2) PCR 扩增程序

94℃ 预变性 4 min；94℃ 变性 30 s，35℃ 退火 1 min，72℃ 延伸 2 min，共 45 个循环；72℃ 延伸 7 min，25℃ 保存 5 min。PCR 反应结束后放到 4℃ 冰箱备用。

表 37-1　RAPD 反应体系各成分加样量及浓度

成　分	母液浓度	终浓度	体积(μL)
10×Taq 缓冲液	10×	1×	2.0
dNTPs	10 mmol/L	0.25 mmol/L	0.5
引物	10 μmol/L	0.5 μmol/L	1.0
Taq DNA 聚合酶	2.5 U/μL	0.05 U/μL	0.4
ddH$_2$O	—	—	14.1
DNA	20 ng/μL	2.0 ng/μL	2.0

(3) 电泳分析

PCR 扩增结束后，用移液枪取 10 μL 反应产物并混合 2 μL 6×DNA Loading buffer，在 1.5% 的琼脂糖凝胶(含有 Gel Red 核酸染料)上进行电泳，电压为 150 V，电泳缓冲液为 0.5×TBE 缓冲液，然后在凝胶成像系统的紫外灯下观察条带的多态性并照相保存。

3. 种质资源 RAPD 多态性检测

用筛选的多态性效果好的引物对所有多花黑麦草种质资源进行 PCR 扩增，根据琼脂糖凝胶电泳结果分析其多态性。

(苗佳敏)

38　AFLP 标记

一、目的和意义

扩增片段长度多态性(amplified fragments length polymorphism，AFLP)是 1993 年由荷兰科学家 Zabeau 和 Vos 发明的将 PCR 技术和酶切技术结合起来检测 DNA 多态性的方法。AFLP 标记的原理是先对基因组 DNA 进行双酶切，一种为酶切频率较高的限制性内切酶；另一种为酶切频率较低的酶。其中酶切频率较高的酶消化基因组 DNA 是为了产生易于扩增的，且在胶上能较好分离出大小合适的短 DNA 片段。将酶切片段和含有与其黏性末端相同的人工接头(adapter)相连，连接后的接头序列及其邻近内切酶识别位点就作为以后 PCR 反应引物的接合位点，通过选择在末端上分别添加 1~3 个选择性碱基的不同引物，选择性地识别具有特异配对顺序的酶切片段与之结合，从而实现特异性扩增。PCR 产物经变性聚丙烯酰胺凝胶电泳后，加以分离和显带(图 38-1)。

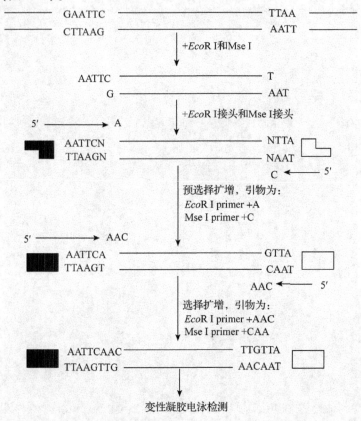

图 38-1　AFLP 标记原理示意图(引自方宣钧等，2000)

AFLP 分子标记具有以下优点：①标记数量多、多态性和检测效率高。由于采用不同的限制性酶组合以及不同的选择性碱基引物扩增，将产生无限多种可能的标记并覆盖整个基因组；同时 AFLP 采用分辨率非常高的变性聚丙烯酰胺电泳分离谱带，每个反应可区分 50～100 个标记，检测效率高；而且不同材料间多态性丰富，可有效区分遗传关系十分接近的材料。②引物通用性好。AFLP 标记的引物主要是根据接头序列和限制性内切酶识别序列设计，与研究对象基因组序列无直接关系，因此引物在不同物种间通用性好，可用于没有任何分子生物学研究基础的物种。③结果可靠性高，重复性好。④操作易于标准化和自动化，适于大批量样品分析。但该技术也存在一定缺憾，主要表现在：①AFLP 技术操作过程比较复杂，对试验人员的技术要求比较高；②对 DNA 和内切酶质量要求高，DNA 不仅纯度要高而且完整性要好；③AFLP 通常采用两种方法显带，同位素标记和非同位素标记。同位素试验需要特殊的防护措施，而银染等非同位素操作对技术掌握要求很高。

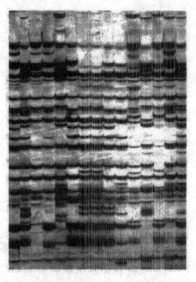

图 38-2　AFLP 扩增片段多态性聚丙烯酰胺凝胶电泳
（引自薛建平等，2005）

AFLP 标记是基于 PCR 技术扩增基因组 DNA 限制性片段，可使某一品种出现特定的 DNA 谱带，而在另一品种中可能无此谱带产生（图 38-2）。因此，这种通过引物诱导及 DNA 扩增后得到的 DNA 多态性可作为一种分子标记，近年来广泛应用于遗传育种研究、构建遗传连锁图谱、快速鉴别与目的基因紧密连锁的分子标记、AFLP 辅助的轮回选择育种、研究基因表达与调控、分类和进化研究等。

本实验的目的是学习 AFLP 标记的原理，掌握 AFLP 标记操作流程。

二、实验器材

1. 材料

燕麦不同种质资源（30 个左右）的幼嫩叶片。

2. 仪器与用具

PCR 扩增仪、移液枪、离心机、漩涡混合器、水浴锅、摇床、托盘、玻璃棒、脱脂棉、北京六一 DYCZ-20F 型 DNA 序列分析垂直电泳仪（凝胶板 45 cm×34 cm，最多 100 个点样孔）、灭菌 PCR 管、灭菌 1.5 mL 离心管、烧杯等。

3. 药剂

（1）AFLP 试剂

①限制性片段的产生　NEB 公司的 CutSmart Buffer、EcoR I-HF（10 U/μL）、Mse I（10 U/μL）。

②限制性片段与接头的连接　T4 DNA 连接酶（10 U/μL）、T4 DNA 连接酶缓冲液 10×、EcoR I F 接头正链（5′-CTCGTAGACTGCGTACC-3′）、EcoR I R 接头反链（5′-AATTGGTACGCAGTCTAC-3′）、Mse I F 接头正链（5′-GACGATGAGTCCTGAG-3′）、Mse I R 接头反

链(5′ - TACTCAGGACTCAT - 3′)。

③预扩增反应　Taq DNA 聚合酶(2.5 U/μL)、10 × Taq 缓冲液(100 mmol/L Tris-HCl pH8.0, 500 mmol/L KCl, 25 mmol/L MgCl$_2$)、dNTPs 溶液(10 mmol/L)、EcoR I + A 预扩增引物(5′ - GACTGCGTACCAATTCA - 3′)、Mse I + C 预扩增引物(5′ - GATGAGTCCTGAGTAAC -3′)。

④选择性扩增反应　Taq DNA 聚合酶、10 × Taq 缓冲液、dNTPs 溶液、EcoR I 选择性扩增引物 EcoR I + ACA, EcoR I + AAG, EcoR I + AAC 和 EcoR I + AGG、Mse I 选择性扩增引物 Mse I + CAC, Mse I + CTA, Mse I + CAG 和 Mse I + CTG。两种酶切选择性扩增引物可以随机组合 16 对引物。

(2) 聚丙烯酰胺凝胶电泳相关试剂

①玻璃板处理　95% 乙醇、亲和硅烷(Bind - Silane)和剥离硅烷(Repel - Silane)。

②聚丙烯酰胺凝胶　40% 聚丙烯酰胺溶液(38% 丙烯酰胺和 2% N - 甲叉双丙烯酰胺)、5 × TBE 缓冲液、尿素、TEMED、10% 过硫酸铵。

③上样缓冲液　包含 95% 去离子甲酰胺、10 mmol/L EDTA、0.25% 溴酚蓝和 0.25% 二甲苯氢。

(3) 银染显色

①染色液　2 g AgNO$_3$ 和 3 mL 37% 甲醛溶于 2 L dH$_2$O 中，使用前 10 min 配置。

②显色液　可在使用前 5h 配制 3% Na$_2$CO$_3$ 溶液，放于 4℃ 保存，使用前 5 min 在 2L 3% Na$_2$CO$_3$ 溶液中加入 3 mL 37% 甲醛和 0.4 mL 1% Na$_2$S$_2$O$_3$。

③固定液　10% 冰醋酸溶液。

三、实验方法及步骤

(一) 基因组 DNA 提取

采集新鲜燕麦不同种质资源的幼嫩叶片放于冰盒中，带回实验室，并用 CTAB 法提取燕麦不同种质资源的基因组 DNA。取 2 μL DNA 溶液进行琼脂糖凝胶电泳检测，并用紫外分光光度计检测 DNA 浓度，将浓度稀释为 50 ng/μL。

(二) AFLP 操作

1. 限制性片段的产生

在 PCR 管中对 DNA 进行酶切反应，反应体系为 20 μL。充分混匀后简单离心，37℃ 温浴 5 h，然后 65℃ 水浴 20 min 杀死内切酶，4℃ 保存备用(表 38-1)。

表 38-1　酶切反应体系

成分	体积(μL)
CutSmart Buffer	2.0
EcoR I - HF(10 U/μL)	0.5
Mse I (10 U/μL)	0.5
模板 DNA	4.0
ddH$_2$O	13.0
总体积	20.0

2. 接头的准备

将 EcoR I 酶切接头的正反链稀释到 5 μmol/L，然后等体积混合；将 Mse I 酶切接头的正反链稀释到 50 μmol/L，等体积混合。混合后的两种接头均在 PCR 仪中按 95℃ 5 min, 65℃ 10 min, 37℃ 10 min, 25℃ 10 min 的程序进行复性合成双链，然后即可使用或储存到 -20℃。

3. 限制性片段与接头的连接

在上述酶切产物中加入以下试剂,充分混匀后简单离心,16℃连接过夜,65℃水浴10 min 杀死连接酶。取一部分稀释10倍,可保存于-20℃备用(表38-2)。

表38-2 连接反应体系

成 分	体积(μL)
DNA 酶切反应液	20.0
EcoR I 接头(5 μmol/L)	0.5
Mse I 接头(50 μmol/L)	0.5
T4 DNA 连接酶(10 U/μL)	0.2
T4 DNA 连接酶缓冲液 10×	2.5
ddH$_2$O	1.3
总体积	25.0

表38-3 预扩增反应体系

成 分	体积(μL)
10×Taq 缓冲液	2.0
dNTPs 溶液(10 mmol/L)	0.4
EcoR I+A 引物(50 ng/μL)	1.0
Mse I+C 引物(50 ng/μL)	1.0
Taq DNA 聚合酶(2.5 U/μL)	0.4
稀释后连接产物	4.0
ddH$_2$O	11.2
总体积	20.0

4. 预扩增反应

反应体系为 20 μL,反应条件为,94℃预变性 2 min;94℃变性 30 s,56℃退火 1 min,72℃延伸 1 min,共30个循环;72℃延伸 5 min,25℃ 5 min,PCR 反应结束后可放到4℃备用(表38-3)。可取 5 μL 产物在 1.0% 琼脂糖凝胶进行电泳检测,如扩增良好则可进行下一步。

5. 选择性扩增反应

预扩增物稀释 20 倍作为选择性扩增模板,反应体系见表38-4。PCR 反应分三轮,第一轮反应 94℃预变性 2 min,94℃变性 30 s,65℃退火 30 s,72℃延伸 1 min;第二轮反应共13个循环,94℃变性 30 s,65℃退火 30 s,72℃延伸 1 min,每一循环退火温度降 0.7℃;第三轮反应共30个循环,94℃变性 30 s,56℃退火 30 s,72℃延伸 1 min;最后 72℃延伸 5 min,4℃保存(表38-4)。

表38-4 选择性扩增反应体系

成 分	体积(μL)
10×Taq 缓冲液	2.0
dNTPs 溶液(10 mmol/L)	0.4
EcoR I 选择引物(15 ng/μL)	2.0
Mse I 选择引物(15 ng/μL)	2.0
Taq DNA 聚合酶(2.5 U/μL)	0.4
稀释后预扩增产物	5.0
ddH$_2$O	8.2
总体积	20.0

6. 反应产物的变性处理

在 10 μL 反应产物中加入 5 μL 上样缓冲液,95℃变性处理 5 min 后,立刻保存于 4℃或置于冰上冷却直到上样电泳。

(三)变性聚丙烯酰胺凝胶电泳

1. 玻璃板处理

新购的玻璃板可用普通洗涤剂洗净,如是曾经用过的玻璃板需用 10% 的 NaOH 浸泡过夜再洗净。洗净晾干的玻璃板用蘸取 95% 乙醇的脱脂棉擦一遍。用脱脂棉浸 0.3% 的亲和硅烷均匀涂抹于长玻璃(亲水玻璃),短玻璃用 5% 的剥离硅烷涂抹。处理后晾干玻璃板。

2. 灌胶

将长玻璃板放在水平的泡沫垫上,亲水面向上,将两片 0.4 mm 的间隔片平行放置于其较长的两边，然后放上短玻璃板，疏水面朝下，使之与亲水玻璃和间隔片对齐。然后用夹子对称地夹住固定。取 100 mL 6% 变性聚丙烯酰胺溶液(20 mL 5×TBE 缓冲液和 42 g 尿素混合后，加 dH_2O 定容到 85 mL，向其中加入 15 mL 40% 聚丙烯酰胺溶液，混匀后加入 700 μL 10% 过硫酸铵和 70 μL TEMED，用玻璃棒搅拌均匀)灌胶，将鲨鱼齿梳子插入凝胶液，聚合 2 h 后即可用于电泳。

3. 电泳

待胶凝聚后，将玻璃板安装在电泳槽的基座上，将梳子轻轻地拔出，在电泳槽中加入足量的 1×TBE 缓冲液，用移液枪吸取电泳缓冲液，清洗用于加样的点样孔，以除去尿素和凝胶碎片，然后重新插入梳子。在 1 500 V 恒压下预电泳 30 min。预电泳结束后，取出梳子，重新清洗点样孔。在点样孔中加入 10 μL 变性处理过的反应产物，2 500 V 恒压电泳，直至溴酚蓝指示带距离凝胶底部 3 cm 左右时停止电泳。

(四) 银染显色

1. 固定

电泳完毕后，用水清洗玻璃板，然后用小刀片轻轻撬开玻璃板，凝胶将完全黏于亲水玻璃板上。将带胶的玻璃板放到托盘上，加入 2 L 固定液(10% 冰醋酸)，在摇床上摇动 30 min。

2. 洗胶

将固定液倒掉，在托盘中用 2 L dH_2O 漂洗凝胶 3 次，每次 2 min，洗完后倒掉 dH_2O，竖直玻璃板让水自然滴尽。

3. 染色

在托盘中加入 2 L 硝酸银染色液，将胶版放入，在摇床上摇动 30 min。

4. 洗胶

倒掉染色液，在托盘中加入 2 L dH_2O，将胶版浸入水中漂洗 5~10 s，立即取出，滴干水，进行下一步显色处理。

5. 显色

将 2 L 预冷显色液倒入托盘中，轻摇显色液，当 DNA 条带清晰但背景尚浅时停止显色。

6. 定影

将显色液倒掉，在托盘中加入 2 L 固定液，放到摇床上摇动 2 min。

7. 洗胶

倒掉固定液，在托盘中用 dH_2O 冲洗胶版两次，每次 2 min。

8. 干燥

在室温下自然晾干，干燥后即可进行拍照和分析。

(苗佳敏)

39 SSR 分子标记

一、目的和意义

生物基因组内有一种短的重复次数不同的核心序列，它们在生物体内多态性水平极高，一般称为可变数目串联重复序列(variable number tanden repeat，VNTR)。VNTR 标记包括小卫星和微卫星两种。微卫星标记即简单重复序列标记(simple sequence repeats，SSR)，其串联重复的核心序列为 1~6 bp，如 $(CA)_n$、$(TG)_n$ 和 $(GGC)_n$ 等重复。每个微卫星 DNA 的核心序列结构相同，重复单位数目 10~60 个，其长度一般小于 100 bp，其高度多态性主要来源于串联数目不同。SSR 标记的基本原理：微卫星序列两端多为相对保守的单拷贝序列，因此可以根据这些序列设计引物，扩增串联重复序列，将扩增产物进行凝胶电泳，由于单个微卫星位点重复单元在数量上的差异，个体的扩增产物在长度上的变化就显示了不同基因型个体在每个 SSR 位点的多态性(图 39-1)，即 SSR 标记，而每一扩增位点就代表了这一位点的一对等位基因。

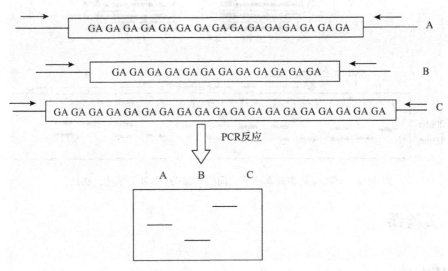

图 39-1 SSR 标记多态性分析示意图(引自方宣钧等，2000)

SSR 标记的检测依据其两端保守的引物进行 PCR 扩增，是基于全基因组 DNA 扩增其微卫星区域，检测到的一般是一个单一的复等位基因位点，其主要特点有：①数量丰富，广泛分布于整个基因组；②具有较多的等位性变异；③共显性标记，可鉴别出杂合子和纯合子；④实验重复性好，结果可靠；⑤通常用分辨力较高的聚丙烯酰胺凝胶电泳检测，它可检测出单拷贝差异。其缺点为：①由于创建新的标记时需知道重复序列两端核苷酸序列信息，寻找其中的特异保守区，引物具有物种专一性，开发起来耗时也耗财；②由于 SSR 引物的特异性专一性，所以可用位点数目少，1 次反应一般只涉及 1 个或几个多等位位点。SSR 适合检测个体间的差异，广泛应用于生物遗传作图、群体遗传研究、个体间亲缘关系鉴定等方面。

SSR 标记在遗传上为共显性标记（codominant marker），以图 39-2 为例，如果 P_1 和 P_2 杂交，子代的基因组分别来自两个亲本，因此子代个体中同一对等位基因一个来自父本，一个来自母本，其 F_1 代的带型是 P_1 和 P_2 的共显性带型，而且在 F_2 群体中各个体的带型也能出现 P_1、P_2 和 F_1 3 种带型，这种带型从亲代传递到子代的方式称为共显性。由于 SSR 标记能鉴定亲代和子代的亲缘关系，本实验的目的是在了解 SSR 标记原理的前提下，鉴定苜蓿杂交种 F_1 代，以区分真假杂种。

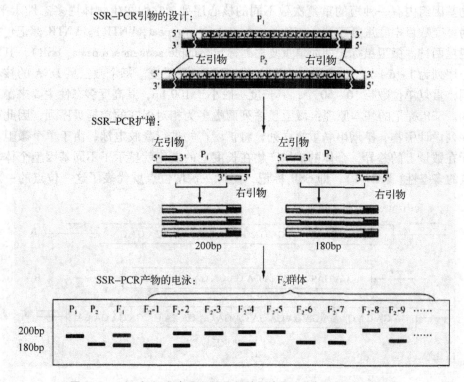

图 39-2　SSR 标记在亲本和子代间的示意图（引自王学德，2015）

二、实验器材

1. 材料

（1）植物材料

灌区直立丰产型甘农 3 号紫花苜蓿、高秋眠优质型抗蓟马甘农 5 号紫花苜蓿及其杂交 F_1 代共约 90 个植株。

（2）SSR 引物

紫花苜蓿的 SSR 引物序列信息可从相关网站和文献获得，然后由生物公司合成约 100 对引物。

2. 仪器与用具

PCR 扩增仪、移液枪、离心机、漩涡混合器、水浴锅、摇床、托盘、玻璃棒、脱脂棉、北京六一 DYCZ-20D 型 DNA 序列分析垂直电泳仪(胶版 30 cm × 34 cm, 最多 100 个点样孔)、灭菌 PCR 管、灭菌 1.5 mL 离心管、烧杯等。

3. 药剂

(1) SSR 标记 PCR 反应试剂

Taq DNA 聚合酶(2.5 U/μL)、10 × Taq 缓冲液(100 mmol/L Tris-HCl pH8.0, 500 mmol/L KCl, 25 mmol/L $MgCl_2$)、dNTPs 溶液(10 mmol/L)、SSR 引物(10 μmol/L)、6 × DNA Loading buffer、DNA 相对分子质量 Marker、灭菌 ddH_2O。

(2) 6% 变性聚丙烯酰胺凝胶配制(100 mL)

同 AFLP 标记。

(3) 银染显色

同 AFLP 标记。

三、实验方法及步骤

(一) 基因组 DNA 提取

采集苜蓿亲本和杂交 F_1 代新鲜的幼嫩叶片放于冰盒中，带回实验室，并用 CTAB 法提基因组 DNA。取 2 μL DNA 溶液进行琼脂糖凝胶电泳检测，并用紫外分光光度计检测 DNA 浓度，将浓度稀释为 20 ng/μL。

(二) SSR 标记 PCR 反应

(1) 取 PCR 管 90 支，编号可按 P_1(母本), P_2(父本), F_1-1, F_1-2, …, F_1-88 顺序排列。

(2) PCR 反应体系为 15 μL: 5 μL 基因组 DNA(20 ng/μL), 0.6 μL SSR 上下游引物(10 μmol/L), 1.5 μL 10 × Taq 缓冲液, 0.4 μL dNTPs(10 mmol/L), 0.3 μL Taq DNA 聚合酶(2.5 U/μL), 灭菌 ddH_2O 补足 15 μL。

(3) PCR 反应程序：94℃ 预变性 4 min; 94℃ 变性 30 s, 48~55℃(根据每对引物的 Tm 值选择合适的温度)退火 30 s, 72℃ 延伸 1 min, 共 35 个循环; 72℃ 延伸 7 min, 25℃ 保存 5 min。PCR 反应结束后放到 4℃ 冰箱备用。

(三) 变性聚丙烯酰胺凝胶电泳检测

(1) 电泳槽的玻璃板清洗和制胶同 AFLP 标记。

(2) 待胶凝聚后，将玻璃板安装在电泳槽的基座上，将梳子轻轻地拔出，在电泳槽中加入足量的 1 × TBE 缓冲液，用移液枪吸取电泳缓冲液，清洗用于加样的点样孔，并将梳子重新插入点样孔，在 250 V 恒压下预电泳 30 min。

(3) 预电泳结束后，重新清洗点样孔。10 μL PCR 反应产物混合 2 μL 6 × DNA Loading buffer 加入点样孔，DNA 相对分子质量 Marker 点到样品边缘那个孔，然后 500 V 恒压电泳，直至溴酚蓝指示带距离凝胶底部 5 cm 左右时停止电泳。

(四) 银染显色

银染显色同 AFLP。

(五) 筛选合适的 SSR 引物用于鉴定 F_1 代

随机选择 3 个 F_1 代和两个亲本作为筛选引物的模板，对 100 对 SSR 引物进行多态性筛选。将扩增条带清晰、后代表现出双亲互补带型的引物用于所有 F_1 代杂种的鉴定。对于 F_1 代，如果表现为双亲互补带型可以确定为真杂种；如果只观察到父本带型，此类需要用不同的引物进一步检测；后代如果除了具有双亲的带型外，还具有双亲没有的条带，此类也需要用不同的引物进一步检测（图 39-3）。

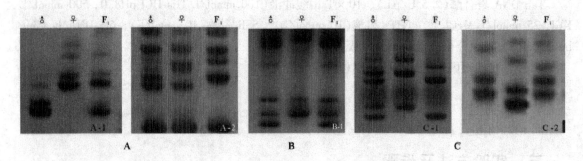

图 39-3　亲本和 F_1 代的 SSR 图谱类型（引自谢文刚等，2009）
A. 双亲互补型，A-1，A-2；B. 具有父本带型，B-1；C. 具有父母外的其他带型，C-1，C-2

（苗佳敏）

40 ISSR 分子标记

一、目的和意义

简单重复序列中间区域标记(inter-Simple sequence repeats polymorphisms, ISSR)是由 Zietkiewicz 等在 1994 年提出的，又称锚定 SSR(anchored simple sequence repeat, ASSR)，是在 SSR 基础上开发的标记。其基本原理是：利用真核生物基因组中广泛存在的简单重复序列的特点，设计出各种能与 SSR 序列结合的 PCR 引物，用两个相邻 SSR 区域内的引物扩增它们中间的单拷贝序列。引物设计采用 2~4 个核苷酸序列为基元，以其不同重复次数再加上几个非重复的锚定碱基组成随机引物，从而保证引物与基因组 DNA 中 SSR 的 5′或 3′末端结合，通过 PCR 反应扩增两个 SSR 之间的 DNA 片段。如 $(AC)_nX$、$(TG)_nX$、$(ATG)_nX$ 和 $(CTC)_nX$ 等(X 代表非重复的锚定碱基)。如果基因组在这些扩增区域内发生 DNA 片段插入、缺失或碱基突变以及其他结构变异，就可能导致这些区域与引物结合的数量和位置的改变，从而使 PCR 扩增片段数量或长度改变。PCR 扩增产物通过琼脂糖或聚丙烯酰胺凝胶电泳分离，就可检测出基因组在这些位点的差异(图 40-1)。

ISSR 技术针对基因组中有关 SSR 序列信息，结合 RAPD 技术优点，克服了 SSR 和 RAPD 标记的某些缺点，其有以下几方面的特点：①ISSR 标记引物设计不需要预知基因组序列信息，引物通用性好；②稳定性好于 RAPD 标记；③可同时检测基因组多个 SSR 座位；④多态性高，多呈孟德尔方式遗传，具有显性或共显性特点。近年来，ISSR 标记技术已用于品种鉴定、遗传关系及遗传多样性分析、基因定位、基因作图研究等。

本实验的目的是了解 ISSR 原理，掌握 ISSR 标记检测植物遗传多样性及亲缘关系的操作方法，并学会用相关软件分析实验数据，计算不同植物材料间的遗传相似系数，并用 UPGMA 法构建聚类树状图。

二、材料和用具

1. 材料

(1) 植物材料

以 60 份野生垂穗披碱草种质资源为例。

(2) ISSR 引物

ISSR 引物由生物公司合成。

2. 仪器与用具

PCR 扩增仪、移液枪、离心机、漩涡混合器、水浴锅、摇床、托盘、玻璃棒、脱脂棉、DNA 序列分析垂直电泳仪(胶版 30 cm×34 cm，66 个点样孔)、灭菌 PCR 管、灭菌 1.5 mL 离

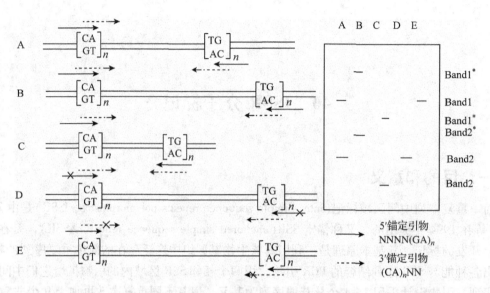

图40-1 ISSR标记原理(引自林顺权, 2007)

注:(1)左图示模板与引物结合位点,其中A为简单重复序列DNA分子并具有正常的5′和3′锚定引物结合位点,B为简单重复序列之间存在插入突变的DNA,C为简单重复序列之间存在缺失突变的DNA,D为没有5′锚定引物结合位点的DNA分子,E为没有3′锚定引物结合位点的DNA。(2)右图示电泳结果,其中条带band1、band2为原始DNA扩增基本带,其余谱带均为突变带。(3)为了说明5′和3′锚定引物扩增产物的区别,将两种引物和产物均标在图中,而通常情况下,可只使用5′或3′锚定引物中的一种

心管、烧杯等。

3. 药剂

(1) ISSR标记PCR反应试剂

Taq DNA 聚合酶(2.5 U/μL)、10×Taq 缓冲液(100 mmol/L Tris-HCl pH8.0, 500 mmol/L KCl, 25 mmol/L $MgCl_2$)、dNTPs 溶液(10 mmol/L)、ISSR 引物(10 μmol/L)、6× DNA Loading buffer、DNA 相对分子质量 Marker、灭菌 ddH_2O 等。

(2) 6%变性聚丙烯酰胺凝胶配制(100 mL)

同 AFLP 标记。

(3) 银染显色

同 AFLP 标记。

三、实验方法及步骤

(一)基因组 DNA 提取

采集垂穗披碱草新鲜的幼嫩叶片放于冰盒中,带回实验室,并用 CTAB 法提取基因组 DNA。取 2 μL DNA 溶液进行琼脂糖凝胶电泳检测,并用紫外分光光度计检测 DNA 浓度,将浓度稀释为 20 ng/μL。

(二)ISSR 标记 PCR 反应

(1) 取 PCR 管 60 支,按一定顺序排列不同垂穗披碱草种质资源。

(2) PCR 反应体系为 20 μL：2 μL 基因组 DNA(20 ng/μL)，1.0μL ISSR 上下游引物(10 μmol/L)，2.0 μL 10 ×Taq 缓冲液，0.5 μL dNTPs(10 mmol/L)，0.4 μL Taq DNA 聚合酶(2.5 U/μL)，灭菌 ddH$_2$O 补足 20 μL。

(3) PCR 程序为：94℃预变性 4 min；94℃变性 30 s，50~55℃(根据每对引物的 Tm 值选择合适的温度)退火 45 s，72℃延伸 2 min，共 45 个循环；72℃延伸 7 min，25℃保存 5 min。PCR 反应结束后放到 4℃冰箱备用。

(三) 变性聚丙烯酰胺凝胶电泳检测

(1) 玻璃板处理和灌胶同 AFLP。

(2) 聚丙烯酰胺凝胶电泳同 SSR。

(四) 银染显色

银染显色同 AFLP。

(五) 筛选合适的 ISSR 引物用于遗传多样性及亲缘关系鉴定

每个省份选取 1 份材料共 5 份材料的基因组 DNA 为模板，对 ISSR 引物进行筛选，选取多态性好的引物 20 对用做所有种质资源的 ISSR 分析。

(六) UPGMA 法构建聚类树状图

扩增产物每个条带视为一个位点，按条带有无分别赋值，有带记为 1，无带记为 0，具有相同迁移率的条带视为同一条带(图 40-2)。将所有引物扩增位点赋值汇总到 Excel 中，构成二元数据矩阵(图 40-3)。根据 NTSYS-pcV2.10 软件操作说明分析二元矩阵，计算各种质材料间的 Jaccard 遗传相似系数(Genetic similarity, GS)，并按基于遗传相似系数的不加权成对群算术平均法(UPGMA)构建聚类树(图 40-4)。

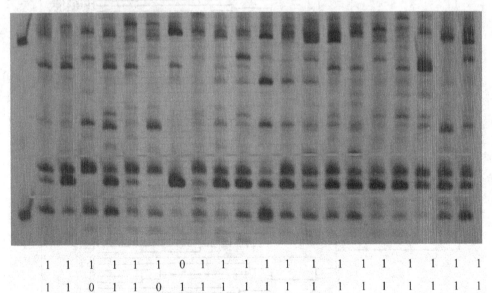

图 40-2　条带统计示意(引自 Chen et al., 2009)

注：下面的 1 和 0 为红方框内两个位点的条带赋值

	A	B	C	D	E	F	G	H	I
1	1	13	7	0					
2		P	1	2	3	4	5	18	
3	s47	1	1	0	1	1	1	1	
4		1	1	1	1	1	1	1	
5		1	1	1	1	1	1	1	
6		1	1	1	0	0	1	1	
7		1	1	1	1	1	1	0	
8		1	1	1	1	1	1	1	
9	s52	1	1	1	1	1	1	1	
10		1	1	1	1	1	1	1	
11		1	1	1	1	1	1	1	
12		0	0	1	1	0	0	0	
13		1	1	1	1	1	1	1	
14		1	1	1	1	1	1	1	
15	s90	1	1	1	1	1	0	1	

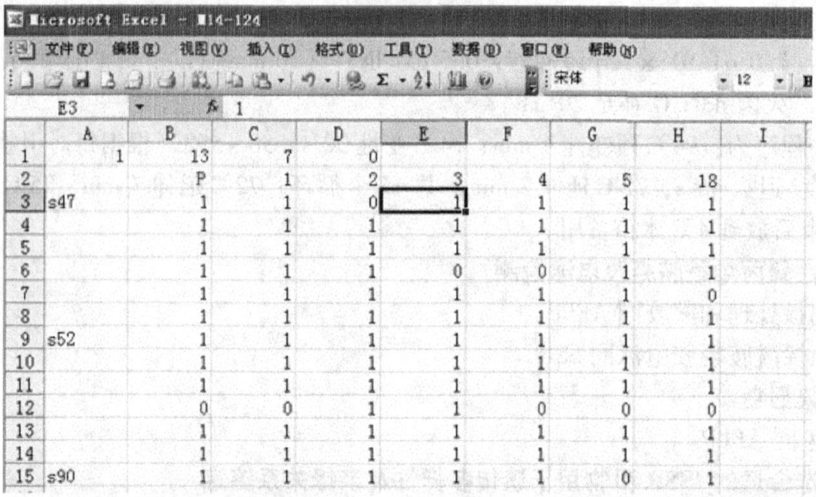

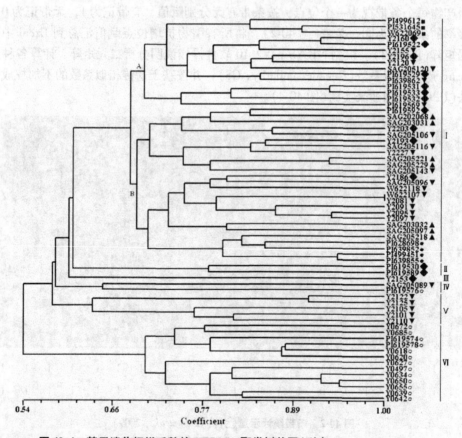

图 40-3　分子标记二元矩阵(引自 Rohlf, 2000)

注：A1 = 1 表示有带记为 1，B1 = 13 表示扩增的总条带数，C1 = 7 表示样本数，D1 = 0 表示无带记为 0，第二行表示的是样本名称，从第三行开始的 A 列表示引物名称

图 40-4　基于遗传相似系数的 UPGMA 聚类树状图(引自 Miao *et al.*，2011)

（苗佳敏）

41 SRAP 分子标记

一、目的和意义

相关序列扩增多态性（sequence-related amplified polymorphism，SRAP）是一种新型的基于 PCR 的标记系统，由美国加州大学蔬菜作物系 Li 与 Quiros 博士于 2001 年提出，又叫基于序列扩增多态性（sequence-based amplified polymorphism，SBAP）。

SRAP 标记原理：SRAP 独特的正反向引物设计，使得两个引物分别能够于外显子和内含子或启动子区域的核苷酸配对。因为外显子和内含子（启动子）之间的核苷酸序列长度在不同物种甚至不同个体间变异很大，再者也有可能由于核苷酸改变而引起引物的结合位点改变（增加或减少），进而产生片段有或无的差异。

SRAP 正向引物长 17 bp，5′端的前 10 bp 是一段填充序列，无任何特异组成，接着是"CCGG"序列，可特异结合可译框（ORFs）区域中的外显子，因为外显子富含 GC。此 14 bp 组成核心序列，随后为 3′端的选择性碱基，正向引物对外显子进行扩增；反向引物的组成与正向引物类似，区别在于反向引物长 18 bp，填充序列为 11 bp，接着是特异序列"AATT"，它们组成核心序列，3′端仍然是 3 个选择性碱基，由于内含子和启动子区域富含 AT，所以反向引物对其进行扩增。由于外显子序列在不同个体中通常是保守的，这种低水平多态性限制了将它们作为标记的来源。但是内含子、启动子和间隔序列在不同物种甚至不同个体间变异很大，因此正反向引物搭配，有可能扩增出基于内含子与外显子的 SRAP 多态性标记。

SRAP 标记的特点：①操作简便，它使用长 17～18 bp 的引物以及变化的退火温度，保证了扩增结果的稳定性。通过改变 3′端 3 个选择性碱基可得到更多引物，同时由于正反向引物可以自由组配，用少量的引物可以进行多种组合，大大减少了合成引物的费用，因此大大提高了引物利用效率。②由于在设计引物时，正反向引物分别是针对序列相对保守的外显子与变异大的内含子、启动子和间隔序列，因此，多数 SRAP 标记在基因组中分布是均匀的。③能够比较容易地分离目的标记并测序，高频率的共显性以及在基因组中均匀分布的特性将使其优于 AFLP 标记而成为一个构建遗传图谱的良好标记体系。④SRAP 标记测序显示多数标记为外显子区域，测序还表明 SRAP 多态性产生于两个方面：由于小的插入或缺失导致片段大小改变，而产生共显性标记；核苷酸改变影响引物的结合位点，导致产生显性标记。SRAP 标记主要用于种质资源的鉴定评价、遗传图谱的构建、重要性状基因标记、种质资源指纹图谱分析乃至图位克隆等方面。

本实验的目的是掌握 SRAP 标记的基本原理及操作步骤，学会用 SRAP 标记构建植物的 DNA 指纹图谱。

二、实验器材

1. 材料

(1) 植物材料

以多花黑麦草品种(系)为例。

(2) SRAP 引物

SRAP 引物序列信息从相关文献中获得(表 41-1),然后由生物公司合成,如表 41-1 所示正反向引物可自由组合为 150 对引物。

表 41-1　SRAP 部分引物序列

正向引物序列 Forward Primer Sequence		反向引物序列 Reverse Primer Sequence	
me1	5′–TGAGTCCAAACCGGATA–3′	em1	5′–GACTGCGTACGAATTAAT–3′
me2	5′–TGAGTCCAAACCGGAGC–3′	em2	5′–GACTGCGTACGAATTTGC–3′
me3	5′–TGAGTCCAAACCGGAAT–3′	em3	5′–GACTGCGTACGAATTGAC–3′
me4	5′–TGAGTCCAAACCGGACC–3′	em4	5′–GACTGCGTACGAATTTGA–3′
me5	5′–TGAGTCCAAACCGGAAG–3′	em5	5′–GACTGCGTACGAATTAAC–3′
me6	5′–TGAGTCCAAACCGGTAA–3′	em6	5′–GACTGCGTACGAATTGCA–3′
me7	5′–TGAGTCCAAACCGGTCC–3′	em7	5′–GACTGCGTACGAATTCAA–3
me8	5′–TGAGTCCAAACCGGTGC–3′	em8	5′–GACTGCGTACGAATTCTG–3′
me9	5′–TGAGTCCAAACCGGTAG–3′	em9	5′–GACTGCGTACGAATTCGA–3′
me10	5′–TGAGTCCAAACCGGTTG–3′	em10	5′–GACTGCGTACGAATTCAG–3′
		em11	5′–GACTGCGTACGAATTCCA–3′
		em12	5′–GACTGCGTACGAATTATG–3′
		em13	5′–GACTGCGTACGAATTAGC–3′
		em14	5′–GACTGCGTACGAATTACG–3′
		em15	5′–GACTGCGTACGAATTTAG–3′

2. 仪器与用具

PCR 扩增仪、移液枪、离心机、漩涡混合器、水浴锅、摇床、托盘、玻璃棒、脱脂棉、双板夹芯式垂直电泳仪(胶版 20 cm×12.5 cm,24 个点样孔)、灭菌 PCR 管、灭菌 1.5 mL 离心管、烧杯等。

3. 药剂

(1) SRAP 标记 PCR 反应试剂

Taq DNA 聚合酶(2.5 U/μL)、10×Taq 缓冲液(100 mmol/L Tris-HCl pH8.0,500 mmol/L KCl,25 mmol/L $MgCl_2$)、dNTPs 溶液(10 mmol/L)、SRAP 引物(10 μmol/L)、6×DNA Loading buffer、DNA 相对分子质量 Marker、灭菌 ddH_2O。

(2) 6% 变性聚丙烯酰胺凝胶配制(100 mL)

同 AFLP 标记。

(3)银染显色
①染色液 1 g AgNO₃ 和 1.5 mL 37%甲醛溶于 1 L 蒸馏水中,使用前 10 min 配置。
②显色液 可在使用前 5 h 配制 3% Na_2CO_3 溶液,放于 4℃保存,使用前 5 min 在 1 L 3% Na_2CO_3 溶液中加入 1.5 mL 37%甲醛和 0.2 mL 1% $Na_2S_2O_3$。
③固定液 10%冰醋酸溶液。

三、实验方法及步骤

(一)基因组 DNA 提取

对于 21 份多花黑麦草品种(系),每个品种(系)混合 20 个单株的幼嫩叶片,将其放于冰盒中,带回实验室,并用 CTAB 法提取基因组 DNA。取 2 μL DNA 溶液进行琼脂糖凝胶电泳检测,并用紫外分光光度计检测 DNA 浓度,将浓度稀释为 20 ng/μL。

(二)SRAP 标记 PCR 反应

(1)取 PCR 管 21 支,按一定顺序排列不同多花黑麦草品种(系)。

(2)PCR 反应体系为 20 μL:2 μL 基因组 DNA(20 ng/μL),1.0 μL SRAP 上下游引物(10 μmol/L),2.0 μL 10 × Taq 缓冲液,0.4 μL dNTPs(10 mmol/L),0.4 μL Taq DNA 聚合酶(2.5 U/μL),灭菌 ddH_2O 补足 20 μL。

(3)PCR 程序为:94℃预变性 5 min;94℃变性 1 min,35℃退火 1 min,72℃延伸 1 min,共 5 个循环;94℃变性 1 min,50℃退火 1 min,72℃延伸 1 min,共 35 个循环;72℃延伸 7 min,25℃保存 5 min。PCR 反应结束后放到 4℃冰箱备用。变温复性法是 SRAP 分析特点之一,前 5 个循环 35℃复性,有利于两引物与靶 DNA 位点的结合,后 35 个循环复性温度 50℃,目的是提高 SRAP-PCR 扩增的特异性。

(三)6%变性聚丙烯酰胺凝胶电泳检测

(1)将玻璃板洗干净晾干后,用脱脂棉蘸取 95%乙醇将玻璃板擦一遍,晾干后,将电泳槽按照说明书安装好,配胶并灌胶。

(2)聚丙烯酰胺凝胶电泳同 SSR,先 200 V 预电泳 30 min,然后 400 V 加样电泳,直至溴酚蓝指示剂离胶底部 3 cm 左右时,停止电泳。

(四)银染显色

(1)固定

电泳完毕后,用水清洗玻璃板,然后用小刀片轻轻撬开玻璃板,将凝胶取下来,放到托盘中,加入适量固定液(10%冰醋酸),在摇床上摇动 20 min。

(2)洗胶

将固定液倒掉,用蒸馏水漂洗凝胶 3 次,每次摇床上摇动 2 min。

(3)染色

在托盘中加入适量硝酸银染色液,在摇床上摇动 20 min。

(4)洗胶

倒掉染色液,迅速用蒸馏水漂洗 5~10 s,进行下一步显色处理。

(5) 显色

将适量预冷的显色液倒入托盘中，放到摇床上轻摇，当 DNA 条带清晰但背景尚浅时停止显色。

(6) 定影

将显色液倒掉，在托盘中加入适量固定液，放到摇床上摇动 2 min。

(7) 洗胶

倒掉固定液，用蒸馏水漂洗凝胶两次，每次摇床上摇动 2 min。

(8) 照相

将凝胶放到凝胶成像系统的白板上，用白光灯照相或用数码相机照相。

(五) 筛选合适的 SRAP 引物用于不同多花黑麦草品种(系) SRAP 标记分析

利用田间表型性状差异较大的 4 份多花黑麦草品种(系)的基因组 DNA 为模板，对 150 对 SRAP 引物进行筛选，选取多态性比率高的引物用做所有品种(系)的 SRAP 检测。

(六) 挑选少量 SRAP 引物组合和较少的多态性谱带区分多花黑麦草品种(系)

利用尽量少的引物扩增到足够理想的谱带，将尽量多的品种资源分开，这是分子标记鉴定种质资源的最佳效果。以最少多态性谱带能够鉴别出最多资源为原则，根据 21 份多花黑麦草品种(系)的 SRAP 扩增电泳图谱，从筛选出来的 SRAP 引物中再进一步筛选，挑选那些能扩出较多特征谱带(图 41-1)的高效引物组合，再从这些引物组合扩增的电泳图谱中挑选条带清晰且对供试材料有较高区分能力的多态性谱带，以此作为构建 21 个多花黑麦草品种(系)指纹图谱的特征引物和特征谱带，从而可以区分 21 份多花黑麦草品种(系)。例如山药种质资源 SRAP 指纹图谱构建中，最终从筛选的 30 对引物中挑选出了 10 对引物，从这 10 对引物

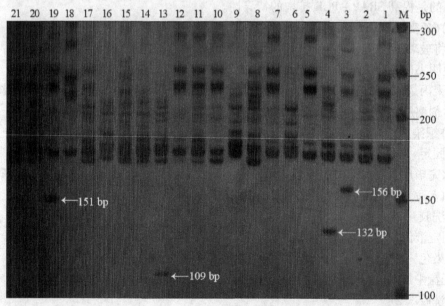

图 41-1　SSR 引物 15-08C 对 21 份多花黑麦草品种(系)扩增电泳图谱

(引自罗永聪等，2013)

注：图中箭头所指为这几个品种(系)的特征谱带

中挑选了21个条带清晰且有代表性的多态性谱带，这21个多态性谱带可以区分82份山药种质资源。鸭茅SSR和SCoT两种标记构建的指纹图谱中，最终筛选了4对SSR引物和1对SCoT引物的37条多态性谱带，来构建指纹图谱，可以区分21份鸭茅品种(系)。

(七) 构建21个多花黑麦草品种(系)的指纹图谱

根据筛选的特征引物和特征谱带，可按图41-2(鸭茅指纹图谱)的方法绘制指纹图谱。每个特征引物都有一定相对分子质量大小的多态性谱带，同一引物的多态性谱带按相对分子质量由小到大排列。由图41-2可知，每个品种(系)均具有不同的扩增图谱，可与其他品种区分。

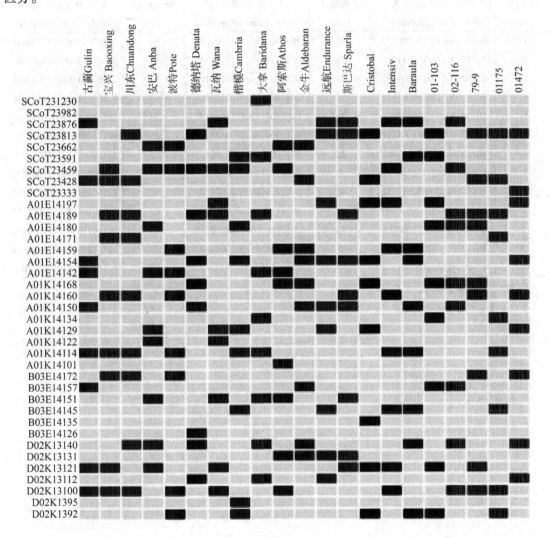

图42-2　鸭茅21个品种(系)指纹图谱模式图(引自蒋林峰等, 2014)

注：(1) 横坐标为品种(系)名称，纵坐标为5对引物共37个多态性条带；(2) 黑色方框表示在这个多态位点有带，灰色方框表示在这个多态位点没有带

(八) 构建 21 个多花黑麦草品种(系)的数字指纹图谱

由图 41-2 指纹图谱可知，最终筛选的 SRAP 引物组合对应着不同的多态性条带位点，每份品种(系)在相应位点有扩增谱带记为 1，无则记为 0，结果由 1 和 0 排列形成字符串，构成一份品种(系)的数字指纹图谱(表 41-2)。如表 41-2 所示为部分山药种质资源在对应的 21 个多态位点的数字指纹图谱，这 21 个多态位点的顺序与其指纹图谱模式图顺序一样，按一定的引物顺序排列，且同一引物的多态性谱带按片段长度从小到大排列。

表 41-2 部分山药种质资源 DNA 数字指纹图谱

资源编号 Code	DNA 数字指纹图谱 DNA digital fingerprint	资源编号 Code	DNA 数字指纹图谱 DNA digital fingerprint	资源编号 Code	DNA 数字指纹图谱 DNA digital fingerprint
1	001111001111001010110	32	101101011011011101011	60	111001111001010010010
2	101101011101100011011	33	001111011011011101010	61	110001111000101001001
3	101101001101100001101	34	001101110110101101101	62	111001111010110011010
4	101101001100101001110	35	101101101101011110101	63	110001111010101101010
5	101101101000100110010	36	001101111011110101110	64	001100111100101111001
7	101101100101001001111	37	001101100111100101101	65	001110010101110011010
8	101101101010100111001	38	001100101010010100111	66	101101011101010010010
9	101101011101100011	39	011101110101101001101	67	101101010100111001010
10	101101011010010010011	40	001110110101100011011	68	101101011010100010101
11	001111001101001010100	41	001110001100101101101	69	101101010101101011010
12	011100011010111010101	42	001111000111010101110	70	101101101010101011101
13	101101011101001110101	43	011100011110010010100	72	011101011010010101010
14	111001110001110001100	44	011100010100100100101	74	101101011010100111010

注：引自华树妹等，2014。

(苗佳敏)

42 植物表达载体构建

一、目的和意义

获得目的基因后，通常要将目的基因转入植物表达载体中，以构建一个目的基因能在植物细胞内表达的载体。用于植物基因表达的载体，最常用的是根癌农杆菌的 Ti 质粒载体中的双元载体(binary vector)。

Ti 质粒是一种能实现 DNA 转移和整合的天然系统，它有两个区域：T-DNA 区(能够转移整合入植物受体基因组，并能在植物细胞中表达)和 Vir 区(编码能够实现 T-DNA 转移的蛋白)。T-DNA 长度为 12~24 kb，两端各有一个含 25 bp 重复序列的边界序列，在整合过程中左右边界序列之间的 T-DNA 可以转移并整合到宿主细胞基因组中，研究发现只有边界序列对 DNA 的转移是必需的，而边界序列之间的 T-DNA 并不参与转化过程，因而可以用外源基因将其替换。Vir 区位于 T-DNA 以外的一个 35 kb 内，其产物对 T-DNA 的转移及整合必不可少。农杆菌侵染植物首先是吸附于植物表面伤口，受伤植物分泌的酚类小分子化合物可以诱导 Vir 基因的表达。Vir 基因产物能识别并切割 T-DNA 左右边界序列中的相应位点，将 T-DNA 以单链的形式切割下来，此单链分子从 Ti 质粒上脱离后，可以与 *Vir* 产物 VIRD2 蛋白共价结合，并在 *VIR*D4 和 *VIRB* 等蛋白的帮助下从农杆菌进入植物细胞的染色体中。

双元表达载体就是根据农杆菌中 Ti 质粒实现 DNA 转移和整合的原理而设计的。双元表达载体系统由两个独立的质粒构成：①辅助 Ti 质粒，这类 Ti 质粒由于缺失了 T-DNA 区域，完全丧失了致瘤作用，主要提供 Vir 基因功能，激活 T-DNA 的转移。辅助 Ti 质粒一般存在于改造过的农杆菌中，比如农杆菌菌株 LBA4404，其中带有这种 T-DNA 缺失而保留 Vir 的质粒 pAL4404。②微型 Ti 质粒，它是含有 T-DNA 左边界(LB)和右边界(RB)序列但缺失 Vir 基因的 Ti 质粒。此 Ti 质粒中原先 T-DNA 两个边界之间的序列完全被除掉，其中就包括具有致瘤作用的 Onc 基因，该基因会影响植株的再生长。两个边界之间的序列去除掉后，可以用一系列外源基因替代，一般包括植物选择性标记基因、用于基因表达的启动子、多克隆位点或 Gateway 序列、报告基因、终止子序列，从而使外源基因、报告基因和植物选择标记基因都能在转基因植物中表达。在 T-DNA 两个边界的外面区域，有一个细菌性选择标记，可用于检测农杆菌是否被质粒转化；又因为含有 pVS1 RepA(农杆菌复制子)和 pVS1 StaA(稳定功能)、大肠杆菌复制子(如 pVS1 OriV)和 bom(接合迁移功能)的序列，使该载体既能在大肠杆菌中高拷贝复制，又能在农杆菌中稳定复制，以及在两种细菌间接合转移。如图 42-1 所示 Gateway 植物双元表达载体 pEarleyGate 104，就是一个微型 Ti 质粒。在 T-DNA 边界 LB 和 RB 区域之间包含了植物选择性标记抗草丁膦基因、35S 启动子、报告基因 EYFP、Gateway 序列[包括 attR1、ccdB cassette(lac UV5 启动子、氯霉素抗性基因、ccdB 致死基因)、attR2]和

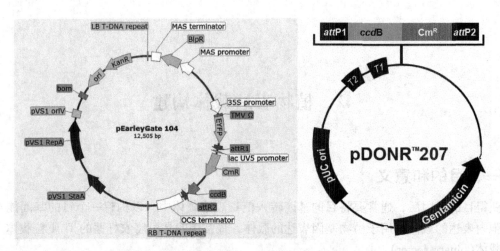

图 42-1 双元载体 pEarleyGate 104(左)和入门载体 pDONR207(右)结构简图
(引自 Invitrogen 公司官网)

OCS 终止子序列，另外 LB 和 RB 外围区域还有一个细菌性选择标记卡那霉素抗性基因。

美国 Invitrogen 公司开发了一种位点特异性重组克隆技术，称为 Gateway 克隆技术，该技术的原理利用了 λ 噬菌体基因组和大肠杆菌基因组之间的位点专一性重组分子机制，实现了不需要传统酶切连接过程的基因快速克隆和载体间平行转移，同时还保持了正确的 ORF 和方向。该技术主要由 BP 和 LR 两个反应构成(图 42-2)。通常先将目的基因克隆到 Gateway 入门载体上，如 pDONR207 载体(图 42-1)，设计目的基因引物时须将上下游分别连上 attB1 和 attB2 序列，得到 attB1 – 目的基因 – attB2；attB1 和 attB2 与 pDONR207 载体上的 attP1 和 attP2 中间有一段相同序列，因此能发生 BP 同源重组，从而使目的基因可以置换掉 pDONR207 的 attP1 和 attP2 之间的 ccdB cassette 基因，得到 attL1 – 目的基因 – attL2。ccdB 基因为致死基因，此基因在大肠杆菌内表达后会产生 ccdB 蛋白，它能灭活 DNA 旋转酶，从而导致宿主的死亡。因此，目的基因置换了 ccdB 基因后的载体在宿主菌可存活，ccdB 基因没有被置换的载体不能存活。attL1 和 attL2 序列和双元表达载体 pEarleyGate 104 的 attR1 和 attR2 区域能发生 LR 同源重组，从而使目的基因将 pEarleyGate 104 上的 ccdB cassette 基因替换，得到 pEarleyGate 104 – 目的基因。

获得 pEarleyGate 104 – 目的基因后，该重组质粒可以通过转化农杆菌感受态细胞而进入农杆菌，也可采用三亲杂交的方法将此微型质粒转入农杆菌细胞中。三亲杂交由含微型 Ti 质粒的 E. coli、含有助动质粒如 pRK2013 的 E. coli 和含有辅助 Ti 质粒的农杆菌组成。三细菌混合后产生菌间的接合转导，pRK2013 进入含有微型 Ti 质粒的 E. coli 后，可促进微型 Ti 质粒一起或分别转移到农杆菌中，其间 pRK2013 在农杆菌中由于不能自主复制而被丢失，最终在农杆菌中剩下微型 Ti 质粒和辅助 Ti 质粒双元载体，此农杆菌可直接用于植物遗传转化。

本实验中，我们将通过学习植物基因表达载体(双元载体)的基本结构和功能，以及 Gateway 克隆技术，掌握植物基因表达载体的构建方法以及三亲杂交转化农杆菌的方法。

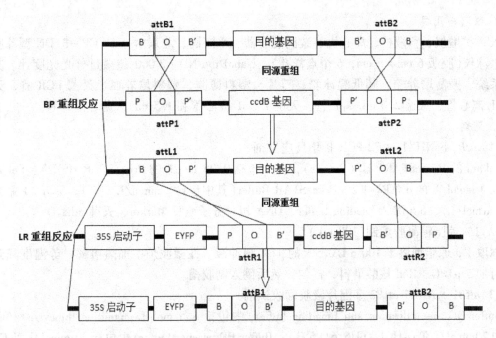

图 42-2 BP 和 LR 重组克隆（引自苗佳敏，2013）

二、实验器材

1. 材料

（1）目的基因

苏打猪毛菜（*Salsola soda* Linn.）的 *NHX*（液泡膜型 Na^+H^+ 逆向转运蛋白）基因，目的基因从现有表达载体 pBIRD-SsNHX1 上扩增。Na^+H^+ 逆向转运蛋白（Na^+H^+ antiporter）是细菌、酵母、藻类、动物和高等植物膜系统上均存在的一种转运蛋白，它通过 Na^+ 外排和 Na^+ 区隔化来维持植物细胞质的 Na^+ 稳态和 Na^+/H^+ 比相对稳定，是植物耐盐的关键因子。

（2）引物设计

根据已发表的 *SsNHX1* 序列信息设计引物。设计引物时要加上 *att*B1 和 *att*B2 序列，以便置换掉 pDONR207 载体上的 ccdB cassette。由于 *att*B 上下游各有 30 bp 左右的序列，如果直接加到目的基因引物的两端，引物由于过长，PCR 很难成功。所以设计两对引物（表 42-1），第一对引物除了包括目的基因的引物序列外，还包括 14 bp *att*B 序列；第二对为 29 bp 的 *att*B 序列，其中包含了与第一对重复的 14 bp 序列，通过两次 PCR 扩增即可扩出 *att*B1-*SsNHX*1-*att*B2。

表 42-1 *SsNHX*1 基因引物序列

正向引物序列（5′→3′）	反向引物序列（5′→3′）
引物 1 F aaaaagcaggcttgATGTTGTCACAGTTGAGCTC	引物 1 R aagaaagctgggtaTGTTCTCTCTGTCATATTAT
引物 2 F ggggacaagtttgtacaaaaaagcaggct	引物 2 R ggggaccactttgtacaagaaagctgggt

注：小写字母为 *att*B 序列，大写字母为 *ScNHX*1 引物序列。

2. 仪器与用具

PCR 扩增仪、移液枪、离心机、漩涡混合器、水浴锅、北京六一 DYCP-31DN 型琼脂糖水平电泳仪(胶版 6 cm×6 cm, 6 个点样孔)、NanoDrop ND-2 000 超微量分光光度计、凝胶成像系统、振荡培养箱、超低温冰箱、刀片、塑料薄膜、塑料培养皿、灭菌 PCR 管、灭菌 1.5 mL 离心管、灭菌 2.0 mL 离心管、灭菌 15 mL 离心管和 1.5 mL 灭菌甘油管等。

3. 药剂

(1) *attB*1-*SsNHX*1-*attB*2 PCR 扩增反应试剂

Takara 的 PrimeSTAR® HS(Premix),其中包括 0.05 U/μL 的 PrimeSTAR HS DNA Polymerase、0.4 mmol/L 的 dNTPs 和 2×PrimeSTAR Buffer(其中包含 2 mmol/L Mg^{2+});*SsNHX*1 系列引物(10 μmol/L)、6×DNA Loading buffer、DNA 相对分子质量 Marker、灭菌 ddH$_2$O。

(2) 1% 琼脂糖凝胶配制(100 mL)

称取 1 g 琼脂糖溶于 100 mL 0.5× 的 TBE 缓冲液,在微波炉中加热溶解,等温度降到不烫手时加 5 μL Gel Red 核酸染料,摇匀,然后倒入制胶槽。

(3) *attB*1-*SsNHX*1-*attB*2 基因片段胶回收试剂

Buffer QG(neutralization and bingding buffer) 中包括 5.5 mol/L guanidine thiocyanate(GuS-CN) 和 20 mmol/L Tris-HCL, pH6.6(25℃); Buffer PE(washer buffer) 中包括 20 mmol/L NaCl, 2 mmol/L Tris-HCl pH7.5(25℃) 和 80% 乙醇; Buffer EB(elution buffer) 中包括 10 mmol/L Tris-HCl pH8.5(25℃)。

Buffer QG 配法(100 mL): 向烧杯中加入 2 mL 灭过菌的 1 mol/L Tris-HCl pH8.0,然后加入 65 g GuSCN,先加入适量灭菌 ddH$_2$O,加热磁力搅拌器 65℃ 加热搅拌,直至溶液澄清,然后调节 pH 值为 6.6,最后补足体积。

(4) BP 重组反应试剂

*attB*1-*SsNHX*1-*attB*2 胶回收基因片段、pDONR207 质粒、BP Clonase™ II enzyme mix、灭菌 ddH$_2$O、Proteinase K、Takara 的 DH5α 热激感受态细胞、LB 培养基平板(含有 50 μg/mL Gentamycin)。

LB 培养基平板(50 μg/mL Gentamycin)配法: Luria Broth 粉末(每升包含 10 g Peptone, 5 g Yeast Extract, 10 g NaCl)2.5 g 和 1 g Bacteriological Agar 溶于 100 mL dH$_2$O 中,高温高压灭菌,等温度降到不烫手时,加入 100 μL 50 mg/mL 的 Gentamycin,摇匀后倒入塑料培养皿中,每个培养皿大约 20 mL。待培养基凝固后,可放于 4℃ 冰箱保存。

(5) 菌落 PCR 检测试剂

长出单菌落的 LB 平板,5 mL 灭菌液体 LB 培养基,抗生素(100 mg/mL Rifampicin、50 mg/mL Gentamycin 和 50 mg/mL Kanamycin,这些抗生素都经过 0.22 μm 微孔滤膜过滤除菌)、Taq DNA 聚合酶(2.5 U/μL)、10×Taq 缓冲液(100 mmol/L Tris-HCl pH8.0, 500 mmol/L KCl, 25 mmol/L MgCl$_2$)、dNTPs 溶液(10 mmol/L)、引物 1 上下游引物(10 μmol/L)、6×DNA Loading buffer、DNA 相对分子质量 Marker、灭菌 ddH$_2$O。

(6) 质粒 DNA 提取试剂

Buffer P1(cellsuspension buffer) 中包含 50 mmol/L Tris-HCl pH8.0(25℃) 和 10 mmol/L EDTA,配好后高温高压灭菌,冷却后加入 RNase A,使最终浓度为 50 μg/mL。混匀后,放入

4℃保存；Buffer P2(lysis buffer)中包含 0.2 N NaOH 和 1% SDS，此裂解液需要现配现用，一般需要事先配制少量 0.4 N NaOH 和 2% SDS，0.4 N NaOH 高温高压灭菌，2% SDS 用 0.22 μm 的滤膜过滤灭菌，室温保存，然后用时等体积混合即可；Buffer N3(neutralization and bingding buffer)中包含 4 mol/L guanidine hydrochloride(GuHCL)和 0.5 mol/L 醋酸钾(potassium acetate)，将 pH 调为 4.2，高温高压灭菌，冷却后，放到 4℃ 保存；Buffer PE(washer buffer)中包括 20 mmol/L NaCl，2 mmol/L Tris-HCl pH7.5(25℃)和 80% 乙醇；Buffer EB(elution buffer)中包括 10 mmol/L Tris-HCl pH8.5(25℃)。

(7) LR 重组反应试剂

pDONR207-SsNHX1 质粒 DNA、pEarleyGate 104 质粒 DNA、LR Clonase^{TM} II Enzyme mix、灭菌 ddH$_2$O、Proteinase K、Takara 的 DH5α 热激感受态细胞、LB 培养基平板(50 μg/mL Kanamycin)。

(8) 三亲杂交试剂

DH5α 菌株含有质粒 pEarleyGate 104-SsNHX1、HB101 菌株含有助动质粒 pRK2013、LBA4404 菌株含有辅助 Ti 质粒 pAL4404、LB 平板(50 μg/mL Kanamycin)、LB 平板(100 μg/mL Rifampicin 和 100 μg/mL Streptomycin)、LB 平板无任何抗生素、LB 平板(100 μg/mL Rifampicin 和 50 μg/mL Kanamycin)、5 mL LB 液体培养基(100 μg/mL Rifampicin 和 50 μg/mL Kanamycin)、保存在 4℃ 冰箱的 50% 灭菌甘油。

三、实验方法及步骤

(一) attB1-SsNHX1-attB2 PCR 扩增

第一步 PCR 反应体系为 20 μL，其中 pBIRD-SsNHX1 质粒 DNA(20 ng/μL) 1 μL，引物 1 上下游引物(10 μmol/L)各 0.5 μL，10μL 的 PrimeSTAR$^®$ HS(Premix)，灭菌 ddH$_2$O 8 μL；PCR 结束后 1% 琼脂糖检测，一切正常后，进行第二步 PCR 扩增，反应体系为 50 μL，其中第一步 PCR 反应产物 1μL 为模板，引物 2 上下游引物(10 μmol/L)各 1.5 μL，PrimeSTAR$^®$ HS(Premix)25 μL，灭菌 ddH$_2$O 21 μL。PCR 结束后，5 μL 用于 1% 琼脂糖检测，若相对分子质量大小合适，浓度也比较高时即可进行下一步胶回收目的片段。

两次 PCR 反应程序为：98℃ 变性 3 min；98℃ 变性 10 s，60℃ 退火 10 s，72℃ 延伸 2 min，共 30 个循环；72℃ 延伸 7 min；25℃ 保存 5 min。

(二) attB1-SsNHX1-attB2 基因片段胶回收

(1) 将第二次 PCR 反应产物剩下的 45 μL，全部点进 1% 琼脂糖凝胶点样孔(至少两个点样孔)，然后在新鲜的 0.5×TBE 缓冲液中进行电泳，待溴酚蓝距离胶底 1 cm 左右时结束电泳。

(2) 将一张塑料薄膜放到凝胶成像系统暗箱上，然后把胶放到薄膜上，戴上防护眼罩和手套，打开紫外光，用小刀片切取目的基因，速度要快，一般不超过 30 s，多余的凝胶量要少，切好后关闭紫外光。

(3) 将切下的小胶块放到 2 mL 灭菌离心管，然后加入约三倍体积的 Buffer QG，放到 65℃ 水浴锅中加热，每隔一段时间上下颠倒一下离心管，直至胶块完全溶解。胶块溶解后，可以在胶溶液里加入 30% 的异丙醇，有利于 DNA 的富集，以使较多的 DNA 结合到回收柱子上。

(4) 吸取 700 μL 溶胶液加入 DNA 回收柱子,并把柱子放到一个干净的 2 mL 收集管中,室温下,10 000 r/min 离心 1 min,弃去收集管中的液体,将柱子重新放回收集管中,如果溶胶液多于 700 μL,可重复以上步骤。

(5) 在回收柱子中加入 300 μL Buffer QG,10 000 r/min 离心 1 min,弃去收集管中的液体,将柱子重新放回收集管。

(6) 加 700 μL Buffer PE 到柱子中,10 000 r/min 离心 1 min,弃去收集管中液体,此步骤共进行两次。

(7) 将柱子放回收集管中,然后空柱子 10 000 r/min 离心 1 min,以甩干残余液体,然后把柱子放到一个灭菌过的 1.5 mL 离心管中。

(8) 加入 40 μL 已经在 65℃ 水浴预热过的 Buffer EB,室温下静置 2~3 min,然后 10 000 r/min 离心 2 min,1.5 mL 离心管中的液体即为回收的片段 DNA。可在 1% 琼脂糖凝胶电泳中检测片段大小及其回收质量,目的片段约 1 700 bp,并用 NanoDrop ND-2000 超微量分光光度计测其浓度。

(三) BP 重组反应

BP 重组反应体系为 5 μL,其中包括胶回收基因片段 1 μL (根据估算的浓度加适量体积,使 DNA 量在 10~80 ng),pDONR207 质粒 DNA (100 ng/μL) 1 μL,2 μL 灭菌 ddH$_2$O,1 μL BP Clonase^{TM} II enzyme mix。漩涡仪混匀后,离心,然后室温放置 1 h。

1 h 后,加入 0.5 μL Proteinase K,混匀后放到 37℃ 水浴锅中加热 10 min,用于终止反应。吸取 2.5 μL BP 反应液加入 50 μL DH5α 感受态细胞,放于冰上静置 30 min,然后 42℃ 水浴锅中加热 30 s,再放到冰上静置 2 min,然后加入 500 μL 灭菌过的 LB 液体培养基,37℃ 震荡仪中,220 r/min 振荡培养 1 h。

将菌液 12 000 r/min 离心 1 min,弃去大部分液体,留下 100 μL 左右液体,然后和细菌混匀。在超净工作台中,吸取 50 μL 菌液在 LB 平板 (50 μg/mL Gentamycin) 上画线涂布。封口膜封上后,放于 37℃ 培养箱培养过夜。

(四) 菌落 PCR 检测

在超净工作台中,用移液枪头挑取 LB 平板上 4 个单菌落,混入 PCR 管里事先加入的 20.1 μL 灭菌 ddH$_2$O,模板不宜太多,以水稍微变浑浊为佳。然后吸取 5 μL 加到 5 mL 灭菌 LB 液体培养基的试管中 (含有 50 μg/mL Gentamycin),把混有 4 个单菌落的 4 个试管放到 37℃ 振荡仪中,220 r/min 振荡培养过夜。

在混有单菌落的 PCR 管里,加入引物 1 上下游引物 (10 μmol/L) 各 1.0 μL,2.0 μL 10 × Taq 缓冲液,0.5 μL dNTPs (10 mmol/L),0.4 μL Taq DNA 聚合酶 (2.5 U/μL),最终体积为 20 μL。以一个没有模板的 PCR 管做空白对照,PCR 反应程序为:94℃ 预变性 4 min;94℃ 变性 30 s,60℃ 退火 30 s,72℃ 延伸 1 min,共 30 个循环;72℃ 延伸 7 min,25℃ 保存 5 min。

PCR 结束后,1% 琼脂糖凝胶电泳检测是否能扩出 1 700 bp 左右的目的片段。

(五) pDONR207-ScNHX1 质粒 DNA 提取

挑选 1 个能扩出目的片段的单菌落提取质粒,将前一天放到 37℃ 震荡仪中的试管取出,找到对应编号的菌液提取质粒。

(1) 从 5 mL 菌液中移出来 1.4 mL 到 1.5 mL 灭菌离心管中,在 12 000 r/min 下离心

1 min，弃掉上清液，重新转移 1.4 mL 菌液到此离心管中，离心 1 min，弃掉上清液。

(2)向离心管中加入 250 μL Buffer P1，并用移液枪混匀；加入现配好的 Buffer P2 250 μL，轻轻地上下颠倒离心管 4~5 次，然后室温放置 2 min；然后加入 350 μL Buffer N3，轻轻地上下颠倒离心管 4~5 次，放入离心机 12 000 r/min 离心 10 min。

(3)缓慢吸取上清液约 700 μL 加入 DNA 回收柱子中，将柱子放到 2 mL 干净的收集管中，12 000 r/min 离心 1 min，弃掉收集管中的液体，将回收柱子放回到收集管中。

(4)加入 700 μL 的 Buffer PE，12 000 r/min 离心 1 min，弃掉收集管中的液体，将回收柱子放回到收集管中；重复此步骤一次。

(5)将空柱子放回到收集管中，12 000 r/min 离心 1 min，然后将空柱子放到一个干净的 1.5 mL 离心管。

(6)加入 50 μL 已经在 65℃ 水浴预热过的 Buffer EB，室温下静置 2~3 min，然后 12 000 r/min 离心 2 min，1.5 mL 离心管中的液体即为 pDONR207-ScNHX1 质粒 DNA。用 NanoDrop ND-2000 超微量分光光度计测其浓度。

(六)LR 重组反应

LR 重组反应体系为 5 μL，其中 pDONR207-ScNHX1 质粒 DNA 1 μL（根据估算的浓度加适量体积，使 DNA 量在 20~80 ng），pEarleyGate 104 质粒 DNA（100 ng/μL）1 μL、LR Clonase™ II Enzyme mix 1 μL、2 μL 灭菌 ddH_2O。漩涡仪混匀后，离心，然后室温放置 1 h。

1 h 后，加入 0.5 μL Proteinase K，混匀后放到 37℃ 水浴锅中加热 10 min，用于终止反应。吸取 2.5 μL LR 反应液加入 50 μL DH5α 感受态细胞，放于冰上静置 30 min，然后 42℃ 水浴锅中加热 30 s，再放到冰上静置 2 min，然后加入 500 μL 灭菌过的 LB 液体培养基，37℃ 振荡仪中，220 r/min 振荡培养 1 h。

将菌液 12 000 r/min 离心 1 min，弃去大部分液体，留下 100 μL 左右液体，然后和细菌混匀。在超净工作台中，吸取 50 μL 菌液在 LB 平板(50 μg/mL Kanamycin)上画线涂布。封口膜封上后，放于 37℃ 培养箱培养过夜。

(七)菌落 PCR 检测并提取质粒 DNA 测序

菌落 PCR 检测同上，挑取 2 个能扩出目的片段的单菌落，提取质粒 DNA pEarleyGate 104-SsNHX1，送生物公司测序。经测序无误后，从提质粒剩下的菌液中吸取 10 μL 接种于新鲜的 5 mL LB 液体培养基(50 μg/mL Kanamycin)，37℃ 下 220 r/min 振荡培养过夜。培养过夜后，在超净工作台中，吸取 700 μL 菌液于 1.5 mL 灭菌甘油管，然后加入 500 μL 灭菌过的 50% 甘油，混匀后放入 -80℃ 超低温冰箱保存。

(八)三亲本杂交将质粒从大肠杆菌转移到农杆菌 LBA4404 菌株

从 -80℃ 超低温冰箱取出农杆菌 LBA4404 的甘油保存，在超净工作台中用移液枪头挑取少许在 LB 平板(100 μg/mL Rifampicin 和 100 μg/mL Streptomycin)上画线涂布，放到 28℃ 培养箱中培养 36~48 h；取出 DH5α(pEarleyGate 104-ScNHX1) 和 HB101(pRK2013) 的甘油保存，挑取少许在 LB 平板(50 μg/mL Kanamycin)上画线涂布，并放到 37℃ 培养箱中培养 12~24 h。三种细菌都长出来一定量时，将每种细菌用移液枪头挑取少许混合到没有任何抗生素的 LB 平板的中央位置，然后放到 28℃ 培养箱中培养 48 h。

用枪头挑取少量混合的细菌涂到 LB 平板(100 μg/mL Rifampicin 和 50 μg/mL Kanamycin)

的边缘部位，然后画线涂布，并放到28℃培养箱中培养36~48 h，直到单菌落长出来。挑取4个单菌落做菌落PCR，并同时将它们接种到5 mL液体LB(100 μg/mL Rifampicin和50μg/mL Kanamycin)中，28℃震荡培养24~36 h。

挑取1~2个菌落PCR能扩出目的条带的单菌落做甘油保存。将该单菌落的菌液转入到15 mL离心管中，高速离心，去掉大部分培养基，留下大约700 μL培养基和菌体混合，然后转移到甘油管中，加入500 μL的50%甘油，放到-80℃超低温冰箱保存。至此，植物双元表达载体pEarleyGate 104-SsNHX1已经构建好，并将其转化到农杆菌中，为植物遗传转化做好了准备工作。

（苗佳敏）

43 农杆菌介导的烟草瞬时转化

一、目的和意义

瞬时转化又称瞬时表达技术，它是在相对短的时间内将目标基因转入靶细胞，在细胞内建立暂时高效的表达系统，获得该目的基因短暂的高水平表达的技术。与稳定表达相比，瞬时表达有一系列优点：所需时间短，不需要将外源基因整合到宿主植物染色体中，比较适用于基因和蛋白的一些细胞生物学研究。

农杆菌渗透法是目前最常用的植物瞬时表达技术之一，它是近年来发展形成的一种快速有效地分析基因表达的方法。其原理是将目的基因插入双元载体，转化到根癌农杆菌中，后者经酚类化合物（如乙酰丁香酮）诱导处理，在转录水平激活Vir区基因表达，真空渗透或注射使农杆菌与植株叶片细胞接触，从而实现T-DNA转移进入植物细胞。在这一过程中大部分T-DNA并未整合进入植物基因组而是暂时存在于核内并在植物细胞转录和翻译成分的协助下瞬时表达T-DNA基因，几天后即可检测到外源基因的表达，而少量整合进植物染色体的T-DNA在瞬时表达中不起作用或极为微弱。农杆菌介导法瞬时转化的技术流程主要分为：双元表达载体构建并转化农杆菌、农杆菌培养、针管注射浸润和瞬时表达（图43-1）。

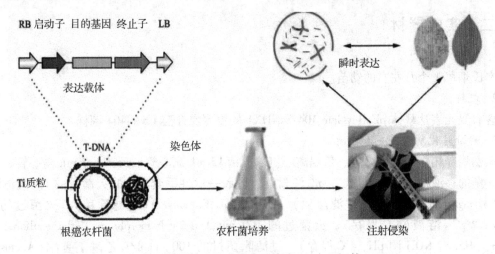

图43-1　农杆菌渗透法技术流程示意图（引自邱礽等，2009）

与农杆菌介导法等传统的转基因过程相比，瞬时表达法具有很多优点：①操作简易和周期短。传统的稳定转化系统，从转化到获得转基因植株至少需要几个月甚至更长的时间，且转化效率比较低，瞬时表达系统仅需要几天，避免了繁琐的植物组织培养过程；②表达效率高。当单链的T-DNA进入植物细胞后，大多未整合到植物基因组中，其表达不受基因位置和基因沉默的影响，因而表达效率更高，可达稳定转化表达量的数倍；③安全高效。稳定表达的转基因植物存在食物链污染，花粉传播引起的基因漂移等转基因安全问题，瞬时表达中的基因转移及其表达是一个独立的过程，不产生可遗传的后代，其生物安全性要高得多，且试验结果更为直观可靠；④不需要筛选基因。稳定的转基因转化通常需要抗生素或其他筛选基因进行初步筛选，其转基因植株也相对存在着转基因安全问题，瞬时表达无需筛选基因，减少了转基因中抗生素等带来的不安全因素；⑤能在完整植株上进行。在分析外源基因表达的互作与生物或非生物胁迫时，能够更真实地反映植物体内的基因表达模式；⑥表达细胞呈块状分布，容易分离并进行 RNA 和蛋白质水平的体外分析；⑦载体可以更小，更容易转化较大的目的片段和多个基因。其缺点是，应用受到物种与农杆菌的亲和性限制；目前研究的大部分是叶片组织；另外，农杆菌本身对植物抗病性有潜在影响。

瞬时表达的检测同稳定表达的检测基本相同，不同的是瞬时表达检测时间和部位更加严格，一般在注射后几天内进行检测或者进一步分析，检测部位一般为注射部位。不同的植物在注射后表达量随时间而变化，检测方法也依目的而定，如外源基因表达一般在注射农杆菌 2~3 d 后，收获注射叶片并进行 RNA 或蛋白提取纯化，然后进行相应的 cDNA 反转录并 PCR 检测或 Western blot 等分子生物学检测。本氏烟草（*Nicotiana benthamiana* Domin.）是澳大利亚特有的一种烟草属植物，因具有显著的易感染性，被广泛用于植物与病原互作和植物基因功能的研究。另外，利用农杆菌渗透本氏烟草叶片能很方便地进行蛋白瞬时表达亚细胞定位及蛋白互作实验，绿色荧光蛋白（GFP）或 Gus 基因常作为报告基因，对瞬时表达过程进行跟踪分析。

本实验的目的是了解农杆菌渗透转化法的原理，并掌握农杆菌渗透法瞬时转化烟草叶片的方法以及 cDNA 检测目的基因的表达。

二、实验器材

1. 材料

本氏烟草 1 个月左右的幼苗。

2. 农杆菌

含有双元表达载体 pEarleyGate 104-SsNHX1 的根癌农杆菌 LBA4404 菌株。

3. 瞬时转化所需药剂和用具

振荡培养箱、光照培养箱、低温离心机、灭菌 15 mL 离心管、灭菌 1.5 mL 离心管、移液枪、灭菌的移液枪头、小刀片、1 mL 注射器、乳胶一次性手套、5mL 灭菌过的 LB 液体培养基、100 mg/mL Rifampicin（过滤除菌）、50 mg/mL Kanamycin（过滤除菌）、灭菌过的 100 mmol/L $MgCl_2$ 溶液（4℃保存）、灭菌过的 100 mmol/L 2-(N-morpholino) ethanesulfonic acid（MES，pH5.6，KOH 调 pH，4℃保存）、过滤除菌过的 100 mmol/L 乙酰丁香酮（Acetosyringone，As，4℃保存）、70% 乙醇和吸水纸。

4. 荧光信号检测所需药剂和用具

荧光显微镜、小剪刀、载玻片和盖玻片。

5. cDNA 检测所需药剂和用具

小剪刀、电子天平、铝箔纸、液氮、研钵、研钵杵、Trizol（4℃保存）、iScript™ cDNA 合成试剂盒、北京六一 DYCP-31DN 型琼脂糖水平电泳仪(胶版 6 cm×6 cm，6 个点样孔)、PCR 扩增仪、移液枪、乳胶一次性手套、一次性口罩和帽子、电动匀浆器、无水乙醇、焦碳酸二乙酯(DEPC)、DEPC 水、小药匙、RNase-free 移液枪头、RNase-free 2.0 mL 离心管、RNase-free 1.5 mL 离心管、已灭菌 PCR 管、75%乙醇(DEPC 水配制)、DEPC 水配制的 1.2%琼脂糖凝胶(含有 Gel Red 核酸染料)、DEPC 水配制的 $0.5×TBE$ 缓冲液、RNase-free ddH_2O 等。

三、实验方法及步骤

(一)农杆菌培养

在超净工作台中，加入 5 μL Rifampicin(100 mg/mL)和 5 μL Kanamycin(50 mg/mL)到含有 5 mL LB 液体培养基的试管中；然后用移液枪挑取少量 LBA4404(pEarleyGate 104-SsNHX1)甘油保存，转接入 5 mL LB 液体培养基中，试管帽盖上后，将该试管放到 28℃振荡培养箱培养 24 h。

(二)瞬时转化接种液配制

将 5mL 菌液转入 15mL 离心管，高速离心后，去掉上清液，用 5mL 缓冲液(含有 10 mmol/L $MgCl_2$ 和 10 mmol/L MES)悬浮菌体，充分混匀后，高速离心，然后去掉所有上清液。此步的目的是漂洗菌株，洗掉多余的抗生素。

配制农杆菌介导缓冲液，其中包含 10 mmol/L $MgCl_2$、10 mmol/L MES 和 200 μmol/L As，此缓冲液最好现用现配。吸取 1 mL 介导缓冲液到 15 mL 离心管中和农杆菌混匀，然后转移到 1.5 mL 离心管，并在室温下静置 3h。乙酰丁香酮(As)为酚类化合物，可诱导农杆菌中辅助 Ti 质粒 Vir 区基因表达，其表达产物能激活 T-DNA 转移到植物细胞中，所以此步静置目的即为诱导 Vir 区基因表达。

静置 3h 后，用比浊法测定菌液浓度。由于细菌悬液的浓度与浑浊度成正比，因此可利用分光光度计测定菌悬液的光密度来推知菌液的浓度。细菌类一般在 600 nm 的波长下测其光密度，来作为其浓度。以介导缓冲液为空白对照，用介导缓冲液将菌液稀释 10 倍，然后测定其在 600 nm 波长下的光密度，用所得的数值乘以 10 即为菌液浓度。

根据所测得的浓度，用介导缓冲液将菌液稀释至 OD_{600} 数值为 0.5，最终体积 2 mL 足以。此液体即可作为农杆菌瞬时转化的接种液。

(三)农杆菌瞬时转化烟草叶片

1 个月左右的本氏烟草叶片为接种对象，选取 3 片叶子接种。此处操作需要戴一次性乳胶手套。先用 70%的乙醇将小刀片消毒，然后用小刀片在叶片上切一小口；1 mL 注射器去掉针头，吸取 1 mL 瞬时转化接种液，在叶片的小口处，注射菌液进去，直至整个叶片或部分叶片被菌液侵染，接种后，用吸水纸将多余菌液蘸取干净。3 片叶子都接种完毕后，将烟草放到 24 h 光照培养箱培养 3 d。

(四)荧光显微镜检测

由于 pEarleyGate 104 在 attR1 序列前面有一个 EYFP(Enhanced yellow fluorescent protein)，增强型黄色荧光蛋白，它和后面的 Gateway 序列在 35S 启动子作用下共同表达。所以重组后，SsNHX1 基因就和 EYFP 组成融合蛋白，EYFP 可以作为报告基因，通过荧光显微镜检测荧光信号，就可确认目的基因的表达。光照培养 3 d 后，用小剪刀在接种叶片的边缘剪取小块叶片，放到干净的载玻片上，滴上一滴水，然后盖上盖玻片。在荧光显微镜绿光激发下检测 EYFP 信号。因为外源目的基因和 EYFP 荧光蛋白是融合到一块的，所以能检测到荧光信号的话，外源目的基因即可确定表达了。

(五) 接种部位总 RNA 的提取

用改良的 Trizol 法提取 RNA，Trizol 成分主要是苯酚、异硫氰酸胍和 β-巯基乙醇，可使细胞结构降解，核蛋白与核酸迅速分离，溶解蛋白质，大大抑制 RNase 酶的活性。操作过程需戴一次性的乳胶手套、口罩和帽子，并不断更换手套。

(1) 研钵、研钵杵、小药匙、RNase-free 移液枪头、RNase-free 2.0 mL 离心管和 RNase-free 1.5 mL 离心管等，高温高压灭菌 30 min，冷却后可将它们放到超低温冰箱预冷；配制 2 L 的 DEPC 水：在两个 2.5 L 的锥形瓶中加入 1 mL 焦碳酸二乙酯（DEPC），然后加 dH_2O 定容到 1 L，终浓度为 0.1%，在磁力搅拌器中搅拌过夜，此间 RNase 酶的活性被破坏，然后铝箔纸封口，高温高压灭菌 30 min，以除掉 DEPC，成为 DEPC 水；移液枪用 DEPC 水配制的 75% 的乙醇擦拭备用。

(2) 小剪刀用 DEPC 水配制的 75% 的乙醇消毒，然后剪取 100 mg 注射区域的叶片，共 3 个注射区的 3 个样品，包到铝箔纸中，然后放到液氮中，同时剪一个没有注射过农杆菌的叶片做空白对照。

(3) 将叶片取出放到预冷的研钵中，加上液氮用研钵杵研磨成细粉，期间可多加几次液氮；用预冷的小药匙将细粉转移到预冷过的 RNase-free 2.0 mL 离心管中，然后加入 1 mL Trizol，此处注意粉末在加入 Trizol 之前不能化冻，防止降解；用电动匀浆器匀浆 30 s，室温裂解 10 min，然后 -80℃ 冻存 30 min；融化后，4 ℃ 12 000 r/min 离心 10min，冻融过程可再次帮助更加充分地裂解细胞、分离蛋白和 RNA。

(4) 取上清液到另一 RNase-free 2.0 mL 离心管中，加 200 μL 氯仿，用手来回颠倒离心管混匀后，室温放置 15 min，此处禁用漩涡振荡仪，避免基因组 DNA 断裂。

(5) 4℃ 12 000 r/min 离心 15 min，离心后分三层，下层苯酚氯仿层（含有蛋白质）、中间层（含有 DNA），上层无色水样层包含 RNA，从离心机取离心管时要轻，以免下层物质震荡到上层。

(6) 轻轻吸取上清液约 600 μL，到 RNase-free 1.5 mL 离心管中，此过程要避免吸取到中间层液体，然后加入等体积的氯仿:异戊醇（24:1），上下颠倒混匀后，室温放置 15 min，然后 4℃ 12 000 r/min 离心 15 min。

(7) 取上清液约 500 μL 到另一 RNase-free 1.5 mL 离心管中，加等体积异丙醇，颠倒充分混匀，-20℃ 冰箱放置 30 min，然后 4℃ 12 000 r/min 离心 10 min。

(8) 弃上清液，RNA 沉淀于管底，用 DEPC 水配制的 75% 乙醇 1.3 mL 洗涤沉淀，把沉淀弹起来，悬浮于 75% 乙醇中，静置 1~2 min，然后 4℃ 8 000 r/min 离心 5 min，洗涤过程可以除去残留的有机溶剂，此步骤可重复两次。

(9) 用移液枪将 75% 乙醇去除干净，室温自然干燥，但不能过于干燥，否则很难溶解；加入 50 μL RNase-free ddH_2O 溶解 RNA，若较难溶解，可在 60℃ 水浴中加热促溶。

(10) 将电泳槽用 DEPC 水配制的 75% 乙醇洗干净，然后用 DEPC 水稀释 5×TBE 缓冲液成 0.5×TBE，作为电泳缓冲液；用 DEPC 水配制 1.2% 琼脂糖凝胶（含 Gel Red 核酸燃料）；

将 5 μL RNA 混合 1 μL 6×RNA 电泳上样液加入点样孔，150 V 电压电泳 15 min，然后紫外线检测；完整的总 RNA 应该能看到三条带，分别是 28 S、18 S 和 5 S（图 43-2），这三条都是 rRNA，且 28 S 亮度约为 18S 的两倍，5 S 条带比较弱，有时可能看不到，因为异丙醇主要沉淀 DNA 和大分子 rRNA 和 mRNA，对 5 sRNA 和 tRNA 产生沉淀较少，所以看不到 5 sRNA 未必是 RNA 降解；植物细胞内的 mRNA 仅占 1%~5%，一般观察不到，所以主要根据 28 S 和 18 S rRNA 的完整性来估计 mRNA 的降解情况，但绝大多数 mRNA 在 3′端都有一个 polyA 尾巴，根据此特征可用寡聚脱氧胸苷（Oligo dT）层析柱从总 RNA 中分离出 mRNA。

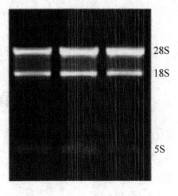

图 43-2　总 RNA 完整条带
（引自 baike. soso. com）

（六）cDNA 合成并检测外源目的基因的表达

(1) 根据说明书，用适量 RNA，用 iScript™ cDNA 合成试剂盒中的随机引物逆转录 mRNA，合成第一链 cDNA，将其余 RNA 放入 -80℃冰箱保存。

(2) cDNA 为模板，PCR 扩增 *SsNHX*1 基因编码序列；PCR 反应体系为 20 μL，其中 cDNA（灭菌 ddH$_2$O 稀释 5 倍）2 μL，*SsNHX*1 基因引物 1 上下游（10 μmol/L）各 1.0 μL，2.0 μL 10×Taq 缓冲液，0.5 μLdNTPs（10 mmol/L），0.4 μL Taq DNA 聚合酶（2.5 U/μL），灭菌 ddH$_2$O 补足 20 μL。PCR 反应程序为：94℃预变性 4 min；94℃变性 30 s，60℃退火 30 s，72℃延伸 1 min，共 30 个循环；72℃延伸 7 min，25℃保存。

(3) 1% 琼脂糖凝胶电泳检测，空白对照不能扩出条带，接种部位若能扩出 1 700 bp 的目的片段，则说明该外源目的基因经过农杆菌瞬时转化，已经在烟草叶片中表达。

（苗佳敏）

44 农杆菌介导的 floral–dip 法转化拟南芥

一、目的和意义

花序浸渍法(floral dip)是农杆菌介导的以活体植株为受体系统的遗传转化法。Clough 在农杆菌菌液中加入了蔗糖和一种表面活性剂物质 Silwet L–77，将菌液与植株的花序接触而不需要进行抽真空处理，并首次应用该方法转化拟南芥获得成功，floral–dip 得以产生。

研究表明，在 floral–dip 转化中，T–DNA 携带的目的基因是异源插入。拟南芥自花授粉，异源插入可能发生于花发育后期。单独浸染拟南芥的雄蕊和雌蕊时，在雌蕊后代中检测到转化株，而雄蕊后代中未发现，表明雌蕊是转化的受体。农杆菌浸渍处理后，GUS 染色发现胚珠显色，而花粉和花药未显色，说明转化的有效部位为雌配子体，但不排除雄配子体存在小概率转化。拟南芥的子房室不总关闭，卵细胞发育突出，会延伸成瓶状结构并在顶部开口，花发育后期子房室顶部闭合。转化一般在花芽形成前 5~10 d 进行，此时雌蕊开放，农杆菌进入子房能将 T–DNA 转移到卵细胞。在 floral–dip 转化过程中，由于表面活性剂较强的吸附性和渗透能力，减少了液体的表面张力，有利于农杆菌的吸附；蔗糖能保持花粉内外压强一致，并为转化提供能量，利于农杆菌在受体表面生存，蔗糖还能诱导 Vir 基因的表达，进而诱导农杆菌的转化；农杆菌首先进入受体植株细胞外空间，并保持不活跃状态，直到受体植株开花授粉形成配子体后，某一天被配子体组织的某一特殊细胞类型激活而发生 T–DNA 转化，所获得的转化种子一般为杂合子。

农杆菌介导的 floral–dip 转基因方法与其他转基因方法相比较，其特点：①不受宿主植物基因型的影响，可以将外源基因导入难以建立再生体系的植物中；②操作简单，能直接获得转化的种子，无需经过烦琐的组织培养阶段，大大减少了产生体细胞无性系变异的可能性；③对精密仪器和昂贵药品的依赖较小，投入的人力、物力、财力很少；④可以在短期内获得大量的转基因植株，创造大量的突变株，对功能基因组的研究意义重大。目前对此方法的研究主要集中在拟南芥，能够运用此方法转基因的受体植物物种范围狭窄，且运用此方法获得转化成功的例子较少。研究材料除拟南芥外还有萝卜、白菜和油菜等芸薹属植物，这些植物都为双子叶植物，单株收种数目较大，花序为无限花序。此方法转基因还有一个缺点，就是获得的转基因植株后代为杂合体，需要进行自交才能获得纯合的转基因植株。

本实验的目的是学习花序浸渍法转化拟南芥的原理，了解此技术的优缺点，掌握花序浸渍法转化拟南芥的操作技术及相关鉴定阳性植株的方法。

二、实验器材

1. 材料

哥伦比亚野生型拟南芥。

2. 农杆菌

含有双元表达载体 pEarleyGate 104 – SsNHX1 的根癌农杆菌 LBA4404 菌株。

3. 仪器与用具

超净工作台、4℃冰箱、光照培养箱、振荡培养箱、PCR 扩增仪、离心机、分光光度计、灭菌 PCR 管、三角瓶(50 mL、1 000 mL)、移液枪、离心瓶(1 000 mL)、镊子、塑料培养皿、铝箔纸、托盘、保鲜膜、塑料花盆(口径约 9 cm)、营养土、蛭石、载玻片、盖玻片、小剪刀等。

4. 药剂

(1) LB 液体和固体培养基

LB 粉末 25 g/L + Bacteriological Agar10 g/L，高温高压灭菌，等温度降到不烫手时，加入 100 mg/L 的 Rifampicin(Rif) 和 50 mg/L 的 Kanamycin(Km)，摇匀后倒入培养皿中，每皿 20 mL。待凝固后，可放于 4℃ 冰箱保存。液体 LB 不需要加 Agar 和抗生素，5 mL 和 500 mL 液体 LB 配制在三角瓶中，铝箔纸封口，高温高压灭菌，冷却后，放到室温备用。

(2) MS 培养基平板

①无菌苗培育培养基：1/2MS + 20 g/L 蔗糖 + 7 g/L Agar，pH5.8；②筛选培养基：1/2 MS + 20g/L 蔗糖 + 7 g/L Agar + 0.5 mg/L 维生素 B5(VB5) + 10 mg/L 草丁膦(PPT) + 0.1% 植物组培抗菌剂(Plant Preservative Mixture, PPM)，其中，VB5、PPT 和 PPM 都需 0.22μm 滤膜过滤除菌。

(3) 种子消毒用

70% 乙醇、0.1% $HgCl_2$、Tween-20、灭菌 dH_2O。

(4) 转化缓冲液

5% 蔗糖溶于 1/2MS 液体培养基，然后加入 0.02% 的 Silwet L-77(转化时现加)。

(5) PCR 鉴定

Taq DNA 聚合酶(2.5 U/μL)、10 × Taq 缓冲液(100 mmol/L Tris-HCl pH 8.0, 500 mmol/L KCl, 25 mmol/L $MgCl_2$)、dNTPs 溶液(10 mmol/L)、*SsNHX*1 基因引物 1 上下游引物(10 μmol/L)、6 × DNA Loading buffer、DNA 相对分子质量 Marker、灭菌 ddH_2O。

三、实验方法及步骤

(一) 拟南芥培养与处理

在超净工作台中，将拟南芥种子先用 70% 的乙醇浸泡 30 s，再用 0.1% 的 $HgCl_2$ 溶液(加几滴 Tween – 20) 处理 10 min，用灭菌 ddH_2O 清洗 3 ~ 5 次，然后将种子放到灭菌滤纸上弄干。用 70% 乙醇消毒过的镊子把种子点播在无菌苗培育培养基，后置于 22℃/18℃、16 h/8 h 光照培养箱培养 10 d。将已灭菌的营养土和蛭石按体积比 1:1 混合，分装到小号塑料花盆中，然后把 1/2MS 培养基上长出的小苗移栽进去，一个花盆移栽两株。先用保鲜膜将花盆覆盖 2 d 以缓苗，然后去掉保鲜膜培养大约 1.5 个月，当茎高约 5 cm 时，去其顶生花序，继续生长 7 ~ 10 d，当测枝长度为 2 ~ 10 cm，植株有较多未开放的花蕾和极少数果荚时，即可用于转化。

(二) 农杆菌转化液培养

用枪头从菌株 LBA4404(pEarleyGate 104 – SsNHX1) 的甘油保存中挑取少许，在 LB 平板

(100 μg/mL Rif 和 50 μg/mL Km)上画线，28℃培养约 36 h 直至看到单克隆为止。在 5 mL 液体 LB 培养基中加入 5 μL 100 mg/mL Rif 和 5 μL 50mg/mL Km，用枪头挑取一个单克隆加入 5 mL 液体 LB，在 28℃、220 r/min 速度下振荡培养过夜。然后将培养过夜的菌液转移到含有相同抗生素的 500 mL LB 液体培养基，在相同条件下振荡培养直至 OD_{600} 达到 0.8 左右。然后将菌液倒入 1 000 mL 离心瓶中，离心收集沉淀，将沉淀用 500 mL 转化缓冲液悬浮混匀，然后离心再次收集沉淀，此步用于除去残留的抗生素。然后用 400 mL 转化缓冲液悬浮沉淀，混匀后倒入 500 mL 广口烧杯中，加入 80 μL Silwet L-77，混匀后即可用作转化液。

(三) 菌液浸泡拟南芥花序

将培养拟南芥的小塑料花盆倒置，将花序浸泡在菌液中 1 min，共浸泡 5 个花盆的植株，经浸泡的植株侧放于托盘中，覆盖保鲜膜，25℃黑暗培养 1 d，然后将花盆放正，去掉保鲜膜，正常光照培养 10 d 左右时，可进行第二次浸泡，浸泡后操作同第一次。去掉保鲜膜后，在光照培养箱中培养直至成熟，果荚变黄。然后收集 T_0 代种子置于含有干燥剂的 1.5 mL 离心管中，以待筛选。

(四) 拟南芥 T_0 代种子初步筛选

将部分 T_0 代种子按照第一步的方法消毒，然后用镊子点播于筛选培养基，放到光照培养箱中培养。7~10 d 后种子会相继萌发，两周后，未经转化的植株将会死亡，挑选长势健康强壮的幼苗移栽到装有营养土和蛭石的塑料花盆中，每个花盆种一株，用保鲜膜覆盖，放于光照培养箱中培养 4 d，然后去掉保鲜膜继续生长。

(五) 拟南芥 T_0 代荧光显微镜鉴定

当初步筛选的 T_0 代植株长到 1 个月左右时，用小剪刀剪取幼嫩的小叶片，放到载玻片上，滴一滴水，然后盖上盖玻片，荧光显微镜检测 EYFP 荧光信号。此时可用野生型拟南芥叶片作为对照。野生型和假阳性植株都将无荧光信号，有荧光信号的可以确定为阳性植株。

(六) 基因组 DNA 检测

将荧光信号检测为阳性的植株，采集叶片，用 CTAB 法提基因组 DNA，野生型基因组 DNA 为空白对照。用 SsNHX1 基因引物 1 上下游引物扩增基因组 DNA，PCR 扩增体系和程序同实验 44。野生型基因组 DNA 扩不出目的条带，若筛选的 T_0 代植株能扩出约 1.7 kb 的目的片段，则可确定外源目的基因已经成功整合进该拟南芥植株的基因组。

(七) T_1 代种子收获

经荧光信号和基因组 DNA 检测，确定为阳性的植株，待植株即将开花时，套上透明塑料袋，以防窜粉，然后按单株收获种子，即 T_1 代。将 T_1 代种子保存在放有干燥剂的灭菌离心管中备用。

(苗佳敏)

45 农杆菌介导转化苜蓿

一、目的和意义

农杆菌在自然状态下具有趋化性地感染大多数双子叶植物的受伤部位,并诱导产生冠缨瘤或发状根。研究表明根癌农杆菌和发根农杆菌细胞中分别含有 Ti 和 Ri 质粒,上面有一段 T-DNA 区,可以通过一系列过程进入植物细胞,并将这一段 T-DNA 插入到植物基因组中,这是农杆菌侵染植物后产生冠缨瘤或发状根的根本原因。因此农杆菌是一种天然的植物遗传转化体系,人们可将所构建的目的基因插入到去除了致瘤基因的 Ti(Ri) 质粒的 T-DNA 区,借助农杆菌侵染受体植物细胞后 T-DNA 向植物基因组的高频转移和整合特性,实现目的基因对受体植物细胞的转化,然后通过植物组织培养技术获得转基因再生植株。农杆菌介导法转基因技术的关键是 T-DNA 整合受体植物基因组的过程,这一过程依赖于 Ti 质粒上的 T-DNA 区,和 Vir 区各种基因的表达,以及一系列蛋白质和核酸的相互作用。其过程是:植物细胞在受伤后细胞壁破裂,分泌高浓度的创伤诱导分子,它们是一类酚类化合物,如乙酰丁香酮和羟基乙酰丁香酮等。农杆菌对这类物质具有趋化性,在植物细胞表面发生贴壁现象,继而植物创伤分子诱导农杆菌 Vir 区各种基因的激活和表达,导致 T-DNA 被剪切、加工,形成 T-链蛋白复合体,它通过农杆菌和植物细胞壁、细胞膜及核膜,最终整合到植物基因组。

农杆菌介导法转化外源基因,该方法操作简便、转化效率高,基因转移是自然发生的行为,外源基因整合到受体基因的拷贝数少,基因重排程度低,转基因性状在后代遗传的比较稳定。不同的植物由于受基因型、发育状态、组织培养难易程度等因素的影响,农杆菌介导的转化相应地采取不同方法。常用的农杆菌介导转化方法是叶盘法。

本实验的目的是了解农杆菌介导转化植物的原理,通过以紫花苜蓿为实验材料,学习并掌握农杆菌叶盘法转化植物的技术流程以及相关检测方法。

二、实验器材

1. 材料

新疆和田大叶紫花苜蓿。

2. 农杆菌

含有双元表达载体 pEarleyGate 104 - SsNHX1 的根癌农杆菌 LBA 4404 菌株。

3. 仪器与用具

超净工作台、4℃冰箱、光照培养箱、振荡培养箱、灭菌锅、PCR 扩增仪、pH 计、离心机、50 mL 离心管、PCR 管、三角瓶、广口瓶、移液枪、镊子、培养皿、保鲜膜、花盆、营养土、蛭石、载玻片、盖玻片、小剪刀。

4. 药剂

(1) LB 液体和固体培养基

LB 粉末 25 g/L + Bacteriological Agar 10 g/L，高温高压灭菌，等温度降到不烫手时，加入 100 mg/L 的 Rifampicin(Rif) 和 50 mg/L 的 Kanamycin(Km)，摇匀后倒入培养皿中，每皿 20 mL。待凝固后，可放于 4℃ 冰箱保存。液体 LB 不需要加 Agar 和抗生素，50 mL 液体 LB 配制在三角瓶中，铝箔纸封口，高温高压灭菌，冷却后，放到室温备用。

(2) MS 培养基平板

① 无菌苗培育培养基：1/2MS + 蔗糖 20 g/L + Agar 7 g/L，pH5.8；② 诱导培养基：MS + 蔗糖 20 g/L + 2,4-D 2 mg/L + KT 0.25 mg/L + Agar 7 g/L，pH5.8；③ 共培养培养基：MS + 蔗糖 20 g/L + 2,4-D 2 mg/L + KT 0.25 mg/L + Agar 7 g/L + 100 μmol/L 乙酰丁香酮(As)，pH5.8。其中 As 配制时需要溶到 DMSO 中，0.22 μm 有机系滤膜过滤除菌，然后灭菌后加入；④ 筛选培养基：MS + 蔗糖 20 g/L + 2,4-D 2 mg/L + KT 0.25 mg/L + Agar 7 g/L + PPT 8 mg/L + 0.1% PPM，pH5.8。其中，PPT 和 PPM 需要用 0.22 μm 滤膜过滤除菌，灭菌后加入；⑤ 分化培养基：MS + 蔗糖 20 g/L + KT 0.25 mg/L + Agar 7 g/L + 0.1% PPM，pH5.8；⑥ 生根培养基：1/2 MS + Agar 7 g/L + 0.05% PPM，pH5.8。生根培养基配制在有一定高度的广口瓶中。

(3) 种子消毒用剂

70% 乙醇、0.1% $HgCl_2$、吐温 - 20(Tween - 20)、灭菌 dH_2O。

(4) PCR 鉴定

Taq DNA 聚合酶(2.5 U/μL)、10 × Taq 缓冲液(100 mmol/L Tris - HCl pH8.0，500 mmol/L KCl，25 mmol/L $MgCl_2$)、dNTPs 溶液(10 mmol/L)、*SsNHX*1 基因引物 1 上下游引物(10 μmol/L)、6 × DNA Loading buffer、DNA 相对分子质量 Marker、灭菌 ddH_2O。

三、实验方法及步骤

(一) 外植体的获得及预培养

超净工作台中，将紫花苜蓿种子先用 70% 的乙醇浸泡 30 s，再用 0.1% 的 $HgCl_2$ 溶液(加几滴 Tween - 20)处理 10 min，用灭菌 dH_2O 清洗 3~5 次，然后将种子放到灭菌滤纸上弄干。用灭菌过的镊子把种子点播在育苗培养基上，置 25℃ 光照培养箱培养。待成苗后，选取健壮的幼嫩叶片，用灭菌过的小剪刀去主脉剪成 0.5 cm^2 的小块，作为外植体。用镊子把切成小块的叶片，放到诱导培养基上，25℃ 暗培养 3~4 d。

(二) 农杆菌培养

用枪头从菌株 LBA4404(pEarleyGate 104 - SsNHX1) 的甘油保存中挑取少许，在 LB 平板(100 μg/mL Rif 和 50 μg/mL Km) 上划线培养，28℃ 培养约 36 h 直至看到单菌落为止。在 50 mL 液体 LB 培养基中加入同样浓度的 Rif 和 Km，用枪头挑取一个单菌落加入 50 mL 液体 LB，在 28℃、220 r/min 速度下振荡培养直至 OD_{600} 达到 0.5~0.6。将菌液倒入 50 mL 离心管中离心收集沉淀，用 1/2MS 液体培养基(pH5.8) 悬浮沉淀后离心，以除掉残留的抗生素，然后用 40 mL 的 1/2MS 液体培养基继续悬浮沉淀，混匀后，即可用于侵染叶片。

(三) 农杆菌侵染共培养

将经过预培养的叶片浸入装有 40 mL 农杆菌菌液的离心管中，振荡仪中 100 r/min 振荡培养 10 min。取出叶片放到灭菌滤纸上，吸干表面的菌液，放到铺有一层灭菌滤纸的共培养培养基中，加盖密封放到培养箱 25℃ 暗培养 3 d。

(四) 抗性苗的筛选

将共培养的叶片放到灭菌过的三角瓶中，加入含有 4% PPM 的灭菌水中，振荡漂洗 10 min，倒掉液体后，重新加入新鲜的含有 4% PPM 的灭菌水，震荡漂洗 10 min，倒掉液体。然后置于灭菌滤纸上，吸干液体，放于筛选培养基上，让叶片与培养基充分接触。初次选择培养在 25℃ 暗培养 5 d，然后 16 h 光照/8 h 黑暗，光照强度 1 000 Lux 进行抗性愈伤组织诱导和筛选；每两周继代 1 次，经 2~3 次继代后，将生长旺盛、外观黄绿、致密的抗性愈伤组织转移到分化培养基上进行分化培养(25℃，16 h 光照/8 h 黑暗，光照强度 3 000 Lux)。

(五) 生根壮苗培养

在分化培养基上，大概两周后新鲜的胚状愈伤组织上开始有绿色芽点出现。每 15 d 继代 1 次，待小苗长至 2 cm 时将其转移到装有生根培养基的广口瓶中，每个瓶子一株。将根系生长健壮、株高约 5~6 cm 的植株的瓶子打开盖子，加入适量灭菌水，开盖培养炼苗 3 d，然后洗去培养基，将小苗移栽于花盆中，移到温室培养，花盆中有灭菌过的营养土和蛭石按 1:1 比例混合。刚开始 4 d，用保鲜膜覆盖植株过渡培养，然后去膜培养。

(六) 荧光信号检测

当初步筛选的抗性植株(T_0)在温室培养 1 个月左右时，剪取叶片用荧光显微镜检测 EYFP 荧光信号，有荧光信号的可以确定为转基因阳性植株。

(七) 基因组 DNA 检测

经荧光检测为阳性的植株，用 CTAB 法提取幼嫩叶片的基因组 DNA，同时取未转基因的野生型材料基因组 DNA 为空白对照。用 *SsNHX*1 基因引物 1 上下游引物扩增基因组 DNA。野生型基因组 DNA 扩不出目的条带，若筛选的 T_0 代植株能扩出约 1.7 kb 的目的片段，则可确定外源目的基因已经成功整合进紫花苜蓿的基因组。

(八) T_1 代种子收获

经荧光信号和基因组 DNA 检测，确定为阳性的植株，待植株即将开花时，套上透明塑料袋，以防窜粉，然后按单株收获种子，即 T_1 代。将 T_1 代种子保存在放有干燥剂的灭菌离心管中备用。

(苗佳敏)

第4篇

草类植物栽培

46　田间试验设计

一、目的和意义

按照试验的目的要求和试验地的具体条件，将各试验小区在试验地上做最合理地设置和排列，称为田间试验设计。正确的田间试验设计，可以有效地减少试验误差和估算误差，其有利于试验的准确性和试验效率的提高。

二、制订田间试验计划

田间试验活动的主要依据是田间试验计划书。试验的水平与结果都与计划书的制定正确与否有着密切的联系。因此，制订田间试验计划书时，必须遵循主客观条件，力求能体现出代表性、科学性及实用性的特点。田间试验计划书一般包括种植计划、田间种植图和观察记载表。

(一) 种植计划

种植计划一般包括下列项目：
(1) 试验名称、地点及时间。
(2) 试验目的及其依据，包括现有的科研成果、发展趋势及预期效果。
(3) 试验地基本情况，包括试验地面积、位置、土质、地形、前茬及水利条件等。
(4) 试验处理方案，主要包括供试处理及试验材料名称等。
(5) 试验设计，包括小区面积、长度、宽度、行数、重复次数及排列等。
(6) 整地播种及田间管理措施。
(7) 田间观察记载和室内考种、分析测定内容及方法。
(8) 计划编制人及执行人姓名。

(二) 田间种植图

田间种植图是试验各部分的布局和具体设计，它是试验地田间区划的依据。田间种植图必须结合试验地的具体条件妥善拟定，具体应注意以下 4 个问题：

(1) 草类植物育种试验的鉴定圃、品比试验和区域试验等的小区试验、土肥试验，一般宜设在试验地土壤肥力最均匀的地段；育种试验的亲本、观察材料和良种繁育区对肥力的要求可以放宽。

(2) 计产的小区试验，各重复内肥力应相对均匀一致，重复间允许有一定肥力差异。设置小区时，应注意肥力趋向或坡向。

(3) 合理安排试验地的排灌渠道及人行道、观察记载通道等的位置。人行道宽度一般为 0.5 m。

(4)每个试验小区(或每行试验观察材料)都要顺序编号,整个试验中不得有重号,应插牌做好标记。

(三)田间观察记载

观察记载是农业田间试验的一项不可缺少的重要工作。在草类植物的生长发育中,只有认真地观察并记载饲草与环境条件的反应及饲草自身的特征特性,才能积累大量的资料,有助于试验结果的分析,以便得出正确结论。田间观察记载及室内考种项目有:

1. 试验地田间栽培技术的观察记载

记载田间栽培技术,如播种、施肥、灌溉、中耕培土、防治病虫害等的时间、方法、数量及效果,有助于正确分析试验效果。

2. 气候条件的观察记载

气候条件对草类植物的生长发育有很明显的影响。正确记载试验过程中的气候条件和对草类植物各生育期的影响,分析环境条件与饲草生长发育之间的变化规律,探讨适应性、抗逆性等有着重要作用。

3. 物候期的观察记载

豆科牧草及饲料作物的观察记载项目主要有出苗期、分枝期、现蕾期、开花期、结荚期及成熟期等;禾本科牧草及饲料作物的观察记载项目有出苗期、分蘖期、拔节期、孕穗期、抽穗期、开花期、成熟期等。

4. 主要经济性状的调查

饲草经济性状的调查项目较多,如大麦幼苗习性、苗色、株形、株高、茎秆粗细、基本苗、有效穗数、每穗粒数、穗型、壳色、千粒重、粒色、饱满度等。

5. 抗逆性的观察记载

对抗逆性的观察与记载,如冻害程度、抗倒伏性、抗落粒性、抗病虫性、抗旱性等,其观察记载具有重要的实际意义。

三、田间试验设计

根据试验目的、试验材料数量、试验因子,确定田间试验中的排列方式。单因子随机排列设计法可采用随机区组设计和拉丁方设计法;复因子随机排列设计可采用随机区组设计和裂区设计法。

四、试验小区的设置

试验小区的设置主要包括确定适当的处理数目、小区面积、形状、重复次数及设置对照区和保护行(区)等问题。

(一)处理数目

组织试验需要考虑适当的处理数目,处理数目过少,影响试验的准确性及代表性,试验效果差,意义不大;处理数目过多,用地面积大,肥力差异悬殊,工作量大,也影响试验结果的准确性。因此,一个试验的处理数目一般以 5~10 个为宜。

(二)试验小区面积

试验小区面积大小因参试牧草种类、试验目的确定,小区面积变动范围一般为 5~15 m^2。

(三) 小区形状

试验小区的形状一般有2种，正方形和长方形。一般以长方形为好，因长方形不易独占肥力斑块，且处理较多时，各小区按窄边排在一起，不致占地太长，可减少趋向式肥力差异引起的误差。同时，长方形便于田间作业，如用机器操作，可减少机器转向次数。长宽比例以 3∶1~5∶1 为好。大区试验的长宽比例不受此限制。对邻区边行影响较大的试验，如肥料试验、灌溉试验、病虫害防治试验等，宜采用正方形或接近正方形的小区形状，以减少边行影响的面积。

(四) 重复次数

在田间试验中，由于重复可有效地减少土壤肥力差异引起的误差，因而大都在试验设计中采用重复。重复的次数一般为3~4次，重复次数过少，试验误差大，准确度低；反之，则增加工作量，占用大量人力物力，易产生人为试验误差，也不能有效地保证试验的准确性。

(五) 设置对照区和保护行(区)

在整个试验区四周应设保护行，保护行的宽度不少于 1 m (高大型牧草应相应增加宽度，至少能种植 4 行以上试验的同类牧草)。

小区间及试验与保护行间应设走道，宽度应不大于 50 cm，便于田间观察记载和界线划分。

五、田间试验的方法及步骤

(一) 施基肥

试验地所用基肥必须充分腐熟，彻底拌匀，质量一致，数量统一，撒施均匀，防止新的肥力差异的产生，对于准确度要求高的单、复因子试验，施肥要求更严。

(二) 整地

对试验地的平整，要求犁、耙等措施一致，达到耕深一致，土地平整，且全部措施的实施过程要短，最好能在 1~2 d 内完成。

(三) 区划

整地完毕后要进行区划。区划时应根据田间种植图的各项标示，将试验地的总长、宽度丈量，然后区划出各个试验及各排、小区走道、保护行等的界线，此后用划行器进行划行或人工踩行。有灌溉条件的试验地，应先打好畦，然后再划行。试验区形状依据勾股定理确定，方法是先用标杆将试验地较长的一边取直并且固定下来，然后再丈量纵横各线，通常是把皮尺的 0、3 m、7 m、12 m 四处分别定在直角三角形的 3 个顶点上，保证纵横各线成垂直关系，如图46-1所示。

试验地区划后，在每一小区前插上牌子，标明区号及处理名称。

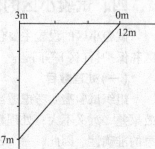

图46-1 应用勾股定理测长边的垂线

(四) 播种

试验地区划完毕后，可按照计划日期进行播种。播种前应注意下面几个问题：

(1) 供试种子应为经检验符合标准的种子，质量要高，来源要统一。否则，试验的准确性将受到影响。

(2)将播种材料装在种子袋中，袋上注明行(区)号及材料名称。播种的方法可采用条播、穴播、撒播等，不论何种方法，播种力求均匀一致。一个试验的播种任务最好在1 d内完成，如1 d不能完成，也要先播完一个重复，不要在一个重复内中断。同时，还要严防错播、漏播。出苗后应立即检查，发现有漏播，应立即催芽补播，并在计划书上注明补播的区(行)号及面积等。

(五)田间管理、观察记载及收获

试验过程中各项田间管理措施，如施肥、浇水、中耕等也要求均匀一致。一个试验的田间作业最好在1 d完成，否则，也应该完成一个重复，第2天再完成其他重复。进行草类植物生育期记载时，应准确及时，它是掌握试验材料客观规律的重要手段。

1. 取样的方法

田间试验的观察样点的选取，通常有以下方法：第一种是顺序取样法，即在试验小区内按照一定间隔取一定数量的植株作为一个调查单位。这种方法取样均匀，它一般适合穴播植物且小区总株数不多，行、株距较宽的田间试验；第二种是随机取样法，如条播牧草、饲料作物可先随机决定取样单位在哪几行，然后再决定在哪一段取样，避免人的主观意识造成的误差；第三种是五点取样(或对角线取样)法，样点应距地边至少5 m，以避免边际影响。取点时要避开缺苗断垄或生长特殊的样点，以减少误差，提高准确度。

2. 调查项目及方法

调查项目主要有物候期、抗逆性、形态特征、生育动态及经济性状等，以不漏测规定的任何一个物候期为原则。一般每隔2 d观察1次，观察时间和顺序多固定在双日下午进行。在饲草的观察上，采用目测法和定株法进行判断。

3. 注意事项

当成熟期不一致时，应先收成熟早的；当缺株或漏播面积超过小区面积的5%时，计产时应将其从计产面积中扣除，以免造成较大的试验误差；在育种试验的品系鉴定及品比试验中，若有的品系在田间明显表现不好，经田间评定，可就地淘汰，不列入试验的收获范围；测定产量时，对于大区试验，若面积较大或者因其他条件限制，全区测产有困难，可用取样测产的方法，通过样点的产量折合成公顷产量。样点面积，饲草一般为1 m^2，样点多少依面积大小、生长均匀程度而定，通常多用五点取样法。当面积较大时，可多取样点，反之样点可适当少些；当生长均匀度高时样点可少些，反之应增设样点，保证试验具有代表性。

(南丽丽)

47　田间出苗率的测定

一、目的和意义

熟悉田间取样的方法，掌握牧草田间出苗率的调查方法。

二、实验器材

不同出苗情况的牧草；皮尺（米尺）、1 m^2 的样方框、铅笔、笔记本。

三、实验方法及步骤

(一) 田间取样法

田间取样就是在大田选取具有代表性植株的过程。样点的设置原则是：

①凡地段地形复杂时多设；反之，则少设。
②面积越大，设点越多。
③生长整齐，成熟一致的地块可以少设；反之，应增加样点数。
④品种越杂，设点越多。当然各作物有不同的规定，在样点设置原则上，要灵活掌握。但要始终把握住样点的均匀性和代表性这两个原则。

在一块地中，取样的方法一般有：

①梅花形取样法　这种方法适应于地块不大，整齐性较好的地块。
②对角线取样法。
③棋盘式取样法。

后两种取样法，适应于地块较大和整齐性较差的地块。每一个样点必须距地边3m以上，不能将有特殊表现的地方选作样点，样点在田间的分布要相对均匀。

(二) 田间出苗率的调查

牧草种子萌发后，幼苗露出地面称为出苗，有50%的幼苗露出地面时，称为出苗期。调查牧草出苗率时，先根据田间取样的要求确定好样点，然后查清每样点内的苗数，记入表内（表47-1）。调查完毕后，将同一地块各样点苗数总计、平均，即求出样点的平均苗数。再计算每公顷苗数（基本苗），进而可求出田间出苗率。

$$田间出苗率(\%) = \frac{每公顷基本苗}{每公顷有效种子粒数} \times 100 = \frac{样点平均苗数}{样点内有效种子粒数} \times 100 \quad (47-1)$$

表47-1　牧草田间出苗率调查表

地块名称	样点苗数								合计	平均	每公顷苗数	出苗率(%)
	1	2	3	4	5	6	7	8				

（刘艳君）

48 高质量人工草地的建植与管护

一、目的和意义

人工种草高产、稳产，营养丰富，富含家畜所需的蛋白质、维生素和其他营养物质，粗纤维含量低，柔嫩多汁，易消化，其加工利用形式多样，夏秋季可青饲，冬春季可调制干草、草粉、草块，周年均衡地为畜牧业提供高产优质的饲草饲料，是发挥优良畜种生产性能的物质保障和发展现代畜牧业的物质基础。

二、种（品种）选择

不同饲草其植物学特征和生物学特性各异。建植饲草生产田时要根据所在地区的气候特点选择适宜的种和品种。在干旱地区，可选择抗旱的饲草种类，如沙打旺、碱茅、小冠花和紫花苜蓿中抗旱性强的品种；在高寒阴湿区，可选择耐寒性强的饲草品种，如老芒麦、红豆草、红三叶、猫尾草等。为了达到高产优质，在条件允许的情况下，尽量选择适应性强、应用性能高的优良豆科饲草。

三、地块选择与土壤耕作

建植饲草生产田的土地，要选择地势开阔平坦、通风、光照充足、土层深厚、质地良好的地块。饲草种子细小，幼苗纤细，顶土能力差，苗期生长缓慢。为保证出苗，播种前要精耕细作，前作物收获后，进行浅耕灭茬、耙耱、镇压等一系列作业，以消灭杂草、保墒蓄水。翌年播种前再进行一次犁耕、耙耱、镇压，使土壤表层疏松平整。

四、播种

建植饲草生产田的播种材料，要求纯净度高，籽粒饱满均匀，生活力强，无病虫害。饲草在春、夏、秋季均可播种。春季土壤墒情好，春播利于出苗，但控制杂草难度大；干旱地区春季降水少，旱作时可考虑早春顶凌播种，即开春土壤解冻之初利用宝贵的冻融水抓苗。夏季气温高，雨水多，播后幼苗生长快，但易受病虫和杂草危害。秋季播种杂草少，土壤水分条件好，气候适宜，有利于饲草种子萌发和幼苗生长，但当年生长时间短，存在不能安全越冬的危险。一般而言，寒冷地区晚春、温暖地区早秋、干旱无灌溉地区雨季为饲草最佳播种期。播种前根据土壤条件施有机肥 $15\sim30$ t/hm^2，或 47 kg N/hm^2，120 kg P_2O_5/hm^2。

(一)播种方式

1. 单播

(1)条播

按一定的行距一行或多行同时开沟、播种、覆土一次性完成的方式,是饲草的主要播种方式,一般收草行距 15~30 cm,收籽行距 45~60 cm。此方法有行距无株距,通风透光条件好,利于田间管理。

(2)撒播

把种子尽可能均匀地撒在土壤表面并轻耙覆土的播种方法。在种植规模大、整地质量好、能及时灌溉时可采用机械撒播后镇压;面积小的山坡地、果园隙地可人工撒播;撒播后要及时耙平、覆土并镇压。

(3)带肥播种

与播种同时进行,把肥料条施在种子下 4~6 cm 处的播种方式。优点是根系扎入肥区,便于苗期迅速生长,提高幼苗成活率,防止杂草滋生。

(4)保护播种

保护播种是指多年生饲草在一年生作物保护下进行播种的方式。多年生饲草苗期生长缓慢,持续时间长,长时间的裸地容易造成水分散失,也容易滋生杂草,严重时会危害牧草,导致种草失败。采用保护播种,既可以抑制杂草生长,又可以保护多年生饲草幼苗的正常生长。一般保护播种法多用于北方干旱、寒冷地区。在陕西、山西、甘肃、内蒙古等地,春季或夏初时节,伴播一年生保护作物,如油菜、燕麦、胡麻、荞麦等,可抑制杂草生长、减轻水土流失;在山东地区,常把多年生饲草播种在玉米、小麦、高粱地里,以大田作物保护多年生饲草幼苗的生长,这些作物收获后,多年生饲草幼苗能及时利用大田充足的水分和养分,迅速生长,既增加了单位面积复种指数,又保证了多年生饲草免受大田杂草的危害。另外,干旱地区低畦播种便于畦灌;多雨地区高畦播种便于排水;起垄播种利于早春提高地温、便于沟灌和沟排、坡地上还具有减轻水土流失之功效;干旱且无灌溉条件地区犁沟播种利于出苗和蓄积雨水。

保护播种主要以间行条播常见,即在种植多年生饲草的行间播种保护作物。多年生饲草播种行距不变,以其单播规定为准,若多年生饲草播种行距为 30 cm,则多年生饲草与保护作物的行间距为 15 cm。为减少保护作物对多年生饲草的竞争,比多年生饲草提前播种保护作物 10~15 d 是有好处的。但因费工麻烦,实践中多采用同时播种,这样也便于保证播种质量。多年生饲草的播种量同单播,保护作物的播种量为单播量的 75%~50%,目的是减少保护作物对多年生饲草的竞争。

2. 混播

将生长习性相近的牧草种子混合在一起播种,称为混播。以下是混播的主要方式:

(1)同行条播

将混合牧草播于同一行内,行距通常 7.5~15 cm。这种方法的优点是省工、操作较为简便;缺点是由于各种牧草种子大小、形状不一致,覆土深度难以同时控制,难以保证播种质量,同时造成幼苗的竞争,彼此抑制。

(2) 间行条播

即播种 1 行牧草, 相邻播种 1 行另类牧草, 将豆科和禾本科分别间行播下。可分为窄行间行条播(行距为 15 cm)和宽行间行条播(行距为 30 cm)。采用紫花苜蓿与禾草间行条播证明, 在旱作区是一种较为理想的方式, 但一般经 3、4 年后豆科牧草自然衰退, 混播草地的产量下降。同行还是间行条播取决于混播牧草的生物学类群和生物学特性。紫花苜蓿与草地羊茅、披碱草、猫尾草可同行条播, 白三叶与多年生黑麦草适宜间行条播。试验证明, 间行条播具有较大的优越性, 起着保护作物的作用, 对牧草的抑制较小, 并且能保证混播的各种牧草的播种深度和播种均匀, 田间管理也较方便。目前多采用这种方法。

(3) 交叉播种

一种或几种牧草在同一行条播之后, 与该播行垂直方向再播种其他牧草。这种方法的优点是牧草间的抑制作用较小, 每种牧草播种深度适当, 播种较均匀。缺点是需要进行两次播种, 投入花费较多, 同时田间管理工作比较困难。

(4) 撒播

将各种牧草混合或分别撒在田间, 然后再覆土。这种播种技术容易掌握, 播种速度快; 但种子分布不均匀, 抓苗保苗困难, 不便于田间管理。

(二) 播种的深度

一般来说, 小粒种子, 播种深度为 1~2 cm; 中粒种子, 为 3~4 cm; 大粒种子, 为 5~7 cm。

(三) 播种量

单播播种量(kg/hm^2) = 保苗系数 × 田间合理密度(株/hm^2) × 千粒重(g) ÷ [净度(%) × 发芽率(%) × 100], 保苗系数与牧草种类、种子大小、栽培条件、土壤条件和气候条件有关, 牧草一般为 3.0~9.0, 饲料作物一般为 1.5~5.0。

两种牧草混播时, 每种牧草的播种量, 各按单播量的 80% 计算。

三种牧草混播时, 两种同科牧草各按单播量的 35%~40% 计算, 另一不同科的牧草播种量为单播量 70%~80%。

四种牧草混播时, 两种豆科和两种禾本科牧草各按单播量的 35%~40% 计算。

五、田间管理

1. 施肥

施肥是调节土壤肥力, 补充饲草生长养分, 保证高产、稳产的主要措施。在氮、磷、钾肥中, 氮肥主要促进植株地上部生长, 使饲草分蘖增多, 叶色加深, 枝条生长加快; 磷肥促进植株花芽分化, 有利于饲草根系的发生和生长, 同时可增强饲草的抗旱、抗寒性; 钾肥促进枝条的横向生长, 使饲草产量提高, 同时可增强饲草的抗寒、抗旱、耐高温和抗病虫能力。在饲草生长季内, 要根据气候条件和土壤条件进行合理施肥。禾本科和豆科饲草的分蘖(分枝)期和拔节期是对养分最敏感的时期, 孕穗(现蕾)期的旺盛生长和刈割后的再生生长, 是对养分的最大效率期, 此时施纯 N 75 kg/hm^2 有利于获得较高草产量。在每年冬季早春施用 15~20 t/hm^2 有机肥, 对于人工草地的长期稳产高产具有极其重要的作用。

2. 灌水

水分对饲草产量的影响是生理性的。适量的水分对饲草种子的萌发，幼苗和成株的生长都是极其重要的。在饲草生长发育期内，不同发育阶段对水分的需求不同，出苗至抽穗期，土壤湿度要保持在田间持水量的80%左右；初穗(初花)期土壤湿度应保持在田间持水量的70%左右。在整个生长期，要定期测定土壤水分，根据土壤水分含量进行灌溉。返青期视土壤墒情浇水，禾本科饲草从分蘖到开花，豆科饲草从孕蕾到开花，都需要大量水分，这段时间要进行灌溉，灌水量为 1 200 m^3/hm^2。刈割后为了促进饲草再生，应结合施肥进行灌溉，灌水量同前。

3. 喷施微肥

微肥对牧草生产具有特殊作用。将钼酸铵、硼酸、硫酸铜等几种微量元素按一定比例混合施用，对饲草，尤其是豆科饲草的增产效果非常显著，效果大小取决于微肥的混合比例和施用水平。播种当年和生长第二年，在拔节期分3次叶面喷施0.05%钼酸铵和0.38%硼酸，可显著提高饲草产量。

4. 病虫、草害防除

在饲草生长发育过程中，如果空气湿度过大，气温较高，很容易发生病虫害。播种当年，由于饲草生长缓慢，杂草危害相当严重，要及时防除。从生长第二年开始，饲草生长发育速度加快，杂草危害减轻，但病虫害危害相对严重，而且随着饲草生长年限的增加，危害越来越重，要注意及时防治。

(南丽丽)

49 牧草饲料作物开花期形态识别

一、目的和意义

植物花的发育是植物个体从营养生长向生殖生长转变的结果，相应的分生组织属性也经历了从营养型向生殖型的转变。花发育的过程可分为开花决定(flowering determination)、花的发端(flower evocation)和花器官的发育(floral organ development)三个阶段。其中开花决定又称成花诱导，是植物生殖生长启动的第一个阶段，决定开花时间。该阶段茎端分生组织在形态上没有变化，但在生理生化和基因表达等方面却发生了明显的变化。不同植物在进化过程中演化出不同的生殖策略：一些植物的开花时间主要受光照、温度、水分、营养条件等环境因子的影响，以使植物能在最适条件下开花结果；另一些植物则对环境变化不敏感，由营养生长的积累量等内部信号引起开花。缺乏营养和干旱、过分拥挤等胁迫条件也可引起开花结果。花的发端，即茎端分生组织(shoot apical meristem, SAM)向花分生组织的转变，由花分生组织特性基因(floral meristem identity genes)控制，这类基因在成花转变中被激活，又控制着下游花器官特性基因和级联(cadastral)基因的表达。花器官的发育由器官特性基因(organ identity genes)控制，该类基因又称为同源异型基因(homeotic genes)，决定一系列重复单位的特性，如花的轮、昆虫的节等。其时间和空间表达模式十分精确，在某一细胞中特定的基因组合即决定其发育形态。

通过对牧草开花期形态(花序类型、小花数、有限花序、无限花序)的观察，掌握被子植物生殖器官雌雄蕊的发生、分化和成熟过程中的形态、结构和功能。此项观察可作为识别品种、制订杂交计划的主要依据。开花期种和品种的特征特性已比较明显，是种子田纯度检验的有利时期，有利于种子田去杂去劣，将不是本种(品种)的植株一律拔起运出田外，进而提高种子田种子真实性和纯度。亦为选育自交系等提供理论指导。

二、实验器材

1. 材料

不同属种、不同生活年限的豆科、禾本科或其他科栽培牧草地，饲料作物地。

2. 用具

放大镜、镊子、剪刀、直尺、记录板等。

三、实验内容和方法

（一）花的形态结构观察

被子植物的完全花通常由花梗、花托、花萼、花冠、雄蕊、雌蕊等部分组成。

花梗是花连接茎枝的部分，是各种营养物质由茎输送至花的通道，并起支持花的作用。果实形成时，花梗成为果柄。

花托是花梗顶端略微膨大的部分。花萼、花冠、雄蕊和雌蕊由外至内依次着生在花托上。

花萼是花的最外一轮变态叶，由若干萼片组成。萼片常呈绿色，结构与叶相似。

花冠位于花萼的内轮，由若干花瓣组成。花瓣离合因不同植物而异。油菜、胡萝卜等的花，花瓣之间完全分离，称为离瓣花；南瓜、甘薯、马铃薯等的花，花瓣之间部分或全部合生，称为合瓣花。许多植物的花冠带有鲜艳的颜色，并散发出特殊的香味，以吸引昆虫传粉，这类花称为虫媒花。有些植物，如禾本科植物的花，花冠退化，适应风力传粉，这类花称为风媒花。

雄蕊着生在花冠的内侧，是花的重要组成部分之一。一朵花中的雄蕊数目常随植物种类而不同，但同一植物的雄蕊数目是基本稳定的。每个雄蕊由花药和花丝两部分组成。花药是花丝顶端膨大成囊状的部分，内部有花粉囊，可产生大量的花粉粒。花丝细长，基部着生在花托或贴生在花冠上。

雌蕊位于花的中央，是花的另一个重要组成部分。由柱头、花柱、子房三部分组成。柱头位于雌蕊的上部，是承受花粉粒的地方，常扩展成各种形状。风媒花的柱头多呈羽毛状，以增加其接受花粉粒的表面积。花柱位于柱头和子房之间，是花粉萌发后，花粉管进入子房的通道。子房是雌蕊基部膨大的部分，外为子房壁，内为1至多个子房室。胚珠着生在子房壁内，受精后，整个子房发育成果实，子房壁成为果皮，胚珠发育为种子。

根据花中雌、雄蕊的有无，花又可分为两性花、单性花和无性花（中性花）三类。兼具雄蕊和雌蕊的花为两性花，如大豆、燕麦、油菜、苜蓿、三叶草、黑麦草等的花为两性花。仅有雄蕊或雌蕊的花为单性花；只有雌蕊的花，称为雌花；只有雄蕊的花，称为雄花。如南瓜的花为单性花，雌花、雄花同株异位。花中既无雌蕊，又无雄蕊的花，称为无性花，如向日葵花序边缘的舌状花。

（二）花序

花序是指花在花轴上的排列情况。花序可分为无限花序和有限花序两大类。生产中常见的饲料作物和牧草的花序为无限花序，即花序轴顶端分化新花能力可以保持一个相当时期，花序轴上的花，下部的先开，依次向上开放，花序轴不断增长。如为平顶式的花序轴，花由外围依次向中心开放。

无限花序主要有以下几种：

(1) 总状花序

花有梗，排列在一个不分枝且较长的花轴上。花轴能不断向上生长。如毛苕子、苜蓿、箭筈豌豆、红豆草、鹰嘴豆、鹰嘴紫云英。

(2) 穗状花序

与总状花序相似，但花无梗或极短。例如，老芒麦、披碱草、黑麦草、小黑麦。穗状花序如花轴膨大，则称肉穗花序，其基部常为若干苞片组成的总苞所包围，玉米的雌花序即为肉穗花序。

(3) 柔荑花序

与穗状花序相似，但一个花序全是单性花（全是雄花或雌花），常无花被，开花结果后，整个花序脱落。

(4) 圆锥花序

圆锥花序即复合的总状花序。总花梗伸长而分枝，各枝为一总状花序，下部分枝长，上部分枝短，整个花序呈圆锥形。例如，高羊茅、紫羊茅、籽粒苋、早熟禾、燕麦、苏丹草、鸭茅、䔧草、猫尾草、杂交酸模。

(5) 伞形花序

花梗近等长，花梗集生于花序轴的顶端，状如张开的伞，如小冠花、百脉根。如果在花序轴上每个总花梗再形成一个伞形花序，称为复伞形花序，如胡萝卜花。

(6) 头状花序

花无梗或近无梗，花多数集生于一短而宽，平坦或隆起的花序轴顶端上，形成一头状体，如向日葵、菊苣、串叶松香草。

(南丽丽)

50 牧草生产性能的测定

一、目的和意义

刈割是牧草利用的主要方式，合理的刈割能促进牧草的生长与发育，从而提高生物量与营养含量，但过度刈割反而抑制牧草的再生生长，甚至影响其持久利用与多年生牧草的安全越冬。

当从外地引种优良牧草或推行某一项新的农业技术措施时，由于当地生境条件的改变，牧草的生长发育状况也可能随之变化，对此所引起的变化（如株高、分枝分蘖数、草产量等）进行调查和测定，鉴定其优势，明确其经济价值和推广价值，避免给生产造成损失。同时通过测定牧草的生产性能，对于建立和合理利用人工草地，评定草地载畜量及草地类型的划分和分级提供必备的基础数据。

二、实验器材

1. 材料

不同属种、不同生活年限的豆科、禾本科或其他科栽培牧草地，饲料作物地。

2. 用具

镰刀或小型割草机、秤、天平、钢卷尺、塑料袋、线绳。

三、实验方法与步骤

（一）草产量的测定

1. 草产量的种类

（1）生物学产量

牧草生产期间生产和积累的有机物质的总量，即整个植株（不包括根系）总干物质的收获量。牧草的干物质组成中，有机物质占 90%~95%，矿物质占 5%~10%，可见有机物质的生产和积累是形成产量的主要物质基础。

（2）经济产量

生物学产量的一部分，经济产量是指种植目的所需要的产品收获量。经济产量的形成是以生物学产量即有机质总量为物质基础，没有高的生物学产量，也就没有高的经济产量。但有了高的生物学产量，究竟能获得多少生物产量，还需要看生物学产量转化为经济产量的效率。

$$经济系数 = 经济产量/生物产量 \qquad (50\text{-}1)$$

经济系数越高，说明有机质的利用越经济。

因牧草种类和栽培目的不同,它们被利用作为产品的部分也不同,如牧草种子田的产品是籽实,生产田的产品为饲草等。

2. 样地大小

小区面积的选择会影响试验的准确性。一般小区面积的变动范围为 $6.6 \sim 66 \text{ m}^2$。

(1) 取样测产

当试验地面积较大,全部测产人力、物力、时间不允许时采用取样测产,取样方法通常采用随机取样、顺序取样、对角线取样。取样时,小区面积不能太小,根据小区面积的大小,一般取 1 m^2、2 m^2、3 m^2、4 m^2、…,且需要重复 4 次。

(2) 小区测产

采用小区测产时,小区面积应考虑边际效应和生长竞争的大小。边际效应是指小区两边或两端的植株,因占有较大空间环境导致生长表现出现差异。生长竞争是指当相邻小区种植不同种或相邻小区施用不同肥料时,由于株高、分蘖力或生长期的不同,通常将有一个边行或更多边行受到影响。对边际效应或生长竞争的处理办法,是在小区面积中,剔除可能受影响的边行和两端,以减少误差。一般小区的每一边可剔除 1~3 行,两端各剔除 33~66 cm,余下的面积称为刈割面积或计产面积。

3. 测定方法

用镰刀(剪刀)齐地面或离地面 3~4 cm 刈割并立即称重,为鲜草产量;从鲜草中称取 1 000 g 装入布袋阴干,至重量不变时为风干重。从风干草或鲜草中称取 500 g,放入 105℃ 烘箱内杀青 10 min 后再到 65℃ 烘 24 h,烘至恒重,即为干物质量(绝干重),重复 4 次。因测定目的不同,时间规定也不一样,按时间特征来归纳,可以分为 3 种产量测定方法。

①平均产量 是在人工草地利用的成熟时期测定第一次草产量,当牧草生长到可以利用的高度时,再测定其再生草产量,再生草可以测 1 次、2 次及多次,各次测定的产量相加,是全年的平均产量。

②实际产量 也称利用前产量,即比测定平均产量早一些或晚一些所测定的产量称实际产量。第一次测定后每次刈割或放牧时重复测定产量,各次测定的产量之和,就是全年实际产量。

③动态产量 是在不同生育时期测定的一组产量。可以按生育时期测定产量也可以按天数长短进行测量,如 42d 或 30d 测量草产量。

(二)种子产量的测定

(1) 选定样方 6~10 个,总面积为 6~10 m²。
(2) 调查每样点有效株数,求平均值,再求每公顷的株数。计算公式为:

$$每公顷的株数 = 取样点平均株数 \div 取样点面积 \times 10\ 000 \tag{50-2}$$

(3) 调查每株平均粒数,取代表性植株 20 株计算每株粒数,再求平均数。
(4) 千粒重测定
(5) 根据公式求出产量。计算公式为:

$$种子产量(kg/hm^2) = 每公顷株数 \times 每株平均粒数 \times 种子千粒重 \div 1\ 000 \tag{50-3}$$

(三)叶茎比的测定

牧草营养物质的主要部分在叶片中,因此牧草的叶量在很大程度上影响了饲草中的营养物质含量。同时，叶量大适口性好，消化率也高。其测定方法如下：在测定草产量的同时取代表性草样200~500 g，将茎、叶、花序分开，待风干后称重，计算各占总重量的百分比。花序算为茎的部分。禾本科牧草的茎包括茎和叶鞘，豆科牧草的叶包括小叶、小叶柄、托叶。

（四）植株高度和生长速度的测定

植株株高与产量呈正相关，高植株通常有更高的相对产量潜力。植株高度分为：

①草层高度　是指大部分植株所在的高度。

②真正高度（茎长）　是指植株和地面垂直时的高度，或者是把植株拉直以后茎的长度。

③自然高度　牧草在自然生长状态下的高度，即植株生长的最高部位到垂直地面的高度。直立生长的牧草自然高度与真正高度相差无几，但对匍匐型牧草来说，差别很悬殊。

植株高度从地面量至叶尖（开花期）或花序顶部，禾本科牧草的芒和豆科牧草的卷须不算在内。株高的测定采用定株或随机取样法，取代表性植株40株平均。测定时可根据不同目的在各生育时期进行或每隔10 d测定1次。

牧草生长速度是指单位时间内牧草增长的高度。其测定多结合株高测定进行。多采用定株法每10 d或20 d或30 d测定1次，计算出每天增长的高度。

（五）分枝、分蘖数的测定

牧草从分蘖节长出侧枝称为分蘖；牧草从根颈上长出侧枝称为分枝。分枝、分蘖数的多少与播种密度、混播比例有关，且直接关系到产量的高低。

分枝、分蘖数的测定，根据不同目的可在不同生育时期进行，一是在测定过草产量的样方内取代表性植株10株，连根拔出（拔5~10 cm即可），数每株分枝、分蘖数，取平均值。二是取代表性样段3行，每行内定50~100 cm，数每行样段内逐单株分枝、分蘖数，求其平均值。

牧草的生产性能结果填入表50-1至表50-5，并对2种牧草的生产性能状况进行分析。

表50-1　牧草高度观察记载表

区号\植株号数	1	2	3	4	5	6	7	8	9	10	总计	平均株高（cm）

表 50-2 牧草种(品种)产量测定表

种(品种)编号	生育时期	刈割期	刈割次数	刈割面积(m²)	刈割高度(cm)	鲜草产量(kg)				产鲜草(kg/hm²)	500g鲜草烘干重(g)	干草比率(%)	产干草(kg/hm²)
						Ⅰ	Ⅱ	Ⅲ	小区平均				

表 50-3 牧草种(品种)产量汇总表　　　　　　　　　　　　　　　　　　　　　　　　kg/hm²

种(品种)编号	第一次刈割		第二次刈割		第三次刈割		第四次刈割		第五次刈割		第六次刈割		第七次刈割		全年总产	
	干物质	鲜草	干物质	鲜草	干物质	鲜草	干物质	鲜草	干物质	鲜草	干物质	鲜草	干物质	鲜草	干物质	鲜草

表 50-4　牧草种(品种)茎叶比测定表

种(品种)编号	第一次测定			第二次测定			第三次测定			第四次测定			平均
	茎重(g)	叶重(g)	茎/叶(%)	茎重(g)	叶重(g)	茎/叶(%)	茎重(g)	叶重(g)	茎/叶(%)	茎重(g)	叶重(g)	茎/叶(%)	

表 50-5　牧草种(品种)种子产量测定表

种(品种)编号	生育时期	收割期(月/日)	收种面积(m^2)	牧草高度(cm)	小区产量(kg)					种子量(kg/hm^2)	千粒重(g)				平均
					Ⅰ	Ⅱ	Ⅲ	Ⅳ	小区平均		Ⅰ	Ⅱ	Ⅲ	Ⅳ	

(南丽丽)

51 草类植物浸液标本的制作

一、目的和意义

植物的绿色是由于植物叶绿体中含有绿色色素——叶绿素的关系。叶绿素呈绿色，是一种复杂的有机化合物，该物质易于溶解在酒精或福尔马林等保存液中，同时叶绿素本身又易分解破坏，所以浸在这些保存液中的绿色植物标本会很快褪色，失去原有绿色。叶绿素之所以呈现绿色，是由于含有镁原子的核心结构。当叶绿素分子与酸作用时，镁原子就分离出来，这时颜色发生变化，呈现出褐色，这种没有镁的叶绿素称为植物黑素。若把另一种金属（如铜）再放入植物黑素的分子中，则会使叶绿素分子中心核的结构恢复有机金属化合物状态，这样又获得了像叶绿素一样的绿色物质。根据这一原理，我们可以把绿色植物体浸入醋酸铜溶液中，加热煮之，此时植物体的绿色变为褐色，说明叶绿素已失去了镁，而转变为植物黑素（醋酸的作用），但稍停片刻，植物体的绿色素又恢复了，说明铜代替了镁，使叶绿素分子的核心结构又恢复有机金属化合物状态，这种具有以铜原子为核心的叶绿素是不溶于福尔马林或70%的酒精的，同时这种化合物本身又很稳定且不易被分解破坏，所以经过这样处理的植物标本，在保存液如福尔马林或酒精中保存，就可以较长时间保持绿色。采用这种方法制作的标本称为浸液标本。该标本的好处是能长期保存，以利观察使用，并可保持植物或器官的原态（具有立体感和新鲜感），了解其全貌。本次实习的目的在于：熟悉制作绿色浸液标本的原理；掌握浸液标本的制作方法；亲自动手制作几种主要牧草的浸液标本，供室内观察使用。

二、实验器材

1. 材料

新鲜牧草及饲料作物的植株，最好是含有根、茎、叶、花、果的整个植株。

2. 仪器与用具

烧杯（2 000 mL）、电炉（600~800 W）、温度计（100~200℃）、玻棒、标本瓶、石棉网、玻板、玻璃刀、水桶、量筒、玻杯、毛笔、酒精灯、铅笔、线绳等。

3. 药剂

醋酸铜、冰醋酸、福尔马林、酒精、甘油、氯化铜、石蜡（蜂蜡）。

三、实验方法及步骤

1. 溶液配制

①配制母液 将醋酸铜结晶加入50%冰醋酸溶液中，直到不溶为止，即为母液。处理液：用母液1份加入4份水即成。处理液就是煮制标本的溶液。

②先用冰醋酸和水各 50 mL，配成 100 mL 的 50% 冰醋酸溶液。然后在冰醋酸溶液中加入醋酸铜结晶 6 g，边加边搅拌，使其完全溶解成为绿色的醋酸铜饱和溶液。最后再加入清水 400 mL，配成稀释的醋酸铜溶液（即处理液）。

2. 浸液标本制作方法

将处理液倒入大烧杯中，加热至 75~80℃后，把已经整理好、洗净待制作标本的植株放入，等到植株由绿色变为褐色，又重新变为绿色时，即可取出（一般约 10 min），用清水充分洗净，然后置入玻璃瓶中，并注入 5% 福尔马林或 10% 酒精溶液，以完全淹没为度。

标本装好后，应将瓶口严封。即先把瓶口和瓶盖擦干，再将瓶盖浸在热石蜡（其中最好加入少量蜂蜡）中数秒，然后取出瓶盖，并立即塞住瓶口，最后再在瓶塞与瓶口处涂上一层石蜡。

（罗富成）

52　草类植物蜡叶标本的制作

一、目的和意义

蜡叶标本，又称压制标本，是干制植物标本的一种。该类标本对于植物分类工作意义重大，它使得科学工作者在一年四季都可以查对采自不同地区的标本。其意义并不局限于植物分类学的研究，蜡叶标本的采集与制作在普通人眼里更多的是出于一种对自然与生命的感悟，出于一种博物学的传统和情结。当然，蜡叶标本本身带给人们的美感也是一个重要的方面。本项实践旨在让学员掌握标本采集、整理、压制和管理的基本方法和技巧，亲自动手制作几种主要牧草的蜡叶标本，供室内观察使用。

二、实验器材

1. 材料

新鲜牧草及饲料作物的植株，要求含有根、茎、叶、花、果的整个植株。

2. 设备与用具

标本夹、采集箱、采集杖、采集杖（轻便小镐）、标本纸、剪刀、小刀、放大镜、手锯、尺子、绳子、标签、棉线、野外记录本、工作日记本、铅笔、橡皮擦、气压高度表、指南针、号牌、近距离摄影设备等。

三、实验方法及步骤

1. 牧草标本的采集

（1）采集时间、地点

最好在牧草及饲料作物开花结实期采集，由于不同植物的开花期不尽相同，应在春、夏、秋分期采集，以不漏掉任一采集对象为原则。采集路线的选择要顾及采集地区的各种生态环境，以不浪费时间和不遗漏生态环境及不走回头路为原则。

（2）标本的采集

全面采集时为求种类齐全无论常见或稀有的，认识或不认识的，好看或不好看的，大的或小的应一律采集，并按采集顺序统一编号。因特殊需要可重点采集所需植株。对牧草标本的选择，须具有该种的代表性，每份标本必须有根、茎、叶、花、果实，木本植物还要有树皮，对无花无果的植物，一般不予采集，需要时进行补采。

2. 标本的整理

在植株完备的前提下，所采标本的大小以能放置于一张台纸范围为度。带根植株超过 40 cm 时要将茎做适当折叠，使其成为"V"字形或"N"字形，植株过高可选取上、中、下三段进行采集。叶子很大、花序特大可取其中一半的对称面。较大的果实可切成连续的薄片压制，或取其有代表性的部分切片。植株过小，可把较多数量的个体作为一份标本。每种采集 3~5 份，珍奇、稀少种要多采几份，以便贮存、交换、赠送、寄出鉴定等用。

牧草标本采到后应立即编号，并进行记录。所编之号表示标本采集的顺序，同时也代表一种植物，每种植物都应有自己的号码、严禁混乱。同一种植物在同地区采得数份者，可用同一采集号，但要在号码右下角加以注明，如 NO.1a、NO.1b。若在不同地区采得某种相同标本，则应有不同的采集号。编号后，号牌应立即系于标本上，然后放入标本夹内。同一个采集者或小组，采集号顺序要连续，不要中断或重复，便于日后查对。

采集到的标本要作认真仔细的记录，特别是对那些经过压制后易变形、变色的部位，如花色，果实形状与大小，开花结实时期，乳汁等要做记录及描述。要详细填写地名，并注明距离附近某一居民点的方向和路程，以便后人根据记录前来再次采集。还要记好采集地区的生态环境和植物当地的俗名、用途、采收季节、采集记录表，并边采集边压制。

3. 标本的压制

（1）修剪

用枝剪把植株上多余的、无用或过密的枝叶除去，以免遮盖花果，并使其大小适于制作标本要求。

（2）压制

打开标本夹，放上几张吸水纸，将标本平铺于纸上，再覆盖几张吸水纸，全部压制完后，合上标本夹，并将其捆紧。每日从野外归来，须将所压制的标本从轻便夹转压到重型标本夹。每夹压制的标本厚度以 60 cm 为宜，所盖吸水纸的数量依标本的老、嫩、大、小、天气冷热干湿而定。在修正标本时，如花果过多或较厚，为避免出现空隙，使叶子卷皱，可用叠厚的草纸填平空隙。遇到肉质多浆植物，可先用热水或沸水浸泡，杀死组织，然后再压。标本过大时折叠压制，太大割开分段压制，如叶子很大，取单叶压制，如单叶层还嫌大则切取其半，并折叠再压。叶片易萎缩卷曲的标本，或采后立即压制，或在水中泡一下使叶子展开后再压。叶片易脱落者，采后在沸水煮 1~5 min 再压，果实种子易于脱落者，采时尽量选择尚未成熟的植株。压好捆紧的标本夹置放于阴凉通风的地方，严禁火烤日晒。

（3）干燥

刚开始每日早晚换纸一次，同时进行标本整理，将复压的枝条，折叠的叶和花展开。如仍觉枝条过密，可再剪去部分。平铺的叶子要有正反面两种状态，以便观察叶片的不同特征。换纸时将难以干燥易于发霉的标本提出另夹一夹，以免影响其他已干标本。标本接近干燥时，标本夹的压力要减小，以防压坏标本。

（4）标本上台纸

凡质密而坚韧的纸都可用作台纸。标本装订前要先行消毒（喷 75% 的乙醇等）。干燥后的标本放在台纸的适当位置，一般按植株自然状态放置，先端向上，基部向下，然后用针线沿枝干的两侧和叶片两侧在台纸上穿孔缝合、拉紧，或用胶带将标本固定在台纸上，胶布的长短、粗细依茎枝粗细而定，以牢固、美观为原则。在上台纸的过程中，如标本上有小型花果、种子及叶片脱落，可将其装入特制的纸袋中，贴在台纸空隙处。在台纸左上方贴上野外采集记录表（表 52-1），右下角贴好鉴定标签。

(5) 标本保存

标本装订后即成一份完整的蜡叶标本。登记注明名称、地点、时间等项目。然后编号，并存入已经消毒的植物标本柜内保存。

表 52-1　植物野外采集记录表

采集号:		采份:			年　月　日	
产地:		海拔:		土壤:		pH:
生态:		密度:		盖度:		
性状:		株高(cm):		胸高直径(cm):		花果期:
形态:		根:				
		茎:				
		叶:＿＿＿＿味		叶正/背面＿＿＿＿色		
		花:＿＿＿＿色		＿＿＿＿味		
		果:＿＿＿＿色		＿＿＿＿形状		
科名:		属名:		俗名:		学名:
附记						
采集人:						

（罗富成）

53 牧草分蘖分枝特性的调查

一、目的和意义

掌握禾本科和豆科牧草分蘖、分枝特性判别的基本方法。了解牧草分蘖消长变化规律。

二、实验器材

1. 材料

紫花苜蓿和无芒雀麦等多年生牧草。建议选择不同品种原始材料圃作为试验对象。

2. 用具

铁锹、小铲、土壤刀等。

三、实验方法及步骤

(1) 依据牧草分蘖类型,判别所选择牧草的分蘖性,辨明主茎,分蘖的级别、节位和数量特征,结果记入表53-1。

表53-1 牧草分蘖特性登记表

材料名称（物候期）	分蘖级别	分蘖节位（cm）	分蘖枝	
			高度(cm)	数量
	1.			
	2.			
	3.			
	4.			
	5.			
	6.			
合计				

(2) 牧草返青后即开始发生分蘖,随着分蘖逐渐增加,至最高分蘖后又逐渐下降,到最后停止分蘖,其分蘖消长变化规律呈一条抛物线,一般以开始分蘖的植株达20%时为分蘖始期;达50%时为分蘖期;分蘖增加最快的时期为分蘖盛期;分蘖数达最高数量时为最高分蘖期。

(3) 选择代表性植株,观测分枝状况,分蘖节上产生侧枝的现象,分一级分蘖、二级分蘖,三级分蘖,…,记入表53-2。

表 53-2　牧草分枝特性登记表

材料名称 （物候期）	分枝方式	侧　枝		
		级别	数量	角度
		1.		
		2.		
		3.		
		4.		
		5.		
		6.		
合计				

（唐　芳）

54 主要栽培牧草及饲料作物形态特征（幼苗和成株）识别

一、目的和意义

我国的牧草资源十分丰富，仅禾本科与豆科牧草就有300多属2 000多种，这在牧草栽培和饲草生产中占有重要地位。牧草及饲料作物的种类或品种不同，其幼苗、成株的外部形态、颜色、结构也不同。在草业生产中，无论是建植人工草地，还是改良天然草地，甚至是进行草地资源调查，植物的识别是基础。识别主要栽培牧草及饲料作物属、种的幼苗，还能为牧草及饲料作物的苗期鉴定及人工草地的提纯和杂草清理奠定基础。因此，作为一个草业工作者，必须学会观察和鉴定牧草及饲料作物的器官、组织部位和形态特征。本实验的目的在于，通过教师对本校资源圃种植的种质或室内保存的草类标本的介绍，以及学员自己的观察与鉴定，使学员了解和认识当地主要的栽培牧草及饲料作物，掌握其识别要点。

二、实验器材

1. 材料

当地主要的栽培牧草及饲料作物的幼苗和成株。

2. 仪器与用具

解剖针、放大镜、双目解剖镜、镊子、钢卷尺、计算器、记录本、铅笔、培养皿等。

三、实验方法及步骤

（一）基本情况介绍

教师针对本校资源圃种植的牧草及饲料作物，逐一介绍其形态特征、生物学特性、饲用价值等基本情况。

（二）幼苗的鉴定与识别

幼苗的鉴定主要以幼苗萌发方式、子叶、初生叶及上胚轴、下胚轴等的特征为依据。

1. 幼苗萌发方式

从种子萌发的幼苗有以下3种萌发方式：

（1）地下萌发

子叶包于种皮内，在土壤表面直接长出茎，起初茎长出几片不发育的叶，以后才逐渐长出正常叶。

（2）地上萌发

子叶随叶伸出土壤，多少具叶的形状，呈绿色，并能行使光合作用。

(3) 半地上萌发

子叶仅长到地面，苍白，肉质，属于一种过渡形式。

2. 子叶

子叶是种子萌发时最初从种子产生的叶子。其数目、形状、颜色和质地等可作为鉴定幼苗的特征，特别是子叶的形状，由于它的多样性，是鉴定幼苗的主要特征之一。

(1) 叶子数目

有单子叶和双子叶两种情况。

(2) 子叶形状、大小

子叶的大小除在出苗后 20~30 d 这一段时间可以适当增大外，一般较为稳定。子叶的大小可用来区别属和种。在形状上，子叶有圆形、椭圆形、针形、方形等，加上叶片有柄或无柄，叶面有毛或无毛等均可作为识别种类的重要依据。此外，子叶脉序、子叶表面颜色及有无白霜等对鉴定幼苗也有一定帮助。

3. 初生叶

初生叶是指子叶以上的第一片叶子或第一对叶子。初生叶和成年叶片一样有对生、互生、轮生等排列方式。在形态上，初生叶有的与成年叶相同，有的则完全不同。如天蓝苜蓿成年叶是三出掌状叶，初生叶是一片单叶。初生叶的形状、大小、颜色、叶缘（从全缘到各种锯齿，从缺刻到全裂）也是区别各种幼苗的标志。

4. 上胚轴和下胚轴

上胚轴为子叶以上与初生叶之间茎的部分。下胚轴是子叶以下茎的部分。其长短、颜色、有毛与否都可用来鉴定幼苗。也可将幼苗的气味、分泌物等作为鉴定的特征。

鉴定幼苗时，首先仔细观察各种牧草和饲料作物的苗体，熟悉其部位、名称。其次，根据幼苗检索表，检索待检牧草和饲料作物幼苗，鉴定出种类名称。

(三) 成年植株的鉴定与识别

成年植株的鉴定与幼苗不同，它主要以植物的寿命、植株的根、茎、叶、花及果实的形态特征为依据。鉴定时，首先要对各种牧草及饲料作物的成年植株进行仔细观察，熟悉其部位、名称。其次，根据属、种检索表，检索待检牧草及饲料作物成株，根据检索表 54-1 至表 54-6，鉴定出种类名称。

表 54-1　主要豆科栽培牧草幼苗检索表

1. 第一片真叶为单叶
　2. 第二片真叶为单叶 ·· 沙打旺
　2. 第二片真叶为复叶
　　3. 第二片真叶为羽状复叶 ·· 红豆草
　　3. 第二片真叶为三出复叶
　　　4. 叶片为羽状三出复叶
　　　　5. 叶片为椭圆形、卵圆形、中部最宽
　　　　　6. 小叶全缘有锯齿，小叶顶微凹，无斑纹 ··································· 草木犀
　　　　　6. 小叶上 1/3 有锯齿 ··· 紫苜蓿
　　　　5. 小叶倒卵圆，近顶部最宽
　　　　　7. 小叶边缘光滑，具棱形紫斑 ·· 藜蒴状苜蓿
　　　　　7. 小叶边缘有锯齿、无斑纹 ·· 天蓝苜蓿

4. 叶片为掌状三出复叶
　　　　8. 营养枝密被短柔毛
　　　　　　9. 小叶无斑纹 ··· 绛三叶
　　　　　　9. 小叶具斑纹
　　　　　　　　10. 叶片大，椭圆形，宽，顶部钝，具灰白色倒"V"形斑 ··· 红三叶
　　　　　　　　10. 叶片小，窄，倒卵形，微缺，具少量紫斑，茎匍匐 ··· 地三叶
　　　　8. 营养枝无短柔毛
　　　　　　11. 叶片具"V"形斑
　　　　　　　　12. 小叶倒卵形，顶微缺，钝，具白色"V"形斑，茎匍匐 ·· 白三叶
　　　　　　　　12. 小叶倒卵形，微锯齿，具褐色"V"形斑，脉密集于边缘 ·· 草莓三叶
　　　　　　11. 叶片无"V"形斑
　　　　　　　　13. 叶片卵形，顶截形，边缘有锯齿 ··· 杂三叶
　　　　　　　　13. 叶边缘有锯齿，叶背部有皱纹，有少量黑色斑点 ·· 波斯三叶
1. 第一片真叶为复叶
　　14. 叶为羽状复叶
　　　　15. 小叶披针形，顶尖 ·· 毛苕子
　　　　15. 小叶倒卵形或椭圆形，顶截 ·· 箭筈豌豆
　　14. 叶为掌状复叶
　　　　16. 叶具二片基生叶片形托叶 ··· 百脉根
　　　　16. 叶具小托叶 ··· 胡枝子

表 54-2　主要豆类饲料作物幼苗检索表

1. 初生真叶为羽状
　　2. 初生叶光滑或略具茸毛
　　　　3. 小叶大、宽、卵形、倒卵形或微椭圆形
　　　　　　4. 托叶较小叶为小，边缘有齿 ·· 蚕豆
　　　　　　4. 托叶显著大于小叶，全缘 ·· 豌豆
　　　　3. 小叶较长或甚窄，长卵形，披针形或线形
　　　　　　5. 茎四角形，沿两条棱上有狭的翼翅，小叶披针形 ··· 山黧豆
　　　　　　5. 茎圆而光滑，小叶长椭圆形 ·· 兵豆
　　2. 初生叶有很多茸毛，奇数羽状复叶，小叶7~9片，倒卵形，边缘有锯齿 ·· 鹰咀豆
1. 初生真叶掌状
　　6. 小叶正背两面均有毛，叶较宽，长倒卵形 ··· 黄花羽扇豆
　　6. 小叶仅背面有毛
　　　　7. 小叶倒卵圆形 ··· 白花羽扇豆
　　　　7. 小叶披针形，顶尖 ··· 多年生羽扇豆

表 54-3　主要禾谷类饲料作物幼苗检索表

第一类：麦类
1. 幼苗叶片光滑或稍有茸毛，有叶耳、叶舌短
　　2. 叶耳很大，无纤毛；叶片灰蓝绿色，较宽，叶芽鞘黄色 ·· 大麦
　　2. 叶耳短小
　　　　3. 叶片浅紫色或褐色，细窄，直立；芽鞘紫色，叶耳无纤毛 ·· 黑麦
　　　　3. 叶片淡绿，细狭匍匐或直立，芽鞘浅绿，叶耳带有纤毛 ·· 冬小麦

1. 幼苗叶片光滑或稍有茸毛，无叶耳，叶舌较大
   4. 边缘齿状，叶片绿色或亮绿色，细窄直立，叶芽鞘无色 ………………………………………… 燕麦
   4. 叶浅绿色，细窄直立。芽鞘浅绿，叶舌短，叶耳短并带有纤毛 ………………………… 春小麦

第二类：其他禾谷类
1. 幼苗叶片光滑或稍有茸毛
   2. 叶鞘无茸毛
      3. 叶片宽漏斗状展开，微向下弯，第一片真叶顶端圆形 ………………………………… 玉米
      3. 叶片宽度中等，微向下弯，第一片真叶顶端尖形 …………………………………… 高粱
   2. 叶鞘有茸毛，叶舌短毛状，平直，叶片狭，微向下弯 ………………………………… 谷子
1. 幼苗叶耳生有明显的茸毛叶片宽漏斗状展开，微向下弯 ……………………………………… 糜子

表 54-4　主要禾本科栽培牧草成株分属检索表

1. 小穗两侧压扁；成熟花位于不孕花之下，通常脱节于颖之上，小穗轴延伸
   2. 小穗无柄
      3. 小穗位于穗轴一侧；外稃有芒，茎直立，花穗顶生，轮指状排列 …………………… 虎尾草属
      3. 小穗互生于穗轴两侧，整穗扁平叶片宽漏斗状展开，微向下弯 ……………………… 狗牙根属
   2. 小穗有柄
      4. 小穗含多数小花
         5. 花穗不开展，小穗密生于穗轴周围，呈圆柱状 ……………………………………… 草芦属
         5. 花穗展开
            6. 外稃具 7 脉，或更多，稀 3～5 脉；叶鞘闭合，小穗甚扁且大而下垂 ……… 雀麦属
            6. 外稃具 5 脉，稀可较多；叶鞘不闭合，或只在基本闭合，小穗不下垂
               7. 外稃背部具脊，小穗密生于花穗分枝之一侧，呈鸡爪状 ……………… 鸭茅属
               7. 外稃背部椭圆，诸脉到顶汇合，小穗在穗轴周围展开 ………………… 羊茅属
      4. 小穗含 1 朵小花
         8. 外稃无芒，小穗脱节于颖之上，花序极紧密，圆柱状，细长似猫尾，茎基部膨大成球状 ……… 猫尾草属
         8. 外稃有芒，小穗脱节于颖之下，花序呈塔状 ……………………………………… 棒头草属
1. 小穗背腹，含两性成熟花 1 朵，位于不孕花之上，多脱落于颖之下，小穗轴不延伸
   9. 两性花的内外稃骨质或革质，坚韧，较颖厚，通常无芒
      10. 小穗下，有不育枝长成的刚毛
         11. 小穗脱落时，刚毛不脱落 ……………………………………………………………… 狗尾草属
         11. 小穗脱落时，刚毛也脱落 ……………………………………………………………… 狼尾草属
      10. 小穗下，无不育枝长成的刚毛：
         12. 小穗位于穗轴一侧
            13. 第二外稃的背脊为离轴性(背着穗轴而生)，尤以单生于穗轴上的小穗为显 ……… 臂形草属
            13. 第二外稃背脊为向轴性(对着穗轴而生)，稃面粗糙，灰白色 ………………… 雀稗属
         12. 小穗排列为开展的圆锥花序 ………………………………………………………… 黍属
   9. 两性花的内外稃膜质或透明膜质
      14. 无芒，总状花序，直立丛生或铺散斜生，植株较矮小 ………………………………… 牛鞭草属
      14. 有芒，总状花序呈圆锥状排列，直立单生，植株高大 ………………………………… 高粱属

表 54-5　主要禾本科栽培牧草成株分种检索表

第一类：黑麦草属牧草
1. 多年生，小穗含(5)7~20 朵小花，颖短于小穗
　　2. 小穗含小花 5~11 朵，多数外稃无芒，或有 1~2mm 短芒；幼叶折叠，叶较狭短，叶色深绿，发油光 …………………………………………………………………………………………………… 多年生黑麦草
　　2. 小穗含小花 10~20 朵，外稃具长 5mm 细芒；幼叶卷曲，叶较宽长，叶色较淡，叶质较粗糙 ………… 多花黑麦草
1. 一年生 ……………………………………………………………………………………………………… 毒麦等

第二类：雀麦属牧草
1. 小穗宽大，极端压扁，外稃背部显著具脊 ……………………………………………………………… 扁穗雀麦
1. 小穗较小，压扁或少许压扁，外稃背部只有不显著的脊
　　2. 多年生
　　　　3. 无芒，或有细弱直伸的短于稃体的小芒 ………………………………………………………… 秣草组
　　　　　　4. 小穗长 12~25mm，含小花 4~8 朵 …………………………………………………………… 无芒雀麦
　　　　　　4. 小穗长 28~40mm，含小花 7~10 朵 …………………………………………………………… 长花雀麦
　　　　3. 有芒，芒粗壮反曲，与稃等长 …………………………………………………………………… 华雀麦组
　　2. 一年生（从略）

第三类：狼尾草牧草
1. 匍匐生长；花序被叶包裹，难于出鞘 …………………………………………………………………… 东非狼尾草
1. 直立生长，花序明显
　　2. 一年生，刚毛与小穗等长或短于小穗 ………………………………………………………………… 珍珠粟
　　2. 多年生，刚毛长于小穗，小穗簇的总梗不明显；花穗主轴密生柔毛，刚毛基部着生羽毛状柔毛，花药顶端具毫毛，植株高大 ……………………………………………………………………………………………… 象草

第四类：黍属牧草
1. 基部叶片与秆部叶片不同，多细小且聚集成莲座状，顶生花序的小穗多不结实 ……………………… 棉毛稷
1. 基部叶片与秆部叶片相似，不聚集成莲座状，小穗均结实
　　2. 植株较高，一般 1~3m，叶片宽 0.4cm，小穗灰绿色，种子千粒重 0.4g 左右 ……………………… 大黍
　　2. 植株较矮，一般 0.6~1.4m，叶片宽 1.5cm，小穗青绿色，千粒重 0.8g 左右 ……………………… 青绿黍

表 54-6　主要豆科栽培牧草成株分种检索表

第一类：苜蓿属牧草
1. 多年生草本植物，花紫色、杂色、黄色
　　2. 花紫色或紫红色，荚果 2~3 回螺旋形 ……………………………………………………………… 紫花苜蓿
　　2. 花黄色或杂色，荚果非螺旋形
　　　　3. 花黄色，荚果扁镰刀形 ………………………………………………………………………… 黄花苜蓿
　　　　3. 花杂色，荚果为不明显的螺旋形或镰刀形 …………………………………………………… 杂种苜蓿
1. 一二年生草本植物，花黄色
　　4. 花 2~6 朵组成花序；荚果螺旋形，边缘具刺状凸起，内含种子 3~7 粒 …………………………… 金花菜
　　4. 花 10~15 朵组成花序。荚果弯曲成肾形，无刺，内含种子 1 粒 ………………………………… 天蓝苜蓿

第二类：三叶草属牧草
1. 多年生草本植物
　　2. 茎匍匐或偃卧生长，头状花序从匍匐茎上长出
　　　　3. 果期萼片不展开，荚果含种子 2 粒以上；植株光滑无毛，叶面有灰绿色"V"形斑纹 ………… 白三叶
　　　　3. 果期萼片展开，荚果含种子 1 粒，叶柄上部有毛，序似草莓 ………………………………… 草莓三叶
　　2. 茎直立或斜生，总状花序从叶腋生出
　　　　4. 小叶 3 片，椭圆形

5. 全株光滑无毛，花淡红色或白色，小花授粉后下垂 ……………………………… 杂三叶
　　5. 全株具柔毛，小花授粉后下垂
　　　　6. 花序下面有小叶3片，花紫色、紫红色 ………………………………………… 红三叶
　　　　6. 花序下面无小叶，花淡黄色或白色 ………………………………………… 埃及三叶
　　4. 小叶3~7片，多为5片，倒披针形或长圆形；花淡红色或紫色 ……………………… 野火球
1. 一二年生草本植物
　　7. 茎直立，小叶倒卵形至圆形，叶面无斑纹；花冠绛红、深红色；荚果在草丛上面 ……………… 绛三叶
　　7. 茎匍匐，小叶心脏形，叶面有白或棕色弧形斑纹，三小叶的斑纹合为一大圆纹圈；花多白色，也有粉红色，自花授粉后花梗伸长，荚果落地入土 …………………………………………………… 地三叶

第三类：巢菜属牧草
1. 一二年生草本植物，茎细弱，匍匐或半攀缘生长，荚果细长或呈矩形
　　2. 全株具黄色细柔毛，小叶4~8对；花单生或以短花梗生二小花，紫红色或淡红色；荚果细长，内含种子7~12粒，千粒重40~70g ………………………………………………………… 箭筈豌豆
　　2. 全株密生银灰色柔毛，小叶5~10对；总状花序着生小花10~30朵，蓝紫色；荚果矩形，内含种子2~8粒，千粒重30~45g ……………………………………………………………… 长柔毛野豌豆
1. 多年生草本植物，茎直立，斜生或攀缘生长，荚果矩形
　　3. 茎直立或斜生，叶顶端具卷须或无
　　　　4. 茎具长柔毛，小叶5~10对，顶端具卷须 ……………………………………… 山野豌豆
　　　　4. 茎无毛，小叶1对，顶端无卷须 ………………………………………………… 歪头菜
　　3. 茎细弱，斜生或攀缘，具柔毛，叶无毛，小叶5~10对，叶具卷须 ………………… 广布豌豆

第四类：草木犀属牧草
1. 株高1~4m，花白色 ……………………………………………………………………… 白花草木犀
1. 株高1~3m，花黄色
　　2. 株高1~3m，花的旗瓣与翼瓣等长，荚果具柔毛 ………………………………… 黄花草木樨
　　2. 株高1m左右，花的旗瓣长于翼瓣，荚果无毛
　　　　3. 小叶叶缘在基部以上具细齿，荚果长3~6mm
　　　　　　4. 株高60~90cm，叶缘具疏齿，荚果表面有网状纹，内含种子1粒 …………… 草木犀
　　　　　　4. 株高20~50cm，叶缘具细密齿，荚果表面有皱纹，内含种子2粒 ………… 细齿草木犀
　　　　3. 小叶叶缘在中部以上具细齿，荚果长2.0~2.5mm ………………………………… 印度草木犀

（罗富成）

55 混播牧草的配合设计与人工草地的建立

一、目的和意义

栽培牧草，除一些植株特别高大、生长特别迅速、一年内可多次利用的牧草适合单播以外，大多都采用混播。牧草混播是牧草栽培中非常重要的一项技术措施，对高产人工草地的建设具有非常重要的意义。本项实践环节的目的在于让学员掌握混播牧草的配合方法，正确建立人工草地。

二、实验器材

1. 材料

禾本科和豆科牧草种子各2~3种，包括多年生和一年生牧草。

2. 用具

计算器、当地气象资料、皮尺、工程线和常规农具等。

3. 药剂

农药、农肥。

三、实验方法及步骤

1. 混播牧草的配合设计

(1) 根据当地的具体条件和自然状况确定混播牧草的成分

如计划任务和收获量的指标，牧草的生物学特性和生态学特性。混播应选择在当地适应性强，能正常生长发育、产量高、品质好的牧草种或品种，如越冬性和抗旱性强的品种，抗病虫害的品种等。

(2) 根据各种牧草的寿命长短和草地的利用年限确定混播组合

混播草地按生长年限可分短期的，利用2~3年；中期的，利用4~6年；长期的，利用7~8年以上3种类型。短期混播的草地，成分应比较简单，一般由2~3个牧草种组成，包括1~2个生物学类群，如豆科与禾本科，在禾本科中还要考虑分蘖类型的搭配。中期的混播草地应包括3~4个牧草种，2~3个生物学类群。长期混播草地则牧草种类和生物学类群可适当增加。通常利用年限越长，豆科牧草的成分应相应减少（表55-1、表55-2）。在混播中一般应有豆科和禾本科两类牧草参加，当豆科草种缺乏或某些高寒地区无适宜豆科牧草参加混播设计时，几种禾草也可组成混播组合。

表 55-1　根据草地利用年限确定草种配合比例

草地利用年限	豆科牧草种子(%)	禾本科牧草种子(%)
短期混播草地	65~75	25~35
中期混播草地	25~30	70~75
长期混播草地	8~10	90~92

表 55-2　禾本科混播草地草种配合比例

草地利用年限	根茎和根茎疏丛型(%)	疏丛型(%)
短期混播草地	0	100
中期混播草地	10~25	90~75
长期混播草地	50~75	50~25

(3) 根据草地的利用方式确定混播组合

混播草地因利用的方式不同,在组成上也应有所差异。如禾本科牧草依其枝条的形状和株丛的高低,可分为上繁草和下繁草,利用方式,其上繁草和下繁草的比例不一样(表 55-3)。

表 55-3　不同利用方式的混播草地其上繁草和下繁草的比例

利用方式	上繁草种子(%)	下繁草种子(%)
刈草用	90~100	0~10
刈牧兼用	50~70	30~50
放牧用	25~30	70~75

(4) 根据百分比计算混播草种的播种量

在混播人工草地上,各类饲草所占比重可通过控制混播时各草种所占百分比来实现。如云贵高原,禾本科与豆科牧草混播时,其比例一般为6:4或7:3。在同一经济类群内部,各草种的比例又可按其生物学特性来分配。如发育快的起先锋作用的一年生牧草仅占较小的比例,发育缓慢的将来支撑该草地植物群落的多年生牧草应有较大比例。混播组合中各个草种播种量的计算公式如下:

$$K = N \times H / X \tag{55-1}$$

式中　K——混播组合中某一草种的播种量;
　　　N——该草种在混播组合中所占百分比;
　　　H——该草种种子用价为100%时的播种量(表 55-4);
　　　X——其种子用价(净度与发芽率之乘积)。

为削弱混播草地的种间竞争,尽量保持各类饲草应有的比例,在进行混播设计时通常可适当增加"弱者"的单播量。增加量的大小依草地利用年限而定,短期混播草地应增加单播量的25%,中期为50%,长期为100%。

为了便于进行混播牧草的配合设计,现将一些重要的栽培牧草的生物学特性、利用年限和利用方式简述于表 55-5 和表 55-6。

表 55-4　牧草种子用价为 100% 的播种量

牧草名称	播种量（kg/hm²）	牧草名称	播种量（kg/hm²）
多年生黑麦草	18	紫花苜蓿	15
一年生黑麦草	15	红三叶	15
猫尾草	15	杂三叶	21
鸡脚草	18	白三叶	8
无芒雀麦	18	草木犀	15
弯穗鹅观草	18	红豆草	60
冰草	18	毛苕子	60
牛尾草	15	春箭舌豌豆	75
高燕麦草	40～60	百脉根	15
垂穗披碱草	15	绛三叶	21
燕麦	120～150	黄花苜蓿	15

表 55-5　部分禾本科多年生牧草的生物学特性

牧草名称	适宜栽培的外界环境条件	株丛形状和分蘖类型	发育完全年限	利用方式	利用年限
无芒雀麦	寒冷干燥气候，抗寒抗旱性很强，降水量 400～500 mm 地区	根茎型上繁草	第 3 年	刈草或放牧	8～10 以上
垂穗披碱草	寒冷干燥气候，抗寒力、再生力强	疏丛型上繁草	第 2 年	刈草或放牧	8～10
老芒麦	潮湿地区，抗寒性强，再生力强	疏丛型上繁草	第 2 年	刈割或兼用	8～10
猫尾草	寒冷湿润气候，土壤 pH 4.5～5.5	疏丛型上繁草	第 2 年	刈草或兼用	5
鹅冠草	抗寒抗旱，在黑钙土和栗钙土上生长最好，潮湿而酸性土上不利生长	疏丛型上繁草	第 3 年	刈草或兼用	8～10
冰草	干燥寒冷地区，抗旱力很强，耐碱性强，抗寒性高，侵占性强	疏丛型上繁草	第 3 年	放牧或刈草	5～6
鸡脚草	温暖湿润，抗寒抗旱性差，耐阴，再生力强	疏丛型上繁草	第 3 年	刈草或放牧	8～10
多年生黑麦草	湿润暖和，耐寒耐旱力差，不耐高温，年降水量 1 000～1 200mm，分蘖强	疏丛型上繁草	第 2 年	刈草	3～4

表 55-6　部分豆科牧草的生物学特性

牧草名称	生长年限	适宜栽培的外界环境条件	株丛形状	完全发育年限（a）	利用方式	利用年限（a）
山黧豆	一年生	抗旱性中等，不耐寒，在轻砂壤土、砂土上生长好	蔓生型	1	刈草	1
箭舌豌豆	一年生	喜潮湿气候，较耐寒，耐盐碱，以排水好的肥沃沙质土最好，微酸性	蔓生型	1	刈草	1
毛苕子	越年生	抗寒性强，耐酸耐碱性强	蔓生型	2	刈草放牧	2
草木犀	二年生	适宜湿润半干燥气候，耐瘠薄土壤	丛生型	1～2	刈草	2

（续）

牧草名称	生长年限	适宜栽培的外界环境条件	株丛形状	完全发育年限（a）	利用方式	利用年限（a）
红豆草	多年生	温暖干燥气候，抗寒力中等，抗旱性强	丛生型	3	刈草	4~5
百脉根	多年生	喜湿润，耐寒力差，耐酸性强，耐旱、再生能力强，不耐水淹	丛生型	1~2	刈草或放牧	8~10
紫花苜蓿	多年生	南北均有各自适应的品种，抗旱，不耐积水，喜光，年降水量500~1 000 mm	丛生型	2~3	刈草放牧	6~10
黄花苜蓿	多年生	忍耐寒冷，干旱能力极强，对土壤要求不如紫苜蓿严格	根蘖型	3	刈草放牧	5~7
沙打旺	多年生	耐寒、耐瘠、耐盐，抗旱、抗风沙，喜高燥壤土和砂土，不耐水淹	丛生型	2	刈草	5~6
白三叶	多年生	喜温暖湿润气候，耐热耐寒性较强，抗酸性强，对土壤要求不严	匍匐型	2	放牧	8~10以上
红三叶	多年生	喜温暖湿润气候，抗旱性差，不耐水淹，寿命短，南方混播草地可用作先锋草种	丛生型	1	刈草放牧	2~6
铁扫帚	多年生	抗旱、抗寒、耐瘠、对土壤要求不严	半灌木	2	刈草	5~8
扁蓿豆	多年生	抗寒性极强，在沙地、丘陵地生长良好	丛生型	2	放牧	8~10
山野豌豆	多年生	抗寒、抗旱、抗风沙耐瘠薄能力很强，向阳高燥的砂壤或壤土最适宜	丛生型	2	放牧	5~8

2. 人工草地的建立

根据禾本科和豆科牧草的生物学特性，7~8人为一组，在完成某一类人工草地混播设计的基础上建植人工草地，包括后期的养护管理。

(1) 整地

整地要求深耕、耙细、耱平、播种层紧密，并掌握适耕期。一般黏壤土含水量在18%~20%，粉砂壤土在20%~30%时为最佳适耕期。具体操作时可手捏10~20 cm土层的土壤，手捏成团、土团落地即散的时间作为合适的整地时刻。结合深耕施足基肥，一般亩施农家肥2 000~2 500 kg，普钙或钙镁磷肥30 kg，复合肥20 kg。

(2) 播种

①同行条播　行距通常为20~3 cm，各种牧草都播在同一行。

②交叉播种　先将一种或几种牧草播于同一行内，再将另一种或几种牧草与前者呈垂直方向播种。一般把形状相似或大小近等的草种混在一起同时播种。

③间行条播　包括窄行、宽行间行条播等方式。窄行间行条播的行距通常为15 cm，适用于干旱地区；宽行间行条播的行距为30 cm或更大，适用于湿润地区或高大牧草。几种牧草可依次相间播于相邻的几行，也可按经济类群合并后进行间行条播，如禾本科牧草、豆科牧草分别混匀后分别播于相邻的两行内。

④混合撒播　混播组合各成员分别或混匀后，采用人工或撒播机撒播在田地上。此时，应适当加大播种量，播种是否均匀是其关键环节。

条播时，播种深度一般为2~3 cm。大粒牧草种子，如红豆草、鹅冠草、老芒麦等一般播深可达 3~5 cm；小粒牧草种子，如红三叶、百脉根等，播深不能超过 3 cm。

(3) 镇压

播前播后适当镇压，能保证播种质量。耕后即种的土地，土壤疏松，种子发芽生根后易发生"吊根"现象而枯死，播前播后均需镇压。

(4) 田间管理

播种后即进入常规的田间管理环节，包括灌溉、追肥、病虫草害防治。

（罗富成）

56　豆科牧草的根瘤菌观测与接种

一、目的和意义

大多数豆科牧草能够与根瘤菌形成一种稳定互利的共生关系。根瘤菌从寄主植物中获得碳水化合物、矿物质、水分和其他营养物质，同时将空气中的无机氮转化为有机氮源，供植物直接吸收利用。接种根瘤菌不仅可以大幅度降低工业氮肥的使用量，还能够提高豆科牧草的产量和品质，增加土壤中有机质的含量，改良土壤结构，提升土壤肥力。因此，根瘤菌菌剂是十分重要的生物肥料，在可持续农业发展中有着重要地位，在无公害农业、生态农业和土壤改良与保护方面有着广阔的应用前景。本实验的目的是通过接种、识别和观测紫花苜蓿、红豆草、红三叶等豆科牧草的根瘤菌，加深对豆科牧草根瘤菌的认识及豆科牧草接种根瘤菌意义的认识，识别有效根瘤和无效根瘤，掌握豆科牧草接种根瘤菌的技术。

二、实验器材

1. 材料

紫花苜蓿、红豆草、红三叶、野豌豆等豆科牧草实验地及植株，不同豆科牧草新鲜标本数株，带根瘤的豆科牧草根系浸制标本，主要豆科牧草商用根瘤菌剂，主要豆科牧草种子若干。

2. 仪器与用具

培养皿、剪刀、镊子、刀片、放大镜、显微镜、玻璃棒、载玻片、烧杯、研钵、土壤刀、硬纸板、水桶、铁锹、塑料袋、标签纸等。

三、实验方法及步骤

1. 原理

(1) 接种根瘤菌的必要性

只有当土壤中有合适的根瘤菌时，豆科植物才能够与其共生后进行固氮。因此，豆科牧草在人工草地中能否发挥固氮作用，关键在于土壤中是否有能够与其共生的根瘤菌菌种，以及这种根瘤菌的数量、侵染能力和固氮能力等。在播种前通过接种根瘤菌补充一定数量的某一豆科牧草所需要的优良根瘤菌菌种，是提高固氮效率，促进生长，提高产量和品质的一项必不可少的措施。因而，当土壤根瘤菌菌群数量低或者原生根瘤菌无效时，有必要对豆科牧草进行根瘤菌接种，尤其在下列情况下更为必要：

①新垦土地。

②首次种植时，或同一豆科牧草在4~5年后再次种植于同一块土地上。

③当原来不利于根瘤菌生存的不良环境条件(如盐碱土、酸性土、干旱、涝害、贫瘠、不良结构土壤等)改善后再次种植时。

(2)接种原则

根瘤菌与豆科植物间的共生是非常专一的,即一定的根瘤菌菌种只能接种一定的豆科植物种,这种对应的共生关系称为互接种族。所谓互接种族,指的是同一种族内的豆科植物可以互相利用其根瘤菌侵染对方形成根瘤,而不同种族的豆科植物间则互相接种无效。因此,接种根瘤菌时必须遵循这一原则,选择同一种族的根瘤菌进行接种。现将能互接接种的主要豆科牧草列举如下:

①苜蓿组 紫花苜蓿、天蓝苜蓿、南苜蓿、白花草木犀、黄花草木樨等。

②三叶草组 杂三叶、红三叶、白三叶、绛三叶等。

③豌豆组 豌豆、野豌豆、蚕豆、扁豆等。

④豇豆组 豇豆、葛、胡枝子、猪屎豆、花生、大翼豆、柱花等。

2. 根瘤菌观测

(1)观察豆科牧草的根瘤

从豆科牧草实验地挖取几株不同豆科牧草的根系,洗去表面的土壤,观察是否有根瘤存在。或观察几种豆科牧草浸制标本的根瘤。观察根瘤的形状、色泽以及在根系上的分布。记录根瘤数量,并摘下称重。将根瘤用刀片切成两半,观察根瘤内部的颜色:根瘤刚形成是白色的,属于无效根瘤,不具有固氮能力;随着根瘤继续生长,根瘤内部呈粉红色,粉色越深表明固氮能力越强;根瘤衰老后,内部变为绿色,成为无效根瘤,无固氮能力。记录根瘤内部的颜色,识别有效根瘤(粉色)和无效根瘤(白色和绿色)。根据根瘤的数量、重量和颜色评价其潜在固氮能力,结果用百分数表示。评价固氮能力时,注意评价根据是整体植株的结瘤块,而不是结瘤的数量。例如,重50 g的10个小根瘤其固氮效果与50 g的4个大根瘤相似,如果所有根瘤都是粉色,则都具有固氮能力。

(2)观察根瘤细菌的形态

用镊子取根瘤1个,洗净后放在洁净的载玻片上,加蒸馏水1滴,然后再用另一洁净载玻片在这个根瘤上轻轻压出根瘤中的汁液,再取此汁液用接种环涂片(亦可分离根瘤菌制作悬浮液进行涂片),用简单染色法染色,显微镜下观察根瘤菌的形态。

3. 根瘤菌接种

(1)商用菌剂接种

商用根瘤菌剂是由专门的研究人员针对某种牧草种或品种选育出来的高效优良菌种,经厂家繁殖后用泥炭、蛭石做载体制成的可保存一定时间的菌剂。播种前按使用说明将规定的用量制成菌液,喷洒在草种上,充分搅拌使每一粒种子表面都附着上菌液后,立即播种。商用菌剂接种的标准比例为每千克草种拌50 g菌剂。一般来说,增加接种量可提高牧草结瘤率。需注意根瘤菌剂需储存在低温下(4~25℃),不能暴露在高温或有阳光直射的地方,不能反复冷冻、解冻,且只能应用于标签上标注的豆科牧草种类。

(2)自制菌株接种

①干瘤法 在豆科牧草盛花期,选择健壮植株,将其根部轻轻挖出,用水洗净,切去茎叶,把根置于避风、阴凉、干燥的地方,慢慢阴干。播种前按每亩草种3~5株干根的用量,

将干根碾碎成细粉,与种子拌和,即可用于播种。或加入干根细粉1.5~3倍的清水,在20~35℃的条件下经常搅拌,促使根瘤菌繁殖,培养10~15 d后,与草种拌和播种。

②鲜瘤法 取0.25 kg晒干的菜园土或荷塘泥,加一小杯草木灰,拌匀后盛入大碗中并盖好,蒸0.5~1 h,使其冷却。选30个根瘤或30株干根碾碎成细粉,用少量冷开水或冷米汤拌成菌液,与蒸过的土壤拌匀(如土壤太黏,可加入适量细沙调节其疏松度),置于20~25℃温室中3~5 d,每天略加冷开水翻拌制成菌剂。按每亩草种拌和50 g菌剂的用量进行拌种并播种。

③土壤接种法 在种过某种豆科牧草的土地上,取湿润的土壤均匀地撒在将要播种该豆科牧草的土地上,翻耕、耙松后播种。也可用所取的湿润土壤与该豆科牧草种子拌种后播种,用量为每亩草种拌种30~50 kg湿土。

(唐 芳)

57　牧草生育时期的观测与记载

一、目的和意义

牧草生育时期是指牧草在生长发育过程中，在外部形态上呈现显著变化的若干时期，即牧草饲料作物全生育过程中，根据外部形态特征的变化而划分为几个生育阶段。生育时期的记载标准是以牧草地出现显著变化的植株达到规定百分率的日期来记载，如分枝期，是指草地50%以上的植株出现分枝的那一天，某月某日。即以达到某个生育时期的"百分率"为标准，一般以20%为始期，80%为盛期。

了解牧草在一定地区内生长发育各时期的进程及其与环境条件的关系，以便及时采取相应的措施而获得丰产，同时也便于进一步掌握牧草的特征特性，为选育和引种优良品种以及制定正确的农业技术措施等提供必要的资料。因此，在农业生产（农业气象预报、牧草区域化的制定、新品种的推广）和科学研究中都具有重要的意义。

本实验的目的在于：
① 了解牧草生育时期鉴定与观察的意义。
② 熟悉并掌握主要栽培牧草进入每一生育时期的形态特征的鉴定标准。
③ 摸清几种栽培牧草在本地区的生育规律。

二、实验器材

1. 材料

牧草试验地不同生育阶段的各种牧草或标本。

2. 用具

生育时期记载表、钢卷尺、计算器、小铁锹、笔。

三、实验方法及步骤

（一）生育时期观察的时间

以不漏测定的任何一个生育时期为原则。可每隔2 d或4~5 d观察一次。观察生育时期的时间和顺序要固定，一般在下午进行。

（二）生育时期观察的方法

(1) 目测法

在牧草田内选择出有代表性的1 m² 植株，进行目测估计。

(2) 定株法

在牧草田内选择出有代表性的4个小区，每小区选出25株植株，4个小区共100株，用标记标出。后观察有多少株进入某一生育时期的植株数，然后计算成百分率。

$$某一生育时期(\%) = 进入某一生育时期的植株数/总植株数 \times 100 \qquad (57\text{-}1)$$

(三) 各生育时期的含义及记载标准

1. 禾本科牧草和饲料作物

①播种期　实际播种日期，以年、月、日、表示。

②出苗期（返青期）　种子萌发后幼芽露出地面时为出苗期；越年生、二年生和多年生禾本科牧草和饲料作物越冬后萌发，有50%植株返青时为返青期。

③分蘖期　50%植株基部分蘖节长出侧枝时为分蘖期。

④拔节期　植株的第一茎节露出地面1~2 cm时为拔节期。

⑤孕穗期　植株出现剑叶为孕穗，50%的植株出现剑叶为孕穗期。

⑥抽穗期　幼穗从茎秆顶部叶鞘中露出，但未授粉。

⑦开花期　穗中部小穗花瓣张开，花丝伸出颖外，花药成熟散粉，具有受精能力。

⑧成熟期　禾草受精后，胚和胚乳开始发育，进行营养物质转化，积累的过程称为成熟。禾草的成熟又分为三个时期：

  a. 乳熟期：穗籽粒已形成并接近正常大小，淡绿色，内部充满乳白色液体，含水量在50%左右。

  b. 蜡熟期：穗籽粒和颜色接近正常，内具蜡状硬度，易被指甲划破，腹沟尚带绿色，茎秆除上部2~3节外，其余全部黄色，含水量减少到25%~30%。

  c. 完熟期：茎秆变黄，穗中部小穗的籽粒已接近本种（品种）所固有的形状、大小、颜色和硬度。

⑨枯黄期　植株叶片由绿变黄变枯，称为枯黄，当植株的叶片达2/3枯黄时为枯黄期。

⑩生育天数　从出苗到种子成熟的天数。

⑪生长天数　从出苗或返青期至枯黄期的天数。

⑫株高　每小区选择10株测量从地面到植株最高部位的绝对高度。在孕穗期和完熟期测定。

2. 豆科牧草和饲料作物

①出苗期（返青期）　种子萌发子叶露出地表（子叶出土型牧草）或真叶伸出地表（子叶留土型牧草）芽叶伸直的日期为出苗期。越年生、二年生和多年生豆科牧草和饲料作物越冬后萌发绿叶开始生长的日期为返青期。

②分枝期　从主茎长出侧芽叫分枝，当50%植株主茎长出侧枝时为分枝期。

③现蕾期　植株上部叶腋开始出现花蕾，有50%花蕾出现时，称为现蕾。

④开花期　植株上花朵旗瓣和翼瓣张开的日期，有20%的植株开花，称为开花期；有80%的植株开花，称为开花盛期。

⑤结荚期　植株上个别花朵萎谢后，挑开花瓣能见到绿色幼荚的日期，有20%植株出现绿色荚果时，称为结荚初期；有80%植株出现绿色荚果时，称为结荚盛期。

⑥成熟期　荚果脱绿变色，变成原品种固有色泽和大小、种子成熟坚硬，称为成熟；有80%种子成熟时，称为成熟期。

⑦株高　每小区选择10株测量从地面到植株最高部位的绝对高度，在现蕾期、开花期、

成熟期进行测定。

3. 块根、块茎类作物

①块茎膨大期　有50%的植株的块根膨大记载为膨大期。

②抽薹期　有50%的植株抽薹记为抽薹期。

③开花期、结实期　同禾本科牧草。

四、作业

每位同学观察豆科、禾本科和块根块茎饲料作物的生育时期各2种，填入相应的表格内（表57-1至表57-3）。

表57-1　禾本科牧草和饲料作物田间观察记载登记表

小区号	牧草名称	播种期	出苗期（返青期）	分蘖期	拔节期	孕穗期	孕穗期株高(cm)	抽穗期	开花期	成熟期			完熟期株高(cm)	生育天数(d)	枯黄期	生长天数(d)	越冬（夏）率(%)	抗逆性
										乳熟期	蜡熟期	完熟期						

57 牧草生育时期的观测与记载

表 57-2 豆科牧草和饲料作物田间观察记载登记表

小区号	牧草名称	播种期	出苗期（返青期）	分枝期	现蕾期	现蕾期株高(cm)	开花期初期	开花期盛期	开花期株高(cm)	结荚期初期	结荚期盛期	成熟期	成熟期株高(cm)	生育天数(d)	枯黄期	生长天数(d)	越冬(夏)率(%)	根颈入土深度	根颈直径	抗逆性

表 57-3 块根块茎类饲料作物田间观察记载登记表

小区号	牧草名称	播种期	出苗期	块根膨大期	块茎收获期	产量(kg/hm²)地上部	产量(kg/hm²)地下部	母根种植期	萌发期	抽薹期	开花期	结实期	种子采收期	种子产量(kg/hm²)	生育天数	抗逆性

（南丽丽）

58 牧草再生特性观测

一、目的和意义

牧草被家畜采食或刈割后，从分蘖节或根颈处长出新的枝条，称为再生。牧草再生性强弱是牧草生活力的一种表现，也是衡量其经济特性的一项重要指标。植株的再生性强弱直接影响草产量、质量和生存年限。牧草再生性一般以再生速度、再生次数和再生草产量3个指标来表示。通过观测不同栽培牧草刈割后的再生性，探明不同牧草的再生性能对生物量与营养含量的影响，对草地持久利用与安全越冬的影响，对牧草的生产能力、营养含量及适宜性等方面提出科学合理的评价，以便在生产实践中使用或参考借鉴。

二、实验材料

不同属种、不同生活年限的豆科、禾本科或其他科栽培牧草地，饲料作物地。

三、实验方法及步骤

1. **生长高度**

每个小区随机测定20株植株的绝对高度。

2. **生长速率**

单位时间内每个小区随机测定生长高度，各小区每隔5 d测定1次，每次随机测定20株植株。

3. **主茎长度**

按照Kevin、Humphries和Aurieht的方法，测定植株地上部至第一花序的长度，每个小区随机测定10个植株。

4. **分枝数**

小区内15 cm样段内植株枝条数，每个小区随机测定3次，取平均值。

5. **主枝侧枝数**

每个小区随机测定10株植株主枝侧枝数。

6. **叶片数**

每个小区随机测定5株植株主枝枝条上的叶片数。

7. **产量**

在开花初期进行刈割，测定每个小区的鲜草产量；每小区取500 g鲜草，放入105℃烘箱杀青10 min后，再置于65 ℃烘24 h，烘至恒重，重复4次，取平均值，计算干草产量。

$$干草产量(kg/hm^2) = 鲜草产量 \times 干草比率 \tag{58-1}$$

$$干草比率(\%) = 500 \text{ g 鲜草的干重量} \div 500 \text{ g 鲜草} \times 100 \qquad (58\text{-}2)$$

8. 密度

按照 Kevin、Humphries 和 Auricht 的方法，以间隙数表示，在条播小区播行内 15 cm 无植株为 1 个间隙数，即每个小区 15 cm 样段无植株的样段的数量。

9. 秋眠高度

按照 Kevin、Humphries 和 Auricht 的方法，在秋季植株停止生长前 25~30 d 进行最后一次刈割，刈割后 25 d 测定牧草个体植株高度，每小区随机测定 10 株；最后，采用每个增量 15 cm 进行 1~n 的秋眠指数评分，以秋眠指数反映相对秋眠水平，全年生长总高度 = 第 1 次刈割生长高度 + 第 2 次刈割生长高度 + 第 3 次刈割生长高度 + 秋眠高度。

（南丽丽）

59 植株结构分层分析

一、目的和意义

掌握天然植物群落层片结构的划分方法。层片是植物群落结构的组成部分，由群落中相同生活型的植物组成。同一层片的植物种都具有相同或相似的生物生态学特性，在群落中占据一定的环境空间。层片可分为建群层片和从属层片两类，建群层片基本决定和创造了植物群落的植物环境，通常包括了由建群种组成的大部分植物；而从属层片则是群落生境中只占据某一个生态小环境，从属层片可能是多个组成。群落中植株高度不同，分别占有一定的空间，形成垂直排列的层，即垂直分层。在亚热带雨林可划分为 4~5 个层，最上层是高大乔木层，依次为小乔木层、灌木层、草本植物层和地面植物层。

了解人工栽培牧草植株空间垂直分层结构。由于人工草地有单播人工草地和混播人工草地，垂直分层一般依据植株高度进行划分，其划分高度随研究目的的不同而不同，可选择 10 cm 或 20 cm 等高度为依据进行分层，对同层植株茎、叶和花序生物量进行测定。

掌握天然草地或栽培牧草地下不同土壤深度根系的生物现存量或地下净初级生产力的测定方法。

二、实验器材

1. 材料

天然草地和紫花苜蓿、无芒雀麦和老芒麦等多年生单播或混播牧草地。

2. 用具

100 cm×100 cm 样方、样线、米尺、铁锹、小铲、天平、剪刀、土壤筛、网袋、信封等。

三、实验方法及步骤

1. 天然草地植株结构分层

在草地植被均匀平坦的典型区域，沿对角线或正方形设置多个 1 m×1 m 的监测样方，依据建群层和从属层进行划分，记录每个 1 m×1 m 样方内物种数目及其名称，并记录每种植物的个体数、频度、盖度等基础特征，并分种齐地面刈割，立刻称其鲜重，装入信封袋，然后于 65℃烘箱烘干 48 h，称量其干重，用于天然草地植株结构分层生物量计算。也可在不同物种刈割后对茎、叶和花(花序，包括果实)进行分解，分别称其鲜重和干重。

2. 多年生单播或混播牧草地结构分层

选取一定样方面积(100 cm×100 cm)或行长(50~100 cm)或单株，按自然高度齐地刈割，按顺序装入信封袋带回实验室，由基部开始向上每隔 10 cm 分为 1 层，用剪刀分段分隔开，将各层茎、叶和花（花序，包括果实）分解，称鲜重后放入烘箱，65℃烘箱烘干 48 h，称量其干重。

3. 地下根系结构分层

根系地下生物量包括现存量和地下净初级生产力。地下净初级生产力的测定采用根系内生长芯法进行，在每个样地选取一个点，用内径 10 cm 的根钻将土取出，用 1 mm 的土壤筛将根系从土壤中分离取走，再把无根的净土装入尼龙网袋（网袋规格：直径 10 cm，长 60 cm，网孔直径 3 mm），在植物生长初期把网袋置入样地内的土钻空洞中（空洞直径 10 cm，深度 60 cm），生长期结束将网袋取出，分 5 层（0~10 cm、10~20 cm、20~30 cm、30~40 cm、40~60 cm）取出其中根系。根系现存量直接用根钻分 5 层进行取样即可。取出的根系土壤直接过 1 mm 的土壤筛取出所有植物根系，筛出的根系用筛清洗和挑出，分层装入纸袋，65℃恒温下经 48 h 烘至恒重，称其干重（图 59-1）。

图 59-1　地下净初级生产力取样

（唐　芳）

60 青饲料轮供方案的设计

一、目的和意义

青饲料包括青绿饲料和多汁饲料,其特点是青绿、多汁、柔嫩、适口性好、消化率高,能为家畜生长、发育、生产和繁殖提供重要的蛋白质、微生物、矿物质和碳水化合物。青饲料轮供就是要保证家畜一年四季优质青饲料的均衡供应。轮供要求做到青饲料品种合理搭配,周年供给均衡,缓解家畜对青饲料需求的连续性和青饲料生产的季节性、间断性之间的矛盾。

该实验实习就是考察学生对牧草栽培知识的综合运用能力,通过教学使学生加深主要栽培牧草习性和栽培技术的认识,掌握牧草供应计划的制订原则和方法,能因地制宜地制订牧草轮供计划。

二、实验器材

计算器、白纸、三角板等。

三、实验方法及步骤

1. 编制畜群周转计划

根据牧场的畜群情况制定一整年的周转计划,包括各月所养家畜类型、数量和产仔计划等(表60-1)。

表60-1 畜群周转计划表

家畜类别	年末	月 份											
		1	2	3	4	5	6	7	8	9	10	11	12
合计													

2. 确定牧草需求量,按月需求量和年需求量做好计划

根据家畜类型、年龄等信息和饲料目标,确定家畜饲养标准,计算所有家畜日饲草需求量,依次计算出家畜月和年饲草需求量(表60-2)。

表 60-2 饲草需求表

家畜类别	年末	月份											
		1	2	3	4	5	6	7	8	9	10	11	12
合计													

3. 青饲料轮供的组织技术

(1) 确定可供选择的牧草种类

根据牧草栽培地的气候、地形地势、灌溉设施和土壤等自然条件,选择适合当地生长的优质牧草。

(2) 制订种植方案

根据家畜月牧草需求量,设计可供选择牧草的播种时间、播种面积、利用时间及预计产量(表 60-3)。

表 60-3 饲草预计产量和需求差额表

牧草种类	面积 (hm^2)	月产草量(kg/hm^2)											
		1	2	3	4	5	6	7	8	9	10	11	12
产草量													
需求量													
差额													

(3) 田间管理措施

包括水肥管理、病虫害、收获利用方式等。

(4) 牧草差额补齐措施

根据家畜牧草需求量和产草量之间产生的差额,提前计划处理措施,如牧草差额严重的冬季,可以通过秋季进行青贮饲料贮备或进行干草捆制备方式解决,但要求在制订青饲料轮供方案进行长期的、综合性的考虑。

(唐 芳)

61 根系的测定

一、目的和意义

根系是植物体的主要器官，其与植物对水分和矿质吸收的快慢密切相关。在此我们重点介绍根系体积及表面积测定的原理和方法。

二、根系体积的测定

根据阿基米德原理，根系浸没在水中，它排开水的体积即为根系本身的体积。利用简单的体积计，用水位取代法，即可测知根系的体积。

（一）实验器材

长颈漏斗、橡皮管、铁架台、移液管。

（二）实验方法及步骤

1. 仪器装置

用橡皮管连接长颈漏斗和移液管，然后将其固定在铁架台上，使移液管成一倾斜角度，角度越小，则仪器灵敏度越高。整个装置如图61-1所示。

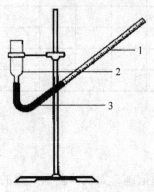

图61-1　简单体积计
1. 刻度移液管；2. 长颈漏斗；3. 橡皮管

2. 测定方法

①将欲测植物的根系小心挖出，用水轻轻漂洗至根系上无沙土为止，应尽量保持根系完整无损，切勿弄断幼根，用吸水纸小心吸干水分。

②给体积计的长颈漏斗中加水，并调节刻度移液管的倾斜角度，使水位面靠近橡皮管的一端，记下读数 A_1。

③将根系浸入长颈漏斗中，此时移液管中的水面随之上升，记下读数 A_2。

④取出根系，此时移液管中水面将降至 A_1 以下，给长颈漏斗仔细加水使移液管内水面回升至 A_1。

⑤用另一移液管仔细给长颈漏斗加水，使移液管内水面回升至 A_2，这次的加水量即为被测根系的体积（每毫升水可按 1 cm³ 体积计算）。

三、图像扫描法测定根系

根系分析仪按成像方式不同，可分为对原位根系图像的分析仪，以及对洗根后的根系图像分析仪。以加拿大生产的 WinRHIZO 根系分析系统为例（图61-2）。它利用高质量图形扫描仪获取高分辨率植物根系彩色图像或黑白图像，该扫描仪在扫描面板下方和上盖中安装有专

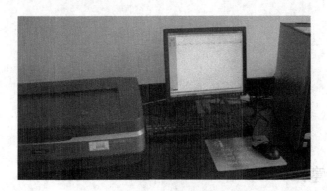

图 61-2 Win/MacRHIZO 根系分析系统

门的双光源照明系统,并且在扫面板上预留了双光源校准区域。同时配备有不同尺寸的专用、高透明度根系放置盘。扫描时,扫面板下的光源和上盖板中的光源同时扫过高透明度根盘中的根系样品,这样可以避免根系扫描时容易产生阴影和不均匀等现象的影响,有效地保证了获取的图像质量。WinRHIZO 软件可以读取 TIFF、JPEG 标准格式的图像。采用非统计学方法测量计算出交叉重叠部分根系长度、直径、面积、体积、根尖等基本的形态学参数。

(一)实验器材

图像捕捉系统(经过厂家调试的标准根系扫描设备,匹配专门的光源、具有永久校正特点、根系固定装置等);根系分析系统(基本版/标准版/专业版 WinRHIZO 分析软件);计算机;材料为各种作物根系。

(二)实验方法及步骤

(1)插上扫描仪的电源,打开电源开关,样品盘中盛 2/3 自来水,然后将样品放入展平。

(2)打开电脑,选定软件,参数设定之后进行扫描,根据图像分析系统选择适当的图像存储格式。

(3)用根系图像分析软件分析根系扫描图像,自动获得根系体积,同时还可测定根总长、平均直径,根总面积,根尖计数,分叉计数等。

(4)操作结束后关闭计算机及扫描仪。

(刘艳君)

62　叶绿素含量的测定

一、目的和意义

了解植物组织中叶绿素的分布及性质,掌握测定叶绿素含量的原理和方法。

二、分光光度法

(一)原理

叶绿素广泛存在于果蔬等绿色植物组织中,并在植物细胞中与蛋白质结合成叶绿体。当植物细胞死亡后,叶绿素即游离出来,游离叶绿素很不稳定,对光、热较敏感;在酸性条件下叶绿素生成绿褐色的脱镁叶绿素,在稀碱液中可水解成鲜绿色的叶绿酸盐,以及叶绿醇和甲醇。高等植物中叶绿素有两种:叶绿素 a 和 b,两者均易溶于乙醇、乙醚、丙酮和氯仿。利用分光光度计测定叶绿素提取液在最大吸收波长下的吸光值,即可用朗伯—比尔定律计算出提取液中各色素的含量。已知叶绿素 a、b 的 80% 丙酮提取液在红光区的最大吸收峰分别为 645 nm 和 663 nm,同时在该波长时叶绿素 a、b 的比吸收系数 K 为已知,可根据吸光度的加和性原则列出以下关系式:

$$D_{663} = 82.04C_a + 9.27C_b \tag{62-1}$$

$$D_{645} = 16.75C_a + 45.6C_b \tag{62-2}$$

式中　D_{663}, D_{645}——叶绿素溶液在波长 663 nm 和 645 nm 时的吸光度;

　　　C_a, C_b——叶绿素 a、b 的浓度(mg/L);

　　　82.04, 9.27——叶绿素 a、b 在波长 663 nm 时的比吸收系数;

　　　16.75, 45.6——叶绿素 a、b 在波长 645 nm 时的比吸收系数。

解方程式(62-1)、式(62-2),则得

$$C_a = 12.72D_{663} - 2.59D_{645} \tag{62-3}$$

$$C_b = 22.88D_{645} - 4.67D_{663} \tag{62-4}$$

总叶绿素含量为:

$$C = C_a + C_b = 8.05D_{663} + 20.29D_{645} \tag{62-5}$$

Lichtenthaler 等对 Arnon 法进行了修正,提出了 80% 丙酮提取液中 2 种色素含量的计算公式:

$$C_a = 12.21D_{663} - 2.81D_{646} \tag{62-6}$$

$$C_b = 20.13D_{646} - 5.03D_{663} \tag{62-7}$$

总叶绿素含量为:

$$C = C_a + C_b = 7.18D_{663} + 17.32D_{646} \tag{62-8}$$

由于叶绿素在不同溶剂中的吸收光谱有差异，因此，在使用其他溶剂提取色素时，计算公式也有所不同。叶绿素 a、b 在 96% 乙醇中最大吸收峰的波长分别为 665nm 和 649nm，可据此列出以下关系式：

$$C_a = 13.95D_{665} - 6.88D_{649} \tag{62-9}$$

$$C_b = 24.96D_{649} - 7.32D_{665} \tag{62-10}$$

总叶绿素含量为：

$$C = C_a + C_b = 6.63D_{665} + 18.08D_{649} \tag{62-11}$$

（二）实验器具

1. 材料

新鲜（或烘干）的植物叶片。

2. 仪器与用具

分光光度计、研钵 1 套、剪刀 1 把、玻璃棒、25 mL 棕色容量瓶 3 个、小漏斗 3 个、直径 7 cm 定量滤纸、吸水纸、擦镜纸、滴管、电子天平（0.01 g 感量）。

3. 药剂

96% 乙醇（或 80% 丙酮）、石英砂、碳酸钙粉。

（三）实验方法及步骤

（1）取新鲜植物叶片（或其他绿色组织）或干材料，擦净组织表面污物，去除中脉剪碎，混匀。

（2）称取剪碎的新鲜样品 0.2 g，共 3 份，分别放入研钵中，加少量石英砂和碳酸钙粉及 2～3 mL 95% 乙醇（或 80% 丙酮），研成匀浆，再加乙醇 10 mL，继续研磨至组织变白，静置 3～5 min。

（3）取滤纸 1 张置于漏斗中，用乙醇湿润，沿玻璃棒把提取液倒入漏斗，过滤到 25 mL 棕色容量瓶中，用少量乙醇冲洗研钵、研棒及残渣数次，最后连同残渣一起倒入漏斗中。

（4）用滴管吸取乙醇，将滤纸上的叶绿体色素全部洗入容量瓶中。直至滤纸和残渣中无绿色为止。最后用乙醇定容至 25mL，摇匀。

（5）取叶绿体色素提取液在波长 665 nm 和 649 nm 下测定吸光度，以 95% 乙醇为空白对照。

（6）按式（62-9）至式（62-11）计算，如用 80% 丙酮，则按式（62-6）至式（62-8）分别计算叶绿素 a、b 的浓度。

（7）求得色素的浓度后再按下列公式计算组织中各色素的含量（用每克鲜重或干重所含毫克数表示）：

$$\text{叶绿素 a 含量} = \frac{C_a \times \text{提取液体积} \times \text{稀释倍数}}{\text{样品鲜重（或干重）}} \tag{62-12}$$

$$\text{叶绿素 b 含量} = \frac{C_b \times \text{提取液体积} \times \text{稀释倍数}}{\text{样品鲜重（或干重）}} \tag{62-13}$$

$$\text{叶绿素含量} = \frac{(C_a + C_b) \times \text{提取液体积} \times \text{稀释倍数}}{\text{样品鲜重（或干重）}} \tag{62-14}$$

三、透射型活体叶绿素仪法

(一) 原理

透射型活体叶绿素仪能够在无损活体检测植株叶绿素含量的基础上对各种作物、各种品种、各种部位均有普适性的特点。SPAD-502 通过测量叶子对两个波长段的吸收率，来评估当前叶子中的叶绿素的相对含量。图 62-1 显示了两种叶子样品中的叶绿素对于光谱的吸收率。

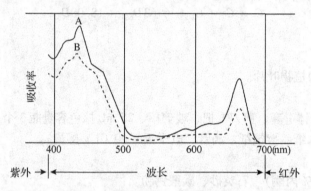

图 62-1　叶绿素对于光谱的吸收率

从图 62-1 中可以看出，叶绿素在蓝色区域(400~500 nm)和红色区域(600~700 nm)范围内吸收达到了峰值，但在近红外区域却没有吸收。利用叶绿素的这种吸收特性，SPAD-502 测量叶子在红色区域和近红外区域的吸收率。叶绿素是吸收光线的主要物质，不同波长的光线，叶片的吸收量不同，于是通过两种波长范围内的透光系数来确定叶片当前叶绿素的相对数量。SPAD-502 叶绿素仪(图 62-2)就是通过测量叶子对两个波长段里的吸收率，来评估当前叶子中的叶绿素的相对含量。

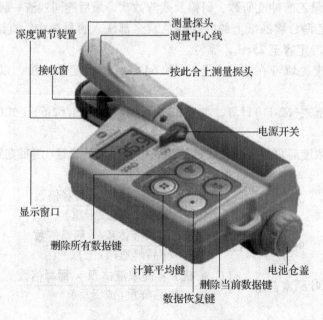

图 62-2　SPAD-502 叶绿素仪

（二）实验方法及步骤

SPAD-502 叶绿素仪的测量面积只有 2 mm×3 mm（厚度不超过 1.2 mm）。中心线指示所测面积的中心。

（1）校准

每次开机都需校准。

① 打开电源。

② 不放样品，按下探测头，直到听到"哔"一声，屏幕显示 N=0，表明校准完成。

（2）测定

① 将叶片放入测量头部，确定样品完全覆盖接收窗。

② 不要测定过厚的样品，例如叶脉；如果测定含有较多叶脉的样品，请多次测量并求平均值。

③ 如果发射窗或接收窗脏了，测量不准确，要先清洁。

④ 避免日光直射仪器，以免影响测量。

⑤ 关闭测量头，按指压台直到听到一"哔"声，测量结果会显示在屏幕上，并自动储存。

⑥ 如果听到连续的蜂鸣，说明测量头闭合不严，或者样品太厚或太薄，重复 2、3 步测量，直到测定结束。

⑦ 如果显示的结果小数点闪烁（或者没有小数点），说明测量结果大于 50(100)，结果的精确性不能保证。

（3）补偿值

由于活体叶片的吸光率因植物而不同，所以要测定绝对含量必须校正仪器。即将用活体叶绿素仪测定过叶绿素的叶片部位剪下，再用分光光度法测定其叶绿素的绝对含量，从而确定补偿值，补偿值可以设 -9.9~9.9。补偿值输入后，数据按照如下公式计算：

$$显示值 = 测量值 + 补偿值 \tag{62-15}$$

（刘艳君）

63 叶面积系数

一、目的和意义

叶面积系数是一块地上作物叶片的总面积与占地面积的比值。在田间试验中,叶面积系数是反映植物群体生长状况的一个重要指标,其大小直接与最终产量高低密切相关,也是衡量群体结构是否合理的一个重要指标。

通过本实验,了解叶面积测定方法并掌握几种常用技术,学会计算叶面积系数。

二、实验器材

不同生育时期的牧草植株;直尺、剪刀、台秤、刀片、干燥箱、纸袋等。

三、实验方法及步骤

叶面积的测定方法很多,主要有:求积仪法、剪纸称重法、重量法、光电法、几何参数法等。它们各有优缺点和适用范围,应根据不同的目的和要求选用适当的测定方法,下面介绍几种常用且简单易行的方法。

(一) 重量法

(1) 原理

把叶面积设想为一均匀平面,那么全部叶面积(A)与一部分叶面积(a)之比一定等于全部叶面积重(W)与一部分叶面积重(w)之比,即

$$\frac{A}{a} = \frac{W}{w} \quad \text{或} \quad A = \frac{a \times W}{w} \tag{63-1}$$

(2) 方法

选取有代表性的样本 10~20 株,洗净,剪根,测定时将全部叶片剪下立即称重(W),再按比例选取大、中、小老嫩叶片 30 片,分成 3 等分,每 10 片叶叠整齐,切取中段 3~5 cm 长,得到标准叶片立即称鲜重(w);然后挨个铺平后压在米尺下,量其总宽度,长宽乘积即为部分叶面积(a),将其余全部叶片称重加上 w 即为 W,根据公式求出全部叶面积,再计算单株叶面积和叶面积系数。

$$全部叶面积(A) = \frac{部分叶面积(a) \times 全部叶片重(W)}{部分叶片重(w)} \tag{63-2}$$

$$单株叶面积 = \frac{全部叶面积(A)}{取样株数} \tag{63-3}$$

$$叶面积系数(F) = \frac{每公顷叶面积}{每公顷土地面积} = \frac{单株叶面积(\text{cm}^2) \times 每公顷基本苗}{100\,000\,000} \tag{63-4}$$

以上也可以用于干重计算，剪好后放入烘箱(105℃)烘 24 h，称重，按上述公式计算。

(二) 长宽测量法

(1) 求单株叶面积

按点选取有代表性的牧草植株 25 株，分别测量每一绿叶片的长和宽(叶片基部最宽处)，再按下述公式求出单株叶面积。

$$单株叶面积(cm^2) = \frac{\sum(L \times B)}{K \times N} \tag{63-5}$$

式中　　L——叶长；
　　　　K——系数；
　　　　N——取样株数。

(2) 计算叶面积系数

$$叶面积系数(F) = \frac{单株叶面积(cm^2) \times 每公顷总株数}{100\,000\,000} \tag{63-6}$$

(三) 叶面积仪法

叶面积仪的种类很多，但其工作原理基本一样。一般都是用方格近似积分法，即将被测叶划分成许多小格，仪器精度越高，小格面积越小；然后将小格数相加再乘以小格面积就得到被测叶面积。叶面积仪有一发光装置，利用光学反射和透射原理，采用特定的发光器件和光敏器件，测量叶面积的大小。从选用的光学器件来分，叶面积仪可分为光电叶面积仪，扫描叶面积仪和激光叶面积仪三类。叶面积仪测量叶面积精确度高，误差小，操作简单，速度快。

CI-203 是一个带有显示器和内装电池的手持式叶面积仪(图 63-1)。它包括一个测量宽度的激光扫描器、一个测量长度的带有编码器的滚轴，以及一个支持测量功能、计算结果和存贮采集数据的微机系统。

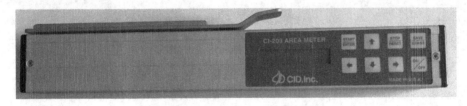

图 63-1　CI-203 叶面积仪

(1) 原理

利用激光扫描技术，激光束在高速旋转的六面镜上反射到平面镜上，形成一条激光扫描线；该光线扫描经过紧贴激光反射板上的叶片时，反射光的接收器中判别叶片的宽度。叶片纵向移过激光反射板时，可以纵向判别叶长。只要不是透明物体都能识别。激光有很好的描准性，测量不受叶片灰度和平整度的影响。

(2) 方法

打开激光反射臂，把上下叶面擦干净的叶片横向夹在测量臂与滚轴之间，松开拇指合上，开始测量。激光反射臂打开时，屏幕的上行显示"Measure"，下行显示"Spining up"。当激光反射臂合上时,激光打开,并在下行显"stabilizing"约 1/4 s,此时仪器正在调整扫描速率。之后,仪器准备开始测量,在屏幕下行显示"Measuring",这时可将叶片拉出。叶片完全抽出后,仪器自动停止测量,并将结果在显示屏上显示出来。同法测定单株植株的其他叶片面积,求得单株叶面积,并计算叶面积系数。

$$叶面积系数(F) = \frac{单株叶面积(cm^2) \times 每公顷总株数}{100\ 000\ 000} \tag{63-7}$$

(刘艳君)

第5篇

草产品加工

64 牧草、饲料分析样品的采集与制备

一、目的和意义

样品是待检原料或产品的一部分。从待测牧草、饲料原料或产品中按规定扦取一定数量、具有代表性样品的过程称为采样。将样品经过干燥、磨碎和混合处理,以便进行理化分析的过程称为样品的制备。饲料样品的采集和制备直接影响分析结果的准确性。因此,在采样时,应根据分析要求,利用正确的采样技术,使采集的样品具有足够的代表性,将采样引起的误差减至最低限度,使分析结果能为生产实际所参考和应用。

二、实验器材

目前的采样器主要有以下几种:

①牧草取样器　镀镍或不锈钢的金属管,前端具有锋利的锯齿形设计,直径为 24 mm,长度为 600 mm,取样器的驱动装置,有手摇驱动和电钻驱动。

②锥形袋式取样器　锈钢材质,具有一个尖头、锥形体和一个开启的进料口。

③自动采样器　自动采样器可安装在饲料厂的输送管道、分级筛或打包机等处,能够定时、定量采集样品。自动采样器适合于大型饲料企业,其种类很多,根据物料类型和特性、输送设备等进行选择。

④其他采样器　剪刀(或切草机)、刀、铲、短柄或长柄勺等也是常用的采样器具。

三、实验方法及步骤

1. 采样基本方法

(1) 几何法

常用于采集原始样品和大批量的原料。指把整个物品看成一种具有规则的几何立体,如立方体、圆柱体、圆锥体等。取样时假设这个立体分成若干体积相等的部分,这些部分必须在全体中分布均匀,即不只是在表面或只是在一面。从这些部分中取出体积相等的样品,称为支样,再将支样混合即得样品。

(2) 四分法

常用于小批量样品和均匀样品的采样或从原始样品中获取次级样品和分析样品。是指将样品平铺在一张平坦而光滑的一张方形纸或塑料布、帆布、漆布等(大小视样品的多少而定),提起一角,使牧草、饲料流向对角,随即提起对角使其流回,如此法,将四角轮流反复提起,如此反复移动3次以上,即可混合均匀,然后将饲料堆成等厚的正四方体或圆锥,用药铲、刀子或其他适当器具,在饲料样品方体上划一个"十"字,将样品分成4等份,任意

弃去对角的 2 份,将剩余的 2 份混合,继续按前述方法混合均匀、缩分,直至剩余样品数量与测定所需的用量相接近时为止。

也可采用分样器或四分装置代替上述手工操作,如常用的锥形分配器和具有分类系统的复合槽分配器,对粉末状、均匀度高的样品,可直接通过四分法采集分析样品,一般在 500 g 左右。对颗粒大、均匀度不好的饲料如籽实饲料,通过四分法可从原始样品中采集次级样品。次级样品至少在 1 kg 左右。

对于不均匀的物品如各种粗饲料、块根、块茎饲料等,则需要将几何法和四分法结合起来反复使用,使用的次数随物品体积的大小和不均匀性质的情况而定。

2. 采样步骤

(1) 采样前记录

采样前,必须记录与原料或产品相关的资料,如生产厂家、生产日期、批号、种类、总量、包装堆积形式、运输情况、贮存条件和时间、有关单据和证明、包装是否完整、有无变形、破损、霉变等。

(2) 原始样品采集

又称初级样品,是从生产现场如田间、牧场、仓库、青贮窖、试验场等的一批受检的饲料或原料中最初采取的样品。原始样品应尽量从大批(或大数量)饲料或大面积草地上,按照不同的部位即深度和广度来分别采取一部分,然后混合而成。原始样品一般不得少于 2 kg。

(3) 次级样品

又称平均样品,是将原始样品混合均匀或简单的剪碎混匀,从中取出的样品。平均样品一般不少于 1 kg。

(4) 分析样品

又称试验样品,次级样品经过粉碎、混匀等制备处理后,从中取出的一部分即为分析样品,用作样品分析用。分析样品的数量根据分析指标和测定方法要求而定。

(尹国丽)

65　青干草的调制

一、目的和意义

青干草是指适时刈割的牧草、细茎饲料作物，经自然或人工干燥，调制而成的能够长期贮存的青绿干草。青干草具有干物质含量高、气味芳香、适口性好，含有较多蛋白质、维生素和矿物质的特点，而且青干草中的蛋白质具有较高的生物学价值，是草食家畜冬春季的基础饲草，是反刍动物日粮中能量、蛋白质、维生素的主要来源。干草中纤维素含量较高，各种营养物质的消化率较低，但干物质含量较多，家畜采食量也较高，对于泌乳家畜还有提高乳脂率的作用。

二、适时刈割

1. 禾本科牧草的刈割期

根据不同用途确定刈割时间，需要高品质草时可在孕穗期刈割，兼顾产量和品质的最佳刈割期是抽穗期至开花初期。但还要根据牧草种类不同区别对待。粗糙高大的禾本科牧草，如芨芨草、拂子茅等，应不迟于抽穗期，芦苇应在孕穗以前，针茅应在芒针形成前进行刈割。天然割草场的牧草种类多，以优势草种的适宜刈割期来确定。

2. 豆科牧草的适宜刈割期

豆科牧草的适宜刈割期一般在孕蕾——初花期。但要根据牧草种类的具体情况来确定。如草木犀中含有低毒的生物碱香豆素，在孕蕾期含量最高，因此最适刈割期在营养生长期。一年生豆科牧草均为一次收获，其适宜刈割期一般在开花——蜡熟期。

三、青干草的调制

1. 刈割设备

动力部分采用拖拉机带悬挂往复式割草机或牵引往复式割草机。

2. 天气选择

刈割前根据天气预报和云图，应选择未来 4~5 d 内晴好无雨的天气进行刈割，避免雨淋后降低干草品质。

3. 留茬高度

一般情况下，留茬高度 5~8 cm，不应高于 10 cm。

4. 牧草的晾晒

刈割牧草后，可在翌日清晨搂草干燥。通常在水分降到 40% 左右时（取一束草用力拧紧，有水但不形成水滴），将半干的草集成松散的草堆，保持草堆通风，使水分含量降到 15%~

18%即可打捆。

5. 打捆

采用悬挂式往复割草机割草后，采用固定式方形打捆机打捆；采用往复式割草压扁机割草后，采用牵引式打捆机。小捆尺寸为 37 cm×46 cm×90 cm，大捆尺寸为 70 cm×120 cm×160 cm 或 90 cm×120 cm×160 cm。

四、干草捆的贮藏

1. 搭建垛基

储存地应选在地势高、干燥、平坦、通风的地方建立，背风或与主风向垂直，以便于防火，土质要求坚实。垛基宽度 4 m，底层垫高 30 cm 左右，可选用直径为 10~15 cm 圆木杆纵横排放（纵下横上），纵向放 3 根，间隔 150 cm，两边各余 50 cm，横向每隔 55 cm 放 1 根，交叉处用铁丝固定。也可铺砖垫高。

2. 草捆贮藏

将干草捆宽面向上，整齐铺平，上层草捆之间的接缝应和下层草捆之间接缝错开。对于露天堆放的草捆，干草捆的垛壁可一直堆到 14 层草垛高，第 15 层开始逐渐收缩成宝塔顶状堆置，每一层的干草平面比下层缩进 10~15 cm，至第 18 层封顶。堆垛要整齐，没有倾斜及凸凹现象，垛顶用草帘、苫布或其他遮雨物覆盖。贮藏在草棚的草垛高度可根据草棚的高度而定，草棚垛顶高度要距离草棚边沿 30~40 cm。

五、贮藏管理

不同等级的草捆必须分级存放，草捆入库后必须有水分、日期、等级、晾晒次数等记录。

为了保证干草的品质并避免损失，对贮藏的干草要注意防水、防潮、防霉、防火、防鼠害和防止人为破坏，同时指定专人负责安全检查和管理。堆垛初期，特别是 10~20 d 以内，如果发现有漏缝，应及时加以修补。如果垛内温度超过 45~55 ℃时，应及时采取散热措施，否则干草会被毁坏，或有可能发生自燃着火。散热办法是用一根削尖先端的直木棍在草垛的适当部位打几个通风眼，使草垛内部降温。

（尹国丽）

66 青贮饲料的调制

一、目的和意义

青贮是指将含有一定水分的青绿饲料经切碎后装入一个密封的容器内,在厌氧条件下,利用乳酸菌发酵抑制各种杂菌的繁殖,制作成能长期保存的一种饲料。青贮饲料能有效地保存饲草营养成分,损失少,利用率高;可长期保存而延长青贮饲料的供应期;有利于集约化养殖,使牧草供应达到季节平衡和营养平衡。

二、青贮饲料的调制步骤

(一) 适时刈割

优质的青贮原料是调制优良青贮饲料的物质基础。青贮饲料的营养价值,除了与原料的种类和品种有关外,收割时期也直接影响其品质。适时收割能获得较高的收获量和最好的营养价值。从理论上来讲,禾本科牧草的适宜刈割期为抽穗期,豆科牧草为初花期(表66-1)。但是,适宜收割期是比较复杂的一个问题,要根据实际需要,因地制宜通过试验适时收割。随着半干青贮技术的普及推广和饲养技术的改善,总的趋势是推后禾本科牧草的收割期,提前豆科牧草的收割期。

表66-1 不同收割期苜蓿青草的营养成分表(1 t 鲜草中的含量)

收割期	制成干草量 (kg)	蛋白质含量 (kg)	可消化蛋白质 (kg)	各期净能与始花期的比值*
现蕾期	28.00	5.63	3.26	87
始花期	28.60	5.68	3.32	100
盛花期	29.00	4.79	2.20	62
结荚期	28.90	3.72	1.61	39
成熟期	28.50	2.97	0.88	20

注:*以始花期为100,其他各生育期净能与始花期的比值。

专用青贮玉米,即带果穗全株玉米青贮。过去提倡采用植株高大、较晚熟的品种,于乳熟期至蜡熟期收割。现在则多采用在蜡熟末期收获,并选择在当地条件下,初霜来临前能够达到蜡熟末期较早熟的品种。此时收获虽然消化率有所降低,但单位面积的可消化养分总量却增加(表66-2)。这是因为在收获物中增加了营养价值很宝贵的籽实部分。早熟玉米干物质中50%左右为籽粒,中熟品种为32.8%,而晚熟品种只有25%左右。兼用玉米即籽做粮食或精料,秸秆作青贮原料。目前多选用在籽粒成熟时,茎秆和叶片大部分呈绿色的杂交品种。在蜡熟末期及时收果穗后,抢收茎秆作青贮。

表66-2 不同生长时期马齿型玉米(全株)的营养成分(%)

生长时期	干物质	占干物质						
		可消化蛋白质	可消化总养分	粗蛋白质	粗脂肪	粗纤维	无氮浸出物	灰分
花丝抽出期	15.0	1.0	9.7	10.7	2.0	28.0	52.6	7.3
乳熟期	19.9	0.9	13.7	8.0	2.5	25.5	58.4	5.5
蜡熟期	26.9	1.2	19.1	7.9	2.6	23.0	61.7	4.8
完熟期	37.7	1.7	26.0	8.0	2.6	20.7	64.2	4.5

(二) 切碎和装填

青贮原料切碎的目的，是便于青贮时压实，增加饲料密度，汁液湿润饲料表面，有利于乳酸菌生长发育，提高青贮饲料品质(表66-3)，同时还便于取用和家畜食用。对于带果穗全株青贮玉米来说，切碎过程中，也可以把籽粒打碎，提高饲料利用率。

表66-3 草类原料切碎对青贮饲料质量的影响

原料处理	装干物质量(kg/m³)	干物质回收率(%)	pH值	乳酸含量(%)	丁酸占挥发能量(%)	消化率(%)		
						干物质	蛋白质	无氮浸出物
切碎	115	71.6	4.23	0.86	5.1	64.3	64.6	60.0
不切碎	72	59.0	4.68	0.33	50.8	58.3	48.9	54.6

提高青贮窖的利用率，排除原料间隙中的空气，必须根据原料的粗细、软硬程度、含水量、饲喂家畜的种类和铡切的工具等来决定。

在青贮原料装入窖之前，要对已经用过的青贮设施清理干净。一旦开始装填青贮原料时，要求迅速进行，以避免在原料装满和密封之前好气性细菌分解造成腐败变质。一般来说，一个青贮设施，要在2~5d装满压实。装填时间越短，青贮品质越好。如果是青贮窖(壕)，窖底可铺一层10~15cm切短的秸秆软草，以便吸收青贮汁液。窖壁四周衬一层塑料薄膜，以加强密封和防漏气渗水。

原料装入圆形青贮设备时，要一层一层装匀铺平。装入青贮壕时，可酌情分段顺序装填。

(三) 压实

装填原料时，如为青贮壕，必须层层压实尤其要注意周边部位，而且是压得越紧越实越易造成厌氧环境，越有利于乳酸菌的活动和繁殖；反之，则易青贮失败。用多年生黑麦草和白三叶做青贮，不同压紧程度对青贮饲料品质影响极大(表66-4)。应注意的是，在压紧过程中，不要带进泥土、油垢和铁钉、铁丝等，以免污染青贮原料，并避免牛羊食后造成瘤胃穿孔，危及家畜健康。

(四) 密封与管理

原料装填完毕，应立即密封和覆盖。其目的是隔绝空气继续与原料接触，并防止雨水进入。这是调制优质青贮饲料的一个关键。

当原料装填和压紧到窖口齐平时，中间可高出窖一些，在原料的上面盖一层10~20cm切短的秸秆或牧草，覆上塑料薄膜后，再覆上30~50cm的土，踩踏成馒头形。不能拖延封

表 66-4 不同压紧程度对多年生黑麦草和白三叶青贮饲料品质的影响

压紧程度	密度 (kg/m³)	温度 (℃)	干物质 (%)	干物质损失 (%)	干物质消化率 (%)	pH 值	乳酸 (%)	挥发酸 (%)	总氮量 (g/kg)
轻	227	38	16.6	37.2	65.6	5.1	1.43	8.5	3.84
中	307	26	18.0	23.4	69.7	4.7	5.19	6.05	3.73
重	386	25	19.1	17.4	76.3	4.1	10.12	3.1	3.46

注：引自张秀芬等，1989。

窖，否则温度上升，pH 值增高，营养损失增加，青贮饲料品质变差。

密封后，尚须经常检查，发现漏气处及时修补，杜绝透气并防止雨水渗入窖内。

（五）青贮饲料的饲用和管理

1. 青贮饲料的饲用

青贮饲料有酸味，在开始饲喂时，有的畜禽不习惯采食。可先空腹饲喂青贮饲料，再喂其他草料；先少喂青贮饲料，后逐渐加量，或将青贮饲料与其他草料拌在一起饲喂。还应指出，青贮饲料是良好的饲料，但并非唯一的饲料，必须与精料和其他饲料按畜禽营养需要合理搭配饲用。

不足 6 月龄的犊牛须专门制备专用青贮饲料。以幼嫩而又富含维生素和可消化蛋白质植物为原料，如孕蕾期的豆科牧草和抽穗期的禾本科牧草占青贮原料的 90%，乳熟—蜡熟期玉米和煮熟的马铃薯及块根类约占原料的 10%。犊牛日粮中加入上述犊牛专用青贮饲料，可使精饲料的消耗减少 1/2，并能确保日增重 800~1 000 g，促进胃肠道的发育，对培育适于采食大容积饲料的育成乳牛，具有重要作用。

6 月龄以上的牛，一般都能采食所制备的成年家畜青贮饲料。

从出生后第一个月末开始饲喂犊牛专用青贮饲料，喂量为 100~200 g/(d·头)，并逐步增至 5~6 月龄的 8~15 kg/(d·头)。整个冬季，为每头犊牛要准备 600~700 kg 专用青贮饲料。一般奶牛理论饲喂量为 8 kg/(d·100 kg)体重。根据实践经验，生产中经常按 15~20 kg/(d·头)的量饲喂，最大量可达 60 kg/(d·头)，妊娠最后一个月的母牛不应超过 10~12 kg/(d·头)，临产前 10~12 d 停喂青贮饲料，产后 10~15 d 在日粮中重新加入青贮饲料。役牛和育肥牛饲喂量为 10~12 kg/(d·100 kg)体重。用优良的青贮饲料喂种公牛，饲喂量为 1~1.5 kg/(d·100 kg)体重。

羊能有效地利用青贮饲料。其饲喂量为：大型绵羊品种 4~5 kg/(d·只)。羔羊为 400~600 g/(d·只)。

2. 开窖取用时注意事项

青贮饲料一般经过 40~50 d 便能完成发酵过程，即可开窖使用。

开窖时间根据需要而定，一般要尽可能避开高温或严寒季节。因为高温季节，青贮饲料容易二次发酵或干硬变质；严寒季节青贮饲料结冰，母畜易引起流产。一般在气温较低而又缺草的季节饲喂家畜最为适宜。

一旦开窖利用，就必须连续取用。每天用多少取多少。不能一次取出大量青贮饲料堆放在畜舍里慢慢饲喂。取用后及时用草席或塑料薄膜覆盖，否则会变质。

取用青贮饲料时，圆形窖自表面一层一层地向下取，使青贮饲料始终保持一个平面，切忌一处掏取。不管哪种形式的窖，每天至少要取出 6~7 cm 厚。地下窖开窖后应做好周围排水工作，以免雨水和融化的雪水流入窖内，使青贮饲料发生霉烂。如因天气太热或其他原因保存不当，表层的青贮饲料变质，应及时取出抛弃，以免引起家畜中毒或其他疾病。

青贮饲料是在厌氧条件下发酵和保存的。密封良好的青贮饲料，可长期保存，多年不坏。所以，在开窖、取用和管理上切忌与空气接触。

3. 防止青贮饲料二次发酵

青贮饲料二次发酵系指青贮成功后，由于开窖或密封不严，或青贮袋破损，致使空气侵入青贮设施内，引起好气性微生物活动，分解青贮饲料中的糖、乳酸、乙酸，以及蛋白质和氨基酸，并产生热量，使 pH 值逐渐升高，品质变坏。所以又称为好气性变质。二次发酵主要由霉菌和酵母菌的活动引起。防止二次发酵的办法是：压实和严格密封；青贮和保存过程中防止漏气；开窖后做到连续取用，每日喂多少取多少，防止污染，取后严实覆盖。此外，也可以喷洒防腐剂，抑制霉菌和酵母菌的增殖。

三、半干青贮料步骤

半干青贮是指青贮原料的水分降至 50% 左右时封存，进行乳酸发酵的青贮，是青贮发酵的主要类型之一。

1. 常规半干青贮

选用优质原料，收割后将其含水量迅速降至 45%~55%，切碎，迅速装填，压紧密封，隔绝空气，控制发酵温度 40℃ 以下。用塑料袋进行半干青贮时，装好青贮原料后要放在固定地点，不随便移动，以免塑料袋破损漏气，并常加强管理，经 30~40 d 发酵即可完成。

2. 凋萎裹包青贮

凋萎裹包青贮是指刈割后的青鲜牧草，经短时间的晾晒，使水分降低到 50% 左右的凋萎状态时打成圆捆，外用带状高强度塑料拉伸膜紧紧裹包，在密封状态下长期贮存的青贮料。由于采用的是青贮发酵的原理使牧草得以长期保存，因此被称作裹包青贮。

裹包加工系统由两种设备组成：一种是打捆机；另一种是裹包机。

牧草裹包一般有大型圆捆裹包机和小型圆捆裹包机两种类型。由拖拉机牵引和提供加工动力。大型圆捆尺寸为直径 120 cm，高 120 cm，在牧草含水量约 50% 时，每打捆重约 500 kg。小型圆捆尺寸为直径 55 cm，高 52 cm，在牧草含水量约为 50% 时，每捆重约 40 kg。

（尹国丽）

67 籽实饲料的生物调制

一、目的和意义

籽实饲料的营养价值及消化率一般都较高，但常因籽实的种皮、颖壳、内部淀粉粒的结构以及某些籽实中含有抑制性物质（如抗胰蛋白酶），均能影响籽实中营养物质的消化吸收，因此应对籽实类饲料进行加工调制。本实验的目的旨在了解籽实饲料加工的意义，掌握籽实类饲料生物调制的方法。

二、实验器材

1. 材料

包括玉米面、麦芽、大麦、大豆、小麦粉、酵母等。

2. 用具

包括脸盆、口缸、温度计、玻璃棒、发芽盘、烧杯等。

三、实验方法及步骤

1. 糖化饲料的制作

糖化是利用谷物籽实和麦芽中淀粉酶的作用，把饲料中的淀粉转化为麦芽糖，以提高饲料的适口性。如玉米、大麦、高粱等都含70%左右的淀粉，而糖分的含量仅为0.5%~2.0%，经糖化处理后，糖的含量可提高到8%~12%，并产生少量的乳酸，改善了适口性，提高了消化率。

方法：在磨碎的籽实料中加入2.5倍的水搅拌均匀，置于55~60 ℃的条件下，4 h后即可使饲料中的含糖量增加到8%~12%。如果加入2%的麦芽，糖化作用更快。糖化饲料贮存时间不宜过长（不要超过14 h），存放过久或用具不干净，易引起酸败变质，效果不好。

2. 发芽饲料的制作

籽实的发芽是由于酶的活动，将籽实中的淀粉变为糖，并产生胡萝卜素及其他维生素的过程。籽实的发芽是一个具有质变的复杂过程，籽实开始萌发时，首先由于呼吸作用的加强而消耗糖类物质，同时胚内贮存的蛋白质转变为氨基酸。由于发芽过程中这一系列的变化，各种有益的酶以及维生素大量增加。如1 kg大麦，在未发芽前几乎不含胡萝卜素，发芽后（芽长8.5 cm左右），1 kg大麦可产生73~93 mg的胡萝卜素，核黄素的含量由每千克1.1 mg增加到8.7 mg，蛋氨酸含量增加2倍，赖氨酸增加3倍。

方法：将准备发芽的大麦等籽实类饲料用15~16 ℃清水浸泡1 d，尔后把水倒掉，将籽实放在盆或其他容器内，上面盖一湿布，保持在15 ℃的环境下，3 d后出现幼根，用清水冲洗后，移入发芽盘中，保持15~20 ℃的室温，一般经6~8 d，芽的长度达6~8 cm，即可切碎饲喂。

3. 发酵饲料的制作

籽实饲料的发酵是通过微生物的作用增加饲料中的B族维生素和各种酶、醇等芳香刺激性物质，从而提高饲料适口性和营养价值，刺激家畜生产性能和繁殖能力的提高。籽实饲料的发酵微生物一般用酵母菌，因此原料要求为富含碳水化合物的籽实，豆类不宜发酵。

方法：5 kg 粉碎的籽实饲料加酵母25~50 g。先用温水将酵母稀释在7.5~10 kg，30~40 ℃的温水中，一边搅拌，一边倒入5 kg的籽实饲料，搅拌均匀，以后每30 min 搅拌1次，经6~9 h 发酵完成。发酵盆内饲料厚度在30 cm 左右，温度保持在20~27 ℃，并要通气良好。

（罗富成）

68 饲料舔砖制作

一、目的和意义

饲料舔砖是指以糖蜜为碳源，尿素为氮源，同时添加其他矿物质等营养素经压制而成的砖形复合营养添加型饲料。可解决牛、羊等反刍家畜的冬季营养不平衡、蛋白质和矿物质的缺乏问题，保持家畜的生产力，避免奶牛体质减弱、生产和繁殖性能下降，以及营养性疾病的发生。

二、实验器材

1. 材料

糖蜜、尿素、水泥（或生石灰）、麸皮（或稻壳）、膨润土、饼粕类植物蛋白、矿物质微量元素及维生素、五氧化二磷（或其他黏结剂）等。矿物质预混料通常含有钙、磷等常量元素和铁、铜、锌、碘、锰、硒和钴等微量元素。

2. 设备

粉料提升机，糖蜜加热、加压系统，搅拌机，压块机。

三、实验方法及步骤

1. 原料称量

添加量少的小料用台秤称量、添加量大的原料用磅秤称量，糖蜜用量具量取。糖蜜的添加量为15%~20%最为合适，若糖蜜的添加量高于20%时，影响舔砖的成型和与模具黏联，给生产带来不便，当糖蜜的添加量达到50%时，舔砖很难成型，且烘干后硬度较大，肉牛无法舔食。麸皮影响舔砖的硬度和表观性状，添加量不能超过10%，若超过10%，舔砖表面出现裂纹，且随着麸皮浓度的增加裂纹增大，影响舔砖的表观性状。生石灰影响舔砖的硬度和表观性状，生石灰的最大用量不能超过5%；若超5%舔砖表面出现裂纹，且随着生石灰浓度的增加裂纹越大。将预混料（粉料）搅拌10 min，舔砖原料（黏料）搅拌20 min后待用。

2. 模具及压制成型

采用自制方形铸铁模具（壁厚8 cm，容积15 cm×15 cm×25 cm，可填粉30 kg左右），液压机（压力30~50 kg/cm^2）瞬间冲击压制成型。舔砖长15 cm，宽15 cm，厚7.5 cm，中央有1个圆柱形（内径2.5 cm）小孔，每块砖重5 kg左右，密度1.78 g/cm^3。

3. 舔砖加工流程

采用液压机械成型法制备舔砖。配套设备自行设计改制，由粉料提升机、糖蜜加热、加压系统、搅拌机、压块机构成。粉碎的物料由提升机送入浆式搅拌机，然后将加有尿素、食盐等的物质与加热糖蜜混合，喷入搅拌机内进行二次搅拌，最后将混合均匀的物料定量地添加到压块机的模具中压制成型。压块机压强为 30~50 kg/cm² 时，舔砖的硬度最好。

四、舔砖配方

舔砖原料配方比例和原料种类对家畜的采食量有影响，参考配方比例见表 68-1 至表 68-4。每日舔食量的标准，主要以牛羊舔食尿素量为标准，如成年牛每日进食尿素量为 80~110 g，青年牛 70~90 g，成年羊 8~15 g。

表 68-1 奶牛用尿素糖蜜多营养舔砖参考配方（%）

配方	小麦粉	糖蜜	尿素	食盐	玉米粉	菜籽粕粉	胡麻粕粉	芝麻粕粉	骨粉	脱斑土	无盐添加剂
1	—	10.0	10.0	7.0	15.0	—	15.0	—	3.0	30.0	适量
2	5.0	—	10.0	7.0	15.0	10.0	20.0	—	3.0	30.0	适量
3	10.0	—	10.0	7.0	15.0	10.0	—	15.0	3.0	30.0	适量

注：引自汪玺等，2002。

表 68-2 奶牛复合添加剂舔砖参考配方（%）

配方	糖蜜	尿素	食盐	玉米粉	固化剂	膨润土	预混料
成母牛舔砖	8.0	16.0	26.0	10.0	—	11.2	23.8
育成牛舔砖	10.0	12.0	26.0	5.0	10.0	15.0	22.0
犊牛舔砖	15.0	22.8	10.0	—	10.0	—	22.2

注：引自陈宇知等，1993。

表 68-3 牛羊用糖蜜尿素舔砖参考配方（%）

配方	糖蜜	尿素	食盐	水泥	石灰	熟石膏	膨润土	矿物质	麦麸
配方1	35.0	10.0	5.0	5.0	10.0	—	8.0	2.0	25.0
配方2	35.0	10.0	5.0	—	10.0	—	5.0	2.0	33.0
配方3	35.0	10.0	5.0	10.0	—	—	5.0	2.0	33.0
配方4	35.0	10.0	5.0	—	—	2.0	10.0	2.0	36.0

注：引自关意寅等，1998。

表 68-4 奶山羊糖蜜尿素舔砖参考配方（%）

配方	糖蜜	尿素	食盐	水泥	膨润土	预混料	麦麸
配方1	25.0	10.0	10.0	10.0	13.0	10.0	22.0
配方2	22.0	14.0	10.0	10.0	13.0	10.0	21.0
配方3	25.0	14.0	13.0	10.0	13.0	10.0	15.0

注：引自李振，2006。

（尹国丽）

69 秸秆氨化处理及品质鉴定

一、目的和意义

秸秆氨化是指在作物秸秆中加入一定比例的氨源（氨化剂），使其纤维素、半纤维素与木质素和硅细胞之间的结合减弱，质地变软，提高秸秆消化率、营养价值和适口性的技术措施。实践证明，秸秆经氨化后，粗蛋白质可提高 0.7~2.5 倍，饲料干物质或粗纤维的消化率可提高 9%~26%，适口性加强，牛羊自由采食率提高 13%~53%。一般每投入 1 t 氨，至少可节约精饲料 7 t，每喂 4 t 氨化饲料，可节约 1 t 粮食。因此，秸秆氨化技术为牛羊等反刍家畜稳定持久的发展提供了优厚的物质基础，为发展节粮食型畜牧业开辟了新的途径。本实验的目的旨在让学员了解氨化技术推广的意义，掌握氨化饲料制作及其品质鉴定的方法。

氨化处理可提高秸秆消化率、营养价值和适口性。其原理是由于秸秆氨化过程中存在着以下 3 种作用：

①碱化作用　氨水是氨气、水和氢氧化氨的混合体。一部分氨气溶于水，与水结合生成氢氧化氨，同时一部分氢氧化氨又分解为游离氨。氢氧化氨是碱性溶液，能够使木质素与纤维素、半纤维素分离，纤维素及半纤维素部分分解，细胞膨胀，结构疏松。同时小部分木质素被溶解形成羟基木质素，使消化率提高。

②氨化作用　当氨气遇到秸秆，就同秸秆中的有机物质发生化学反应，形成铵盐及其复合物，前者是一种非蛋白氮化合物，是反刍家畜瘤胃微生物的氮素营养源。在瘤胃中，在脲酶的作用下，铵盐被分解成氨气，同碳、氧、硫等元素合成氨基酸，进一步合成菌体蛋白。每千克氨化秸秆可形成 40 g 铵盐，在瘤胃中可形成同等数量的菌体蛋白。一头牛的瘤胃微生物每日可合成 180 g 的菌体蛋白。

③中和作用　氨气与秸秆中的有机酸发生中和反应，消除了乙酸根，中和了秸秆中的潜在酸度。由于瘤胃最适的内环境应是呈中性，pH 为 7 左右，中和作用更有利于瘤胃微生物的发酵，故可提高消化率；同时铵盐改善了秸秆的适口性，可促使乳脂与体脂的合成，这是因为纤维素等在瘤胃内，由于纤维素分解酶的作用，可分解成挥发性脂肪酸（乙酸、丙酸、丁酸）被畜体利用。

二、实验器材

1. 材料

各种农副产品，如麦秸、稻草、玉米秆、向日葵秆以及麦麸、稻糠等，要求其所含水分不得超过 13%，且无霉烂变质。常用氨化剂主要包括氨水、尿素、碳酸氢铵等。

2. 用具

包括台秤、水桶、喷雾器、塑料薄膜、塑料绳、铡刀、封口机、抽气机、铡草机、毛巾、口罩、风镜、手套等。另备氨化设施(氨化窖、氨化池、氨化缸，或长1 m，宽0.8 m，厚20 μm 的塑料袋)和注氨管或特制大号漏斗若干。

三、实验方法及步骤

(一)秸秆氨化处理

1. 尿素、碳酸氢铵氨化法

一般秸秆中的含水量为13%左右，氨化时氨化原料的理想含水量为30%~40%。因此，每100 kg 自然风干的农作物秸秆需加水20 kg 左右。氨化时，将尿素或碳酸氢铵完全溶解在清水(冬季可用温水)中，并均匀地喷洒在切碎(长度1.5~2.0 cm)的秸秆中即可。每100 kg 自然风干的农作物秸秆需含氮46%上下的尿素4~5 kg 或含氮15%上下的碳酸氢铵15 kg 左右。

将喷洒尿素或碳酸氢铵溶液的秸秆充分拌匀后，应尽快装入氨化容器内，边装边踩压，高出窖口0.2~0.3 m，然后用塑料薄膜覆盖密封，四周用土压实。用塑料袋氨化时，可用抽气机抽空空气，装料后袋口用绳子扎紧即可。采用氨化缸氨化时，缸口用塑料薄膜覆盖，并用稀泥封严。

2. 氨水氨化法

将原料切成1.5~2 cm 长，装入氨化容器内，压实装满后盖上一层塑料薄膜，留出注氨口，周边用泥土封严。若用塑料袋氨化，要注意不能压破塑料袋，装满稍压即可。每100 kg 自然风干的农作物秸秆用含氨20%上下的氨水12~15 kg。

注入氨水时，操作人员所用的毛巾、口罩要用醋浸湿，并戴风镜、手套等防护用品，以防氨挥发时对人造成危害。操作者应站在上风口，将注氨管插入原料中，待事先计算好的氨水全部注入后，迅速用绳子将注氨口扎紧。

(二)氨化饲料品质检验

氨化饲料在饲喂之前应进行品质检验，以确定能否用于饲喂家畜。

1. 采样

切忌随意取样。首先揭开覆盖物，并打开密封的塑料薄膜，然后在氨化饲料整个表面的对角线上及其交汇点采用5点取样法，用锐利刀具切取约20 cm×20 cm 的氨化饲料样块。采样后应马上密封、覆盖，以免雨水和空气进入，造成腐败或蛋白水平降低。

2. 鉴定

(1)感观鉴定

①发霉情况　因加入的氨化剂具有防霉杀菌作用，正常情况下氨化饲料不易发霉。有时氨化设备封口处的氨化饲料有局部发霉现象，但内部秸秆仍然正常。若发现氨化饲料大部分已发霉，则不能用于饲喂家畜。

②气味　一般氨化成功的氨化饲料具有糊香味和刺鼻的氨味。氨化玉米秸的气味略有不同，既具有青贮的酸香味，又有刺鼻氨味。

③质地　氨化饲料柔软蓬松，用手紧握没有明显的扎手感。

④颜色　不同秸秆氨化后的颜色与原色相比都有一定的变化。经氨化的麦秸颜色为杏黄色，未氨化的麦秸为灰黄色；氨化的玉米秸为褐色，其原色为黄褐色。

(2) pH 值测定

氨化饲料偏碱性，pH 8.0 左右；未氨化的饲料偏酸性，pH 5.7 左右。取 500 mL 的烧杯一个，内置半杯氨化饲料，并加入适量蒸馏水使其浸没样料，不断地用玻璃棒搅拌 5 min，静置 15~20 min 后，用 1 条广泛或精密 pH 试纸浸入上层清液，并与标准比色卡比色，确定 pH 值范围。

（罗富成）

70 叶蛋白饲料的提取

一、目的和意义

植物叶蛋白或称绿色蛋白浓缩物（leaf protein concentration，LPC），是以新鲜牧草或青绿植物的茎叶为原料，经压榨后，从其汁液中提取出高质量的浓缩蛋白质饲料。

种植优质牧草或青绿饲料，能获得相当于种植大豆2倍以上的蛋白质产量和3倍以上的消化能。但青绿饲料纤维素含量高，适宜饲喂草食家畜，而猪、禽等单胃动物对青绿饲料蛋白质的利用率则较低，加之青绿饲料水分高，冲淡了日粮的能量浓度，会降低高产猪、禽的生产性能。如将青绿饲料的精华叶蛋白提取出来，作为猪、禽的高蛋白饲料，而把剩余的草渣作为草食家畜的饲料，可谓两全其美。本实验的目的在于熟悉和掌握叶蛋白提取的原理和方法，了解其应用价值。

二、实验器材

1. 材料

各种富含蛋白质的新鲜牧草及饲料作物的叶片，如紫花苜蓿、菊苣等，另备食盐和蒸馏水。

2. 仪器与用具

包括打浆机、压榨机、水浴锅或电炉、漏斗、滤纸、烧杯、试管、电子天平、温度计、剪刀、纱布、橡皮筋、石棉网、方磁盘、温度计、精密pH试纸等。

三、实验方法及步骤

1. 原料收割

在豆科牧草孕蕾开花期，禾本科牧草孕穗前后采取叶片，备用。

2. 粉碎或打浆

叶蛋白主要由青绿植物茎、叶中的细胞内呈溶解状态的细胞质蛋白和叶绿体内的基质蛋白组成，存在于细胞壁内。因此，要获得叶蛋白，必须采取粉碎或打浆的办法破坏细胞壁。粉碎得越细，叶蛋白的提取率越高。一般用锤式打浆机或粉碎机打浆。

3. 榨取汁液

通过压榨机挤压出绿色汁液，生产中有时将粉碎与压榨在一机内完成。为把汁液从草渣中充分榨取出来，压榨前可加入5%~10%的水分进行稀释后挤压，或先直接压榨，然后加入适当水分搅拌后，再进行第二次压榨。

4. 凝固分离

汁液中所含的叶蛋白可用多种措施将其分离出来。一般采取某种絮凝手段使其絮凝成絮结物，然后进行离心过滤分离，以获得叶蛋白浓缩物。

(1) 加热法

一般采用蒸汽加热法，加热使汁液迅速升温至 70~80 ℃（苜蓿汁液最好加热到 85 ℃ 以上），几分钟内便可絮凝成较大的团聚物。为使叶蛋白质从汁液中尽量絮凝分离出来，可分次加热，第一次加热到 60~70 ℃，再迅速冷却到 40 ℃，滤出沉淀，主要是绿色叶蛋白；汁液再加热至 80~100 ℃，并持续 2~4 min，第二次絮凝分离出的主要是白色的细胞质蛋白。

(2) 加碱加酸法

加碱法是用碳酸氢钠或氢氧化铵等将汁液 pH 调整到 8.0~8.5，然后立即加热使其絮凝。其作用是尽快地降低植物蛋白酶的活性，提高胡萝卜素、叶黄素等的稳定性；加酸法是用盐酸调整汁液的 pH 为 4.0~6.4（视具体情况而定，由其蛋白质的等电点决定），利用等电点原理，分离出叶蛋白。

(3) 发酵法

将汁液在缺氧条件下发酵 48 h 左右，利用乳酸杆菌产生的乳酸使叶蛋白絮凝。经发酵絮凝的叶蛋白具有质地柔软，溶解性好，而且有破坏植物中对畜禽有害的物质（如皂苷等），节省能源，降低成本等优点。但由于发酵时间长，叶蛋白的酶解作用延长，可造成一定的营养损失。因此，应及时进行乳酸菌接种，以缩短发酵时间。

5. 叶蛋白的析出与干燥

凝固的叶蛋白多呈凝乳状，一般利用沉淀、过滤和离心等方法，把叶蛋白分离出来。刚提取的叶蛋白浓缩物呈软泥状，必须及时进行干燥。可采用多功能蒸发器、喷雾干燥机进行干燥。自然干燥时，为防止腐败，可加入 7%~8% 的食盐或 1% 的氧化钙等。

（罗富成）

71 牧草、饲料中水分的测定

一、目的和意义

根据样品性质选择特定条件对试样进行干燥,通过试样干燥损失的质量计算水分的含量。

二、实验器材

①分析天平　感量 1 mg。
②称量器皿　玻璃称量瓶或铝盒。或能使样品铺开约 0.3 g/cm² 规格的其他耐腐蚀金属称量瓶(减压干燥法须耐负压的材质)。
③电热恒温鼓风干燥箱　温度可控制在 103 ℃ ±2 ℃。
④干燥器　具有干燥剂。
⑤沙　经酸洗或市售(试剂)海沙。

三、实验方法与步骤

1. 采样

根据实验 64 或相关标准规定的方法采样。样品应具有代表性,在运输和贮存过程中避免发生损坏和变质。

2. 分析步骤

实验采用直接干燥法。

①固体样品　将洁净的称量瓶放入 103 ℃ ±2 ℃ 干燥箱中,称量瓶盖放在称量瓶边。干燥 30 min ±1 min 后盖上称量瓶盖,将称量瓶取出,放在干燥器中冷却至室温。称量其质量(m_1),准确至 1 mg。

称取 5 g 样品(m_2)于称量瓶内,准确至 1 mg,摊平。将称量瓶放入 103 ℃ ±2 ℃ 干燥箱内,取下称量瓶盖放在称量瓶边上,建议平均每立方分米干燥箱空间最多放一个称量瓶。

当干燥箱温度达 103 ℃ ±2 ℃ 后,干燥 4 h ±0.1 h。盖上称量瓶盖,将称量瓶取出放入干燥器冷却至室温。称量其质量(m_3),准确至 1 mg,按式(72-1)计算水分含量。

②半固体、液体或含脂肪高的样品　在洁净的称量瓶内放一薄层沙和一根玻璃棒。将称量瓶放入 103 ℃ ±2 ℃ 干燥箱内,取下称量瓶盖并放在称量瓶边,干燥 30 min ±1 min,盖上称量瓶盖,将称量瓶从干燥箱中取出,放在干燥器中冷却至室温。称量其质量(m_1),准确至 1 mg。

称取 10 g 样品(m_2)于称量瓶内,准确至 1 mg。用玻璃棒将样品与沙混匀并摊平,玻璃棒留在称量瓶内。将称量瓶放入干燥箱中,取下称量瓶盖并放在称量瓶的边上。建议平均每立方分米干燥箱空间最多放一个称量瓶。当干燥箱温度达 103 ℃ ±2 ℃后，干燥 4 h ±0.1 h。盖上称量瓶盖，将称量瓶从干燥箱中取出，放入干燥器冷却至室温。恒重后称量其质量（m_3），准确至 1 mg。

四、结果计算

试样中水分以质量分数 X 计，数值以%表示，按式(71-1)计算：

$$X(\%) = \frac{m_2 - (m_3 - m_1)}{m_2} \times 100 \tag{71-1}$$

式中　m_1——称量瓶的质量，如使用沙和玻璃棒，也包括沙和玻璃棒(g)；
　　　m_2——试料的质量(g)；
　　　m_3——称量瓶和干燥后试料的质量，如使用沙和玻璃棒，也包括沙和玻璃棒(g)。

取两次平行测定的算术平均值作为结果。结果精确至 0.1%。

直接干燥法：两个平行测定结果，水分含量 <15% 的样品即差值不大于 0.2%，水分含量 ≥15% 的样品相对偏差不大于 1.0%。

（尹国丽）

72　牧草粗蛋白含量的测定

一、目的和意义

粗蛋白是指饲料样品中总蛋白含量。蛋白质能够维持动物生长、发育、维持等需要。粗蛋白含量高，价格高。

二、实验器材

1. 药剂

①硫酸(GB 625)　化学纯，含量为98%，无氮。

②混合催化剂　0.4 g硫酸铜，5个结晶水，6 g硫酸钾或硫酸钠，均为化学纯，磨碎混匀。

③氢氧化钠　化学纯，40%水溶液(m/v)。

④硼酸　化学纯，2%水溶液(m/v)。

⑤混合指示剂　甲基红0.1%乙醇溶液，溴甲酚绿0.5%乙醇溶液，两溶液等体积混合，在阴凉处保存期为三个月。

⑥盐酸标准溶液　邻苯二甲酸氢钾法标定，按GB/T 601—2016化学试制标准滴定溶液的配置进行制备。

a. 0.1 mol/L 盐酸(HCl)标准溶液：8.3 mL盐酸，分析纯，注入1 000 mL蒸馏水中。

b. 0.02 mol/L 盐酸(HCl)标准溶液：1.67 mL盐酸，分析纯，注入1 000 mL蒸馏水中。

⑦蔗糖　分析纯。

⑧硫酸铵　分析纯，干燥。

⑨硼酸吸收液　1%硼酸水溶液1 000 mL，加入0.1%溴甲酚氯乙醇溶液10 mL，0.1%甲基红乙醇溶液7 mL，4%氢氧化钠水溶液0.5 mL，混合，置阴凉处保存期为一个月(全自动程序用)。

2. 仪器与用具

①实验室用样品粉碎机或研钵。

②分样筛　孔径0.45 mm(40目)。

③分析天平　感量0.000 1 g。

④消煮炉或电炉。

⑤滴定管　酸式，10 mL、25 mL。

⑥凯氏烧瓶　250 mL。

⑦凯氏蒸馏装置　常量直接蒸馏式或半微量水蒸气蒸馏式。

⑧锥形瓶　150 mL、250 mL。
⑨容量瓶　100 mL。
⑩消煮管　250 mL。
⑪定氮仪　以凯氏原理制造的各类型半自动、全自动蛋白质测定仪。

三、实验方法及步骤

(一)试样的选取和制备

选取具有代表性的试样用四分法缩减至 200 g，粉碎后全部通过 40 目筛，装于密封容器中，防止试样成分的变化。

(二)分析步骤

1. 试样的消煮

称取试样 0.5~1 g(含氮量 5~80 mg)准确至 0.000 2 g，放入凯氏烧瓶中，加入 6.4 g 混合催化剂，与试样混合均匀，再加入 12 mL 硫酸，将凯氏烧瓶置于电炉上加热，小火待样品焦化，泡沫消失后，再加强火力(360~410 ℃)直至呈透明的蓝绿色，然后再继续加热，至少 2 h。

2. 氨的蒸馏(常量蒸馏法)

将试样消煮液冷却，加入 60~100 mL 蒸馏水，摇匀，冷却。将蒸馏装置的冷凝管末端浸入装有 25 mL 硼酸吸收液和 2 滴混合指示剂的锥形瓶内。然后小心地向凯氏烧瓶中加入 50 mL 氢氧化钠溶液，轻轻摇动凯氏烧瓶，使溶液混匀后再加热蒸馏，直至流出液体 100 mL。降下锥形瓶，使冷凝管末端离开液面，继续蒸馏 1~2 min，并用蒸馏水冲洗冷凝管末端，洗液均须流入锥形瓶内，然后停止蒸馏。

3. 滴定

吸收液立即用 0.1 mol/L 或 0.02 mol/L 盐酸标准溶液滴定，溶液由蓝绿色变成灰红色为终点。

4. 空白测定

称取蔗糖 0.5 g，代替试样，消耗 0.1 mol/L 盐酸标准溶液的体积不得超过 0.2 mL，消耗 0.02 mol/L 盐酸标准溶液的体积不得超过 0.3 mL。

(三)重复性

每个试样取两个平行样进行测定，以其算术平均值为结果。

当粗蛋白质含量在 25% 以上时，允许相对偏差为 1%。

当粗蛋白质含量在 10%~25% 时，允许相对偏差为 2%。

当粗蛋白质含量在 10% 以下时，允许相对偏差为 3%。

四、结果计算

计算公式如下：

$$粗蛋白质(\%) = \frac{(V_1 - V_2) \times c \times 0.014\ 0 \times 6.25}{m \times \frac{V'}{V}} \times 100 \qquad (72\text{-}1)$$

式中 V_1——滴定试样时所需标准酸溶液体积(mL);
　　V_2——滴定空白时所需标准酸溶液体积(mL);
　　c——盐酸标准溶液浓度(mol/L);
　　m——试样质量(g);
　　V——试样分解液总体积(mL);
　　V'——试样分解液蒸馏用体积(mL);
　　0.014 0 ——每毫克当量氮的克数;
　　6.25 ——氮换算成蛋白质的平均系数。

(尹国丽)

73　牧草饲料中中性洗涤纤维(NDF)含量的测定

一、目的和意义

中性洗涤纤维(NDF)，用中性洗涤剂去除饲料中的脂肪、淀粉、蛋白质和糖类等成分后，残留的不溶解物质的总称，包括半纤维素、纤维素、木质素及少量硅酸盐等杂质。

二、实验器材

1. 药剂

本方法所用水，GB/T 6682—1992 中的三级水，化学试剂为分析纯。

① 十二烷基硫酸钠($C_{12}H_{25}NaSO_4$)。

② 乙二胺四乙酸二钠($C_{10}H_{14}N_2O_8Na_2 \cdot 2H_2O$，EDTA 二钠盐)。

③ 四硼酸钠($Na_2B_4O_7 \cdot 10H_2O$)。

④ 无水磷酸氢二钠(Na_2HPO_4)。

⑤ 乙二醇乙醚($C_4H_{10}O_2$)。

⑥ 正辛醇($C_8H_{18}O$，消泡剂)。

⑦ 丙酮(CH_3COCH_3)。

⑧ α-高温淀粉酶(活性 100 kU/g，105℃，工业级)。

⑨ 中性洗涤剂(3%十二烷基硫酸钠溶液)　称取 18.6 g 乙二胺四乙酸二钠($C_{10}H_{14}N_2O_8Na_2 \cdot 2H_2O$)和 6.8 g 四硼酸钠($Na_2B_4O_7 \cdot 10H_2O$)，放入 100 mL 烧杯中，加适量蒸馏水溶解(可加热)，再加入 30 g 十二烷基硫酸钠($C_{12}H_{25}NaSO_4$)和 10 mL 乙二醇乙醚；称取 4.56 g 无水磷酸氢二钠(Na_2HPO_4)置于另一烧杯中，加蒸馏水加热溶解，冷却后将上述两溶液转入 1 000 mL 容量瓶并用水定容。此溶液 pH6.9~7.1(pH 值一般不用调整)。

2. 仪器与用具

① 植物样品粉碎机或研钵。

② 试验筛　孔径 0.42 mm(40 目)。

③ 分析天平　分度值 0.000 1 g。

④ 电热恒温箱。

⑤ 高温电阻炉。

⑥ 消煮器　配冷凝球 600 mL 高型烧杯或配冷凝管的三角烧瓶。

⑦ 玻璃砂漏斗(G_2)。

⑧ 干燥器　无水氧化钙或变色硅胶为干燥剂。

⑨ 抽滤装置　抽滤瓶和真空泵或水抽泵。

⑩ 100 mL 量筒。
⑪ 滤袋。

三、实验方法及步骤

(1) 样品采集

按照实验 64 采集。

(2) 样品处理

将采样的样品用四分法缩分至 200 g 左右，风干或 65 ℃烘干，用植物粉碎机或研钵将样品粉至孔径 0.42 mm 试验筛(40 目)，封入样品袋，作为试样。

(3) 消煮

根据饲料中纤维的含量，精密称取 0.4~1.0 g 试样(准确至 0.000 2 g)于滤袋中，放入 600 mL 高型烧杯中，用量筒加入 100 mL 中性洗涤剂和 2~3 滴正辛醇(如果牧草中淀粉含量高，可加 0.2 mL α-高温淀粉酶)。

如果样品中脂肪和色素含量≥10%，可先用乙醚进行脱脂后再消煮。若样品中脂肪和色素含量<10%一般不可脱脂，在丙酮洗涤后增加乙醚洗涤 2 次。

将烧杯放在消煮器上，盖上冷凝球，开冷却水，快速加热至沸煮，并调节功率保持微沸状态，从开始沸腾计时，消煮 1 h。

(4) 洗涤

G_2 玻璃砂漏斗预先放在 105 ℃烘箱中烘干至恒量，将消煮好的试样趁热倒入并抽滤。用热水(90~100℃)冲洗烧杯和剩余物，直至滤出液清澈无泡沫为止。抽干后用丙酮冲洗剩余物 3 次，确保剩余物与丙酮充分混合，至滤出液无色为止。

(5) 测定

将玻璃砂漏斗和剩余物放入 105 ℃烘箱内烘干 3~4 h 至恒量，在干燥器内冷却后称量。烘干 30 min，冷却，称量，直至两次称量之差小于 0.002 g 为恒量。

(6) 计算

中性洗涤纤维(NDF)的质量分数以 w 表示，数值以%计，按式(73-1) 计算：

$$w(\%) = \frac{m_1 - m_2}{m} \times 100 \tag{73-1}$$

式中　m_1——玻璃砂漏斗和剩余物质的总质量(g)；
　　　m_2——玻璃砂漏斗质量(g)；
　　　m——试样质量(g)。

(7) 重复性

每试样称取两个平行样进行测定，取平均值为分析结果。中性洗涤纤维(NDF)含量≤10%，允许相对偏差≤5%；中性洗涤纤维(NDF)>10%，允许相对偏差≤3%。

(尹国丽)

74 牧草饲料中酸性洗涤纤维(ADF)含量的测定

一、目的和意义

酸性洗涤纤维(ADF)用酸性洗涤剂去除饲料中的脂肪、淀粉、蛋白质和糖类等成分后，残留的不溶解物质的总称，包括纤维素、木质素及少量的硅酸盐等。

二、实验器材

1. 药剂

①硫酸。

②丙酮。

③十六烷基三甲基溴化铵($C_{19}H_{42}NBr$，CTAB)。

④1.00 mol/L 硫酸($1/2\ H_2SO_4$)溶液：按 GB/T 601—2016 配制并标定。

⑤酸性洗涤剂(2% 十六烷基三甲基溴化铵溶液)：称取 20 g CTAB 溶解于 1 000 mL 1.00 mol/L 硫酸溶液中，搅拌溶解。

注：十六烷基三甲基溴化铵对黏膜有刺激，需戴口罩；丙酮是高挥发可燃试剂，进入烘箱干燥前，确保其挥发干。

2. 仪器与用具

①样品粉碎机。

②分析筛　孔径为 1 mm。

③分析天平　感量为 0.000 1g。

④电热式恒温烘箱。

⑤可调温电炉或电热板。

⑥回流消煮装置　配冷凝球的 600 mL 高型烧杯或配冷凝管的 500 mL 锥形瓶。

⑦30 mL 烧结玻璃过滤坩埚(G_2)。

⑧抽滤装置　烧结玻璃过滤坩埚、抽滤瓶和真空泵组成。

⑨干燥器　装有变色硅胶等有效干燥剂。

三、实验方法及步骤

1. 样品采集

按照实验 64 采集。

2. 样品处理

将采样的样品用四分法缩分至 200 g 左右，风干或 65 ℃烘干，用植物粉碎机或研钵将样品粉至孔径0.42 mm试验筛(40目),封入样品袋,作为试样。

3. 分析步骤

用回流消煮装置测定,按以下步骤操作:

(1) 将洁净的烧结玻璃过滤坩埚预先在105℃±2℃电热恒温箱内干燥4 h,然后放在干燥器中冷却30 min后称量,直至恒重(两次称量结果之差小于0.002 g)。

(2) 称取约1 g试样,准确至0.000 2 g,放入600 mL高型烧杯中。如果样品中脂肪含量大于10%,必须用丙酮进行脱脂:将试样放入预先恒重的烧结玻璃过滤坩埚中,用30～40 mL丙酮脱脂4次,每次浸泡3～5 min,抽真空以去除残余丙酮,空气干燥10～15 min,将残渣转移至高型烧杯中。使用同一个坩埚收集酸性洗涤剂提取后的试样纤维残渣。

(3) 在盛试样的烧杯中加入热的酸性洗涤剂100 mL,盖上冷凝球,打开冷却水,快速加热试样至沸腾。调节电炉使溶液保持微沸的状态,持续消煮1 h±5 min。如果试样蘸到烧杯壁上,用不大于5 mL的酸性洗涤剂进行冲洗。

(4) 准备好抽滤装置,将试样消煮液缓缓倒入烧结玻璃过滤坩埚,抽真空过滤,用玻璃棒捣散滤出的试样残渣,并用热水(95～100℃)清洗坩埚壁和试样残渣3～5次,确保所有酸被清除。再用约40 mL丙酮清洗滤出物2次,每次浸润3～5min,抽滤,如果滤出物有颜色,需重复清洗、抽滤。

(5) 将过滤坩埚置通风橱,待丙酮挥发尽放在105℃±2℃电热恒温箱内干燥4 h,然后放在干燥器中冷却30 min后称量,直至恒重。

四、结果计算

1. 计算

牧草饲料中酸性洗涤纤维含量X,以质量分数表示,单位为百分含量(%)。按以下公式计算:

$$W(\%) = \frac{m_1 - m_2}{m} \times 100 \tag{74-1}$$

式中 m_1——过滤坩埚的质量(g);
m_2——过滤坩埚及试样残渣的总质量(g);
m——试样的质量(g)。

每个试样做两个平行测定,取其平均值为分析结果,结果保留一位小数。

2. 重复性

酸性洗涤纤维(ADF)含量≤10%,允许相对偏差≤5%;酸性洗涤纤维(ADF)含量>10%,允许相对偏差≤3%。

(尹国丽)

75 牧草中粗脂肪(EE)含量的测定

一、目的和意义

粗脂肪是脂溶性物质的总称。其可为家畜提供必需脂肪酸,对牧草组织结构、品质、适口性等都有直接影响,是牧草质量的一项重要指标。因脂肪是各种脂肪酸甘油酯的复杂混合物,它不溶于水而溶于乙醚、石油醚等有机溶剂中,故用乙醚反复浸提牧草、饲料时,可将脂肪全部浸提出来,除去乙醚,瓶中的增重即为粗脂肪含量。由于乙醚不但能溶解脂肪,同时将脂肪酸、石蜡、磷脂、固醇和色素等,都随着被浸提出来,所以将分析结果称为醚浸出物或粗脂肪。通过本实验,掌握索氏抽提器的安装、样品的包装方法和牧草饲料中粗脂肪的测定方法和原理。

二、实验器材

1. 药剂

①无水乙醚(分析纯)。
②干燥剂(无水氯化钙、硅胶等)。
③凡士林。

2. 仪器与用具

①索氏脂肪抽提器(图75-1)。
②恒温水浴锅(8孔单列)。
③脱脂滤纸(滤纸用乙醚浸泡回流4 h除脂)。
④分析天平(载量200 g,感量0.1 mg)。
⑤干燥器(Φ20 cm)。
⑥烘箱(0~250℃,45 cm×55 cm×55 cm)。

三、实验方法及步骤

1. 索氏脂肪抽提器的准备

将索氏抽提器洗净,置于烘箱中烘干,将脂肪瓶在100~105℃烘箱中烘2h后取出,再放入干燥器中冷至室温(约30 min),称重;再放入烘箱中30 min后,取出冷却、称重直至恒重(两次重量之差不超过1mg),即为脂肪瓶重。然后将全套脂肪抽提器安置在水浴锅上。

2. 取样、包样和烘样

先用铅笔在脱脂滤纸上写明样品的名称及编号,然后将测过吸附水的样品(或制好的风干样品)准确称取 2 g 左右,小心无损地用已编号的滤纸包好①。将滤纸包放在 100~105℃的烘箱中烘 1 h(如直接称取风干样品,必须延长烘干时间,保证水分全部除尽),再将烘干的滤纸包放入浸提管中,加入乙醚,准备浸提。

3. 粗脂肪的浸提

将水浴锅的温度维持在 75~80℃进行水汽加热,乙醚在脂肪瓶中蒸发,当蒸发至冷凝管处,即冷凝为液体,仍流入浸提管中,样品受乙醚浸泡,将其中的脂肪溶解,当浸提管中乙醚积累到一定高度时,由虹吸管流入脂肪瓶。乙醚继续循环浸提样品中的粗脂肪。乙醚的循环速度以 4 次/h 为宜,经 10h 后,样品中粗脂肪可全部浸提出并积存于脂肪瓶中。检测样品中脂肪是否浸提干净,可从浸提管下端取一滴浸提液于干净的玻璃片上,当乙醚挥发后无痕迹,即样品中脂肪已浸提完全。

4. 乙醚的收回②

提取完后,移去上部冷凝管,取出样品包,将冷凝管仍装好回流 1 次,以冲洗浸提管中余留的脂肪。继续蒸馏当乙醚积聚到虹吸管高度 2/3 时,取下抽提腔,收回乙醚。继续进行,直到脂肪瓶中乙醚全部收完为止。

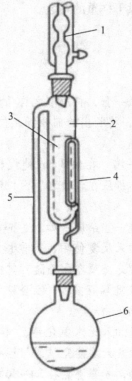

图 75-1　索氏抽提器(引自贾玉山,2011)
1. 冷凝管　2. 脂肪提取器　3. 滤纸筒
4. 虹吸管　5. 蒸汽管　6. 萃取瓶(圆底烧瓶)

---

① 样品的包装。
② 乙醚的净化。

5. 脂肪瓶的洗净、烘干和称重

脂肪瓶取下后，用蒸馏水洗净瓶底壁（注意勿使水溅入脂肪瓶内），待乙醚挥发后，将脂肪瓶放入 100~105℃的烘箱内烘 1~2 h，移入干燥器中，冷却至室温（约 30 min），称重，再放入烘箱烘 30 min，取出，冷却，称至恒重，即为脂肪瓶和粗脂肪总重。

四、结果计算

以烘干样重为基础，计算公式如下：

$$粗脂肪(\%) = \frac{W_2 - W_1}{W\left(\frac{100-\gamma}{100}\right)} \times 100 \tag{75-1}$$

式中 W——风干样品重；
W_1—— 脂肪瓶重；
W_2——脂肪瓶重和粗脂肪重；
γ——风干样品的含水率（以风干样重为基础）；
$\frac{100-\gamma}{100}$——风干样重换算成烘干样重的系数。

注意事项：

1. 样品包装

取长 10 cm、宽 8 cm 的脱脂滤纸一张，将所取之样品置于其上，沿宽的方向将滤纸对折，使下半边比上半边长出 0.3~0.4 cm，将长出的部分折起包住短的边沿，然后再依此方向和宽度折叠一次，使边沿不漏样品。

将按上法折叠好的滤纸，任选一端，在约 3 cm 处按稍大于 45°的角度向内先折好包好，同法再折好另一边，并把多出的尖端折压在包边之下，以防散开。

2. 乙醚的净化

抽取脂肪回收的乙醚，往往混进一些杂质，如水、醇等。由于回流过程中，乙醚受光线的照射，还会产生少量过氧化物。如果反复使用，不但影响粗脂肪的测定结果，而且在使用时会产生剧烈的爆炸，引起火灾，为此必须净化乙醚，其方法如下：

① 洗涤　首先将乙醚与 5% 的铁矾溶液按 5:1 混合洗涤 2~3 次（用分液漏斗比较方便），这样可除去混杂的醇、酮和破坏过氧化物。

② 除水　给洗涤过的乙醚中慢慢加入无水氯化钙，直至氯化钙不再流散为止。这是为了除去乙醚中的水分，这个过程要持续几天才能完成，然后将乙醚中的氯化钙除去。

③ 蒸馏　装好蒸馏器，水浴加热，收集沸点在 34~36℃的蒸馏液，即为纯净的乙醚。

（彭　珍）

76 牧草中粗灰分含量的测定

一、目的和意义

粗灰分指牧草中的有机质经高温灼烧分解后的残留物质,主要为矿物质氧化物或盐类等无机物质,有时还含有少量泥沙。测定粗灰分含量可以判断牧草中是否有杂质或加工过程中混入了泥沙。

二、实验器材

①分析天平　感量为0.001 g。

②茂福炉(马弗炉)　电加热,可控制温度,带高温计。马弗炉中摆放假烧盘的地方,在550℃时温差不超过20 ℃。

③干燥箱　温度控制在103℃±2℃。

④电热板或煤气喷灯。

⑤瓷坩埚　30 mL规格。

⑥坩埚钳。

⑦干燥器　盛有有效的干燥剂。

三、实验方法及步骤

(1)试样制备,根据实验64进行样品制备。

(2)将瓷坩埚放入茂福炉中,于550 ℃,灼烧至少30 min,移入干燥器中冷却至室温,称量,准确至0.001 g。称取约5 g试样(精确至0.001 g)于瓷坩埚中。

(3)将盛有试样的瓷坩埚放在电热板或煤气喷灯上小心加热至试样炭化,转入预先加热到550 ℃的茂福炉中灼烧3 h,观察是否有炭粒,如无炭粒,继续于茂福炉中灼烧1 h,如果有炭粒或怀疑有炭粒,将瓷坩埚冷却并用蒸馏水润湿,在103℃±2℃的干燥箱中蒸发至干,再将瓷坩埚置于茂福炉中灼烧1 h,取出于干燥器中,冷至室温迅速称量,精确至0.001 g。

四、结果计算

粗灰分 W,用质量分数(%)表示,按下式计算:

$$W(\%) = \frac{m_2 - m_0}{m_1 - m_0} \times 100 \tag{76-1}$$

式中　m_2——灰化后粗灰分加瓷坩埚的质量(g)；
　　　m_0——为空瓷坩埚的质量(g)；
　　　m_1——装有试样的瓷坩埚质量(g)。

(尹国丽)

77 青贮饲料 pH 值的测定

一、目的和意义

pH 值是衡量青贮饲料品质好坏的重要指标之一，pH 值过高说明青贮饲料产生腐败变质。实验室测定 pH 值，可用精密酸度计测定，生产现场可用精密石蕊试纸或广泛 pH 试纸测定。

二、实验器材

酸度离子计、大漏斗、滤纸、纱布、聚乙烯瓶、pH 试纸。

三、实验方法及步骤

1. 取样

(1) 称取 35 g 青贮饲料放入锥形瓶中，加入 70 mL 去离子水。用保鲜膜密封后，放入冰箱，在 4 ℃下浸提 24 h。

(2) 取出锥形瓶后用双层纱布和滤纸进行过滤和榨取，将滤液用 pH 电极测定计进行测定。

2. pH 电极测定方法（酸度离子计 pH 211 & pH 213）

(1) 按 ON/OFF 键打开/关仪器，用标准酸碱液校正 pH 计等于 7.00。

(2) 将电极和温度棒浸入待测液溶液中约停几分钟让电极读数稳定。

(3) pH 值第一显示（大字），温度第二显示（小字），进行数据记录。

(4) 如仪器已测量过不同的样品溶液，请先用自来水清洗或是浸入样品溶液，用待测样品清洗电极，目的是加快响应及避免样品交叉感染。

(5) 温度会影响 pH 读数，为测定准确 pH 值，进行溶液温度的补偿，使温度在适合的范围内。

进行溶液温度补偿的步骤：

① 用 HI7669/2W 温度探棒浸入样品溶液中，紧靠电极并停几分钟，如果待测溶液的温度已知或在相同温度下进行测量，只需手动补偿，此时温度探棒无需连接，屏幕上显示温度读数伴有℃信号闪烁。

② 用一支 CHECKTEMPC（H198501）或一个准确的参考温度计记录样本溶液的温度。

③ 温度可通过"▲℃"或"▼℃"来调节。

3. pH 试纸测定方法

青贮饲料待测溶液提取程序同上，将 pH 试纸浸入青贮饲料待测溶液中，待 2~3 s，取出，或者用试管取少量被测溶液，滴到 pH 试纸上，待 2~3 s，试纸颜色将起变化。将检测结果与 pH 试纸颜色比对卡进行对比,广泛 pH 试纸的使用范围如下:溴酚蓝,pH 2.8~4.4;溴甲酚绿,pH 4.2~5.6;甲基红,pH 5.4~7.0。优良青贮饲料 pH 在 4.0 以下,良好青贮 pH 为 4.1~4.3,一般青贮饲料 pH 为 4.4~5.0,劣质青贮饲料 pH 为 5.0 以上。一般 pH 超过 4.4(低水分青贮除外)时说明青贮发酵过程中,腐败菌、酪酸菌等活动较为强烈。

(尹国丽)

78 饲料中钙、铜、铁、镁的测定（原子吸收光谱法）

一、目的和意义

微量元素钙、铜、铁、镁参与家畜体内多种代谢过程，直接影响家畜生长。通过对牧草中微量元素钙、铜、铁、镁的检测分析，可以调整改善家畜体内微量元素平衡，促进生长，防止疾病的发生。

通过测量将试样放在茂福炉550℃±15℃温度下灰化之后，用盐酸溶解残渣并稀释定容，然后导入原子吸收分光光度计的空气—乙炔火焰中。测量每个元素的吸光度，并与同一元素校正溶液的吸光度比较定量。各元素含量的检测限为 Ca，Mg：50 mg/kg；Cu，Fe：5 mg/kg。

二、实验器材

1. 药剂（仅使用分析纯试剂）

（1）水，应符合 GB/T 6682—2008 三级用水。

（2）盐酸：$c(HCl) = 12$ mol/L（$\rho = 1.19$ g/mL）。

（3）盐酸溶液：$c(HCl) = 6$ mol/L。

（4）盐酸溶液：$c(HCl) = 0.6$ mol/L。

（5）硝酸镧溶液：溶解 133 g 的 $La(NO_3)_3 \cdot 6H_2O$ 于 1 L 水中。如果配制的溶液镧含量相同，可以使用其他镧盐。

（6）氯化铯溶液：溶解 100 g 氯化铯（CsCl）于 1 L 水中。如果配制的溶液铯含量相同，可以使用其他的铯盐。

（7）铜和铁的标准储备溶液

取 100 mL 水，125 mL 12 mol/L 盐酸于 1 L 容量瓶中，混匀。称取下列试剂：392.9 mg 硫酸铜（$CuSO_4 \cdot 5H_2O$），702.2 mg 硫酸亚铁铵 [$(NH_4)_2SO_4 \cdot FeSO_4 \cdot 6H_2O$]，加入容量瓶中，用水溶解并定容。此储备液中铜、铁、锰、锌的含量均为 100 μg/mL。也可以使用市售配制好的适合的溶液。

（8）铜和铁的标准溶液

取 20 mL 的储备溶液加入 100 mL 容量瓶中，用水稀释定容。此标准液中铜和铁的含量均为 20 μg/mL。该标准液当天使用当天配制。

（9）钙和镁的标准储备溶液

称取 2.028 g 硫酸镁（$MgSO_4 \cdot 7H_2O$）加入 1 L 容量瓶中。称取 2.497 g 碳酸钙（$CaCO_3$）放入烧杯中，加入 50 mL 盐酸（6 mol/L）。

注意：当心产生二氧化碳。

在电热板上加热 5 min，冷却后将溶液转移到含有镁盐的容量瓶中，用盐酸(0.6 mol/L)定容。此储备液中钙的含量为 1mg/mL，镁的含量为 200 μg/mL。（注：可以使用市售配制好的适合溶液）

(10) 钙和镁标准溶液

取 25 mL 钙和镁储备溶液加入 250 mL 容量瓶中，用盐酸(0.6 mol/L)定容。此标准液中钙的含量为 100μg/mL，镁的含量为 20μg/mL。

配制的标准液贮存在聚乙烯瓶中，可以在一周内使用。

(11) 镧/铯空白溶液

取 5 mL 硝酸镧溶液、5 mL 氯化铯溶液和 5 mL 盐酸(6 mol/L)加入 100 mL 容量瓶中，用水定容。

2. 仪器与用具

所有的容器，包括配制校正溶液的吸管，在使用前用盐酸溶液(0.6 mol/L)冲洗。如果使用专用的灰化皿和玻璃器皿，每次使用前不需要用盐酸煮。实验室常用设备和专用设备如下：

(1) 分析天平，称量精度到 0.1 mg。

(2) 坩埚：钳金、石英或瓷质，不含钾、钠，内层光滑没有被腐蚀，上部直径为 4~6 cm，下部直径 2~3.5 cm，高 5 cm 左右，使用前用盐酸(6 mol/L)煮。

(3) 硬质玻璃器皿：使用前用盐酸(6 mol/L)煮沸，并用水冲洗净。

(4) 电热板或煤气炉。

(5) 水浴锅。

(6) 茂福炉：温度能控制在 550 ℃ ±15 ℃。

(7) 原子吸收分光光度计：带有空气—乙炔火焰和一个校正设备或测量背景吸收装置。

(8) 测定钙、铜、铁、镁所用的空心阴极灯或阳极放电灯。

(9) 定量滤纸。

三、实验方法及步骤

(1) 试样制备

根据实验 64 进行样品制备。

(2) 检测有机物的存在

用平勺取一些试料在火焰上加热。如果试料融化没有烟，即不存在有机物。如果试料颜色有变化，并且不融化，即试料含有机物。

(3) 试料

根据估计含量称取 1~5 g 制备好的试样，精确到 1 mg，放进坩埚中。如果试样含有机物，按照以下步骤干灰化操作，如果试样不含有机物，按照溶解操作。

(4) 干灰化

将坩埚放在电热板或煤气灶上加热，直到试料完全炭化（要避免试料燃烧）。将坩埚转到已在 550 ℃ 温度下预热 15 min 的茂福炉中灰化 3 h，冷却后用 2 mL 水浸润坩埚中内容物。如果有许多炭粒，则将坩埚放在水浴上干燥，然后再放到茂福炉中灰化 2 h，让其冷却再加

2 mL 水。

(5) 溶解

取 10 mL 盐酸(6 mol/L)，开始慢慢一滴一滴加入，边加边旋动坩埚，直到不冒泡为止（可能产生二氧化碳），然后再快速加入，旋动坩埚并加热直到内容物近乎干燥，在加热期间务必避免内容物溅出。用 5 mL 盐酸(6 mol/L)加热溶解残渣后，分次用 5 mL 左右的水将试料溶液转移到 50 mL 容量瓶。待其冷却后，然后用水稀释定容并用滤纸过滤。

(6) 空白溶液

每次测量，均制备空白溶液。

(7) 铜和铁的测定

①测量条件　按照仪器说明要求调节原子吸收分光光度计的仪器条件，使在空气—乙炔火焰测量时的仪器灵敏度为最佳状态。铜和铁的测量波长分别为 324.8 nm 和 248.3 nm。

②校正曲线制备　用盐酸(0.6 mol/L)稀释铜和铁的标准溶液，配制一组适宜的校正溶液。测量盐酸(0.6 mol/L)的吸光度、校正溶液的吸光度。用校正溶液的吸光度减去盐酸(0.6 mol/L)的吸光度以吸光度修正值分别对铜和铁的含量绘制校正曲线。

③试料溶液的测量　在同样条件下，测量试料溶液和空白溶液的吸光度，试样溶液的吸光度减去空白溶液的吸光度。

(8) 钙和镁的测定

①测量条件　按照仪器说明要求调节原子吸收分光光度计的仪器条件，使在空气—乙炔火焰测量时的仪器灵敏度为最佳状态。钙和镁的测量波长分别为 422.6 nm 和 285.2 nm。

②校正曲线制备　用水稀释钙和镁的标准溶液，每 100 mL 标准稀释溶液加 5 mL 的硝酸镧溶液，5 mL 氯化铯溶液和 5 mL 盐酸(6 mol/L)。测量镧/铯空白溶液的吸光度。测量校正溶液吸光度并减去镧/铯空白溶液的吸光度。以修正的吸光度分别对钙、钾、镁、钠的含量绘制校正曲线。

③试料溶液的测量　用水定量稀释试料溶液和空白溶液(8.5)，每 100 mL 的稀释溶液，加 5 mL 的硝酸镧，5 mL 的氯化铯的和 5 mL 盐酸(6 mol/L)。在相同条件下，测量试料溶液和空白溶液的吸光度。用试料溶液的吸光度减去空白溶液的吸光度。

四、结果计算

由校正曲线、试料的质量和稀释度分别计算出钙、铜、铁、镁各元素的含量。按照表 78-1 修约，并以 mg/kg 或 g/kg 表示。

表 78-1　结果计算的修约

含量	修约到	含量	修约到
5~10 mg/kg	mg/kg	1~10 g/kg	100 mg/kg
10~100 mg/kg	1 mg/kg	10~100 g/kg	1 g/kg
100 mg/kg~1 g/kg	10 mg/kg		

(尹国丽)

79 饲料中黄曲霉毒素和玉米赤霉烯酮的测定
（液相色谱—串联质谱法）

一、目的和意义

黄曲霉毒素对人和多种动物表现出剧烈的毒性，且具有明显的致癌作用，玉米赤霉烯酮具有强烈的生殖系统毒性，对饲料及饲料原料污染较为严重，极大地危害畜牧养殖业，因此饲料和饲料原料中黄曲霉毒素和玉米赤霉烯酮的分析测试工作十分重要。

试样中的黄曲霉毒素和玉米赤霉烯酮经乙腈溶液提取，正己烷脱脂及霉菌毒素多功能净化柱净化后，氮气吹干，甲酸乙腈溶液溶解，用液相色谱—串联质谱法测定，采用色谱保留时间和质谱碎片及其离子丰度比定性，外标法定量。本方法各黄曲霉毒素的检测限为 1 μg/kg，定量限为 2 μg/kg；玉米赤霉烯酮的检测限为 5 μg/kg，定量限为 10 μg/kg。

二、实验器材

1. 药剂（仅使用分析纯试剂）

①乙腈　色谱纯。
②甲醇　色谱纯。
③正己烷。
④甲酸　色谱纯。
⑤冰乙酸。
⑥提取液　准确量取乙腈 840 mL 和水 160 mL，摇匀，即得。
⑦甲酸溶液（0.1%）　准确量取甲酸（色谱纯）1 mL 加水至 1 000 mL，摇匀。
⑧乙酸溶液（0.02%）　准确量取冰乙酸 0.2 mL 加水至 1 000 mL，摇匀。
⑨甲酸乙腈溶液　取甲酸溶液 50 mL 加乙腈（色谱纯）至 100 mL，摇匀。
⑩黄曲霉毒素 B、黄曲霉毒素 B、黄曲霉毒素 G、黄曲霉毒素 G 和玉米赤霉烯酮标准品：纯度≥97.0%。
⑪标准储备液　分别精密称取 5 种霉菌毒素标准品至棕色容量瓶中，用甲醇配成浓度各为 100 μg/mL 的霉菌毒素标准储备液，置 −20 ℃保存。警告：由于霉菌毒素毒性很强，操作时，应避免吸入、接触霉菌毒素标准溶液。配制溶液应在通风橱内进行，工作时应戴眼镜、穿工作服、戴医用乳胶手套。凡接触霉菌毒素的容器，需浸入 1% 次氯酸钠溶液，过夜后清洗。同时，为了降低接触霉菌毒素的机会，可直接购买并使用霉菌毒素的有证标准储备液。
⑫混合标准储备液　分别吸取一定量的 5 种霉菌毒素标准储备液，置于棕色容量瓶中，

用甲醇稀释成浓度为 1.00 μg/mL 的混合标准储备液。保存于 4 ℃冰箱中。

⑬基质匹配标准系列工作溶液　分别吸取一定量的混合标准储备液，添加空白样品提取液，氮气吹干后，用流动相稀释成浓度为 1.0~200.0 μg/L 的混合标准系列工作溶液，临用新配。

⑭霉菌毒素多功能净化柱　Trilogy TC-M160，或效果相当者。

2. 仪器与设备

①液相色谱—串联质谱仪　配有电喷雾电离源。

②离心机　最大转速 8 000 r/min 或以上。

③固相萃取装置。

④旋涡混合器。

⑤分析天平。感量 0.000 01 g。

⑥天平　感量 0.01 g。

⑦氮吹仪。

⑧超声波清洗器。

三、实验方法及步骤

1. 采样和试样制备

抽取有代表性的饲料样品，用四分法缩减取 200 g，按照 GB/T 20195—2006 的规定制备样品，粉碎后过 0.45 mm 孔径的分析筛，提匀，装入磨口瓶中，备用。

2. 试样提取与净化

称取 5 g±0.02 g 试样于 50 mL 离心管中，准确加入 25 mL 提取液，涡旋混匀 2 min，置于超声波清洗器中超声提取 20 min，中间振荡 2~3 次；取出，于 8 000 r/min 离心 5 min，倾出上清液至分液漏斗中，加 15 mL 正己烷，充分振摇。待静止分层后，准确量取下层液 5 mL，过多功能净化柱，控制流速为 2 mL/min，收集流出液，在 60 ℃下氮气吹干。用 1.0 mL 甲酸乙腈溶液溶解残渣，涡旋 30 s，经 0.22 μm 滤膜过滤后，上机测定。

3. 液相色谱—串联质谱法测定

（1）液相色谱条件

色谱柱 C_{18} 柱，150 mm×3.0 mm，粒径 3.0 μm；或其他等效色谱柱。柱温 33 ℃，进样量 20 μL，流动相、流速及梯度洗脱条件见表 79-1、表 79-2。

表 79-1　流动相、流速及梯度洗脱参考条件——ESI+源梯度洗脱条件

时间(min)	流速(mL/min)	甲酸溶液(%)	甲醇/乙腈(1:1)	曲线(Curve)
0	0.3	70	30	1
4.0	0.3	55	45	6
14.0	0.3	0	100	6
15.0	0.3	0	100	6
15.1	0.3	70	30	6

表 79-2 ESI-源梯度洗脱条件

时间(min)	流速(mL/min)	乙醇溶液(%)	甲醇/乙醇(1:1)	曲线(Curve)
0	0.3	70	30	1
8.0	0.3	10	90	6
13.0	0.3	10	90	6
13.1	0.3	70	30	6
20.0	0.3	70	30	6

(2) 质谱条件

电喷雾离子源，正离子扫描模式和负离子扫描模式，多反应监测。脱溶剂气、锥孔气均为高纯氮气，碰撞气为高纯氩气，使用前应调节各气体流量以使质谱灵敏度达到检测要求；毛细管电压、锥孔电压、碰撞能量等电压值应优化至最佳灵敏度；定性离子对、定量离子对、保留时间及对应的锥孔电压和碰撞能量参考值见表 79-3、表 79-4。

表 79-3 霉菌毒素 MS/附参数设置——ESI+监测模式

霉菌毒素名称	保留时间(min)	定性离子对(m/z)	定量离子对(m/z)	锥孔电压(V)	碰撞能量(eV)
黄曲霉毒素 B_1 Aflatoxin B_1	13.7	313.1 > 241.1 313.1 > 285.1	313.1 > 241.1	39	32 20
黄曲霉毒素 B_2 Aflatoxin B_2	13.2	315.1 > 259.1 315.1 > 287.0	315.1 > 259.1	44	28 24
黄曲霉毒素 G_1 Aflatoxin G_1	12.6	329.0 > 243.1 329.0 > 283.1	329.0 > 243.1	40	26 24
黄曲霉毒素 G_2 Aflatoxin G_2	12.0	331.0 > 245.1 331.0 > 217.1	331.0 > 245.1	42	32 20
T-2 毒素 T-2 toxin	16.0	489.1 > 245.2 489.1 > 387.1	489.1 > 245.2	38	25 21

表 79-4 ESI-监测模式

霉菌毒素名称	保留时间(min)	定性离子对(m/z)	定量离子对(m/z)	锥孔电压(V)	碰撞能量(eV)
玉米赤霉烯酮 Zearalenone	13.4	317.0 > 175.1 317.0 > 273.1	317.0 > 175.1	40	26 26

(3) 定性测定

在相同试验条件下，样品中待测物质保留时间与标准溶液保留时间的偏差不超过标准溶液保留时间的 ±2.5%，且样品中各组分定性离子的相对丰度与浓度接近的标准溶液中对应的定性离子的相对丰度进行比较，偏差不超过表 79-5 规定的范围，则可判定样品中存在对应的待测物。

表 79-5　定性确证时相对离子丰度的最大允许偏差(%)

相对离子丰度	>50	>20~50	>10~20	≤10
允许的最大偏差	±20	±25	±30	±50

(4)定量测定

在仪器最佳工作条件下，混合标准工作液与试样交替进样，采用基质匹配标准溶液校正，外标法定量。样品溶液中待测物的响应值均应在仪器测定的线性范围内；当样品的上机液浓度超过线性范围时，需根据测定浓度，稀释后进行重新测定。

四、结果计算

试样中霉菌毒素 i 的含量(X)以质量分数表示($\mu g/kg$)，用以下公式计算：

$$X_i = c_{si} \times \frac{A_i}{A_{si}} \times \frac{V}{m} \times f = c_i \times \frac{V}{m} \times f \tag{79-1}$$

式中　c_{si}——基质标准溶液中霉菌毒素 i 的浓度($\mu g/L$)；

　　　A_i——试样溶液中霉菌毒素 i 的峰面积；

　　　A_{si}——基质标准溶液中霉菌毒素 i 的峰面积；

　　　V——样品定容体积(mL)；

　　　m——样品质量(g)；

　　　f——稀释倍数；

　　　c_i——样品上机液中霉菌毒素 i 的浓度($\mu g/L$)。

平行测定结果用算术平均值表示，结果保留 3 位有效数字。

（尹国丽）

80　可溶性糖含量的测定

一、苯酚法测定可溶性糖

(一) 目的和意义

学习苯酚比色法测糖的原理和方法。

(二) 实验原理

植物体内的可溶性糖主要是指能溶于水及乙醇的单糖和寡聚糖。苯酚法测定可溶性糖的原理是：糖在浓硫酸作用下，脱水生成的糠醛或羟甲基糠醛能与苯酚缩合成一种橙红色化合物，在 10~100 mg 范围内其颜色深浅与糖的含量成正比，且在 485 nm 波长下有最大吸收峰，故可用比色法在此波长下测定。苯酚法可用于甲基化的糖、戊糖和多聚糖的测定，方法简单，灵敏度高，实验时基本不受蛋白质存在的影响，并且产生的颜色稳定 160 min 以上。

(三) 实验器材

1. 仪器与用具

分光光度计、电炉、铝锅、20 mL 刻度试管、刻度吸管(5 mL 1 支，1 mL 2 支)、记号笔、吸水纸适量。

2. 药剂

①90% 苯酚溶液　称取 90 g 苯酚(AR)，加蒸馏水 10 mL 溶解，在室温下可保存数月。

②9% 苯酚溶液　取 3 mL 90% 苯酚溶液，加蒸馏水至 30 mL，现配现用。

③浓硫酸(比重 1.84)。

④1% 蔗糖标准液　将分析纯蔗糖在 80 ℃ 下烘至恒重，精确称取 1.000 g。加少量水溶解，移入 100 mL 容量瓶中，加入 0.5 mL 浓硫酸，用蒸馏水定容至刻度。

⑤100 $\mu g \cdot L^{-1}$ 蔗糖标准液　精确吸取 1% 蔗糖标准液 1 mL 加入 100 mL 容量瓶中，加水定容。

(四) 实验方法及步骤

1. 标准曲线的制作

取 20 mL 刻度试管 6 支，从 0~5 分别编号，按表 80-1 加入溶液和水，然后按顺序向试管内加入 1 mL 9% 苯酚溶液，摇匀，再从管液正面以 5~20 s 时间加入 5 mL 浓硫酸，摇匀。比色液总体积为 8 mL，在恒温下放置 30 min，显色。然后以空白为参比，在 485 nm 波长下比色测定，以糖含量为横坐标，吸光度为纵坐标，绘制标准曲线，求出标准直线方程。

表 80-1　各试管加溶液和水的量

管　号	0	1	2	3	4	5
100 μg/L 蔗糖液(mL)	0	0.2	0.4	0.6	0.8	1.0
水(mL)	2.0	1.8	1.6	1.4	1.2	1.0
蔗糖量(μg)	0	20	40	60	80	100

2. 可溶性糖的提取

取新鲜植物叶片，擦净表面污物，剪碎混匀，称取 0.10~0.30 g，共 3 份，分别放入 3 支刻度试管中，加入 5~10 mL 蒸馏水，塑料薄膜封口，于沸水中提取 30 min(提取 2 次)，提取液过滤入 25 mL 容量瓶中，反复冲洗试管及残渣，定容至刻度。

3. 测定

吸取 0.5 mL 样品液于试管中(重复 2 次)，加蒸馏水 1.5 mL，同制作标准曲线的步骤，按顺序分别加入苯酚、浓硫酸溶液，显色并测定吸光度。

(五)结果计算

$$可溶性糖含量(\%) = \frac{C \times V_0 \times n}{V_1 \times W \times 10^6} \times 100 \tag{80-1}$$

式中　C——标准方程求得糖量(μg)；

　　　V_1——吸取样品液体积(mL)；

　　　V_0——提取液量(mL)；

　　　n——稀释倍数；

　　　W——组织重量(g)。

二、蒽酮法测定可溶性糖

(一)目的和意义

学习蒽酮法测糖的原理和方法。

(二)实验原理

糖在浓硫酸作用下，可经脱水反应生成糠醛或羟甲基糠醛。生成的糠醛或羟甲基糠醛可与蒽酮反应生成蓝绿色糠醛衍生物，在一定范围内，颜色的深浅与糖的含量成正比，故可用于糖的定量。该法的特点是几乎可以测定所有的碳水化合物，不但可以测定戊糖与己糖，而且可以测所有寡糖类和多糖类，其中包括淀粉、纤维素等(因为反应液中的浓硫酸可以把多糖水解成单糖而发生反应)，所以用蒽酮法测出的碳水化合物含量，实际上是溶液中全部可溶性碳水化合物总量。在没有必要细致划分各种碳水化合物的情况下，用蒽酮法可以一次测出总量，省去许多麻烦，因此，有特殊的应用价值。但在测定水溶性碳水化合物时，则应注意切勿将样品的未溶解残渣加入反应液中，不然会因为细胞壁中的纤维素、半纤维素等与蒽酮试剂发生反应而增加了测定误差。此外，不同的糖类与蒽酮试剂的显色深度不同，果糖显色最深，葡萄糖次之，半乳糖、甘露糖较浅，五碳糖显色更浅，故测定糖的混合物时，常因不同糖类的比例不同造成误差，但测定单一糖类时，则可避免此种误差。糖类与蒽酮反应生成的有色物质在可见光区的吸收峰为 630 nm，故在此波长下进行比色。

(三) 实验器材

1. 仪器与用具

分光光度计、电炉、铝锅、20 mL 刻度试管、刻度吸管（5 mL 1 支，1 mL 2 支）、记号笔、吸水纸适量。

2. 药剂

蒽酮乙酸乙酯试剂：取分析纯蒽酮 1 g，溶于 50 mL 乙酸乙酯中，贮于棕色瓶中，在黑暗中可保存数周，如有结晶析出，可微热溶解；浓硫酸（相对密度 1.84）。

(四) 实验方法及步骤

1. 标准曲线的制作

按方法一标准曲线的制作方法加入标准的蔗糖溶液，然后按顺序向试管中加入 0.5 mL 蒽酮乙酸乙酯试剂和 5 mL 浓硫酸，充分振荡，立即将试管放入沸水浴中，逐管准确保温 1 min，取出后自然冷却至室温，以空白作参比，在 630 nm 波长下测其吸光度，以吸光度为纵坐标，以糖含量为横坐标，绘制标准曲线，并求出标准线性方程。

2. 可溶性糖的提取

同方法一第二步。

3. 显色测定

吸取样品提取液 0.5 mL 于 20 mL 刻度试管中（重复 2 次），加蒸馏水 1.5 mL，以下步骤与标准曲线测定相同，测定样品的吸光度。

4. 计算可溶性糖的含量

计算公式同方法一。

三、3,5 二硝基水杨酸比色法测定还原糖

(一) 目的和意义

掌握还原糖测定的基本原理和方法。

(二) 实验原理

还原糖是指含有自由醛基或酮基的糖类，单糖都是还原糖，双糖和多糖不一定是还原糖，如乳糖和麦芽糖是还原糖，蔗糖和淀粉是非还原糖。利用糖的溶解度不同，可将植物样品中的单糖、双糖和多糖分别提取出来，对没有还原性的双糖和多糖，可用酸水解法使其降解成有还原性的单糖进行测定，再求出样品中还原糖的含量（还原糖以葡萄糖含量计）。3,5 二硝基水杨酸溶液与还原糖溶液共热后被还原成棕红色的氨基化合物。在一定范围内，还原糖的量和棕红色物质的颜色深浅程度成一定比例关系。在 540 nm 波长下测定棕红色物质的吸光度值，查标准曲线，便可求出样品中还原糖的含量。

(三) 实验器材

1. 仪器与用具

25 mL 具塞刻度试管、大离心管或玻璃漏斗、100 mL 烧杯、100 mL 三角瓶、100 mL 容量瓶、刻度吸管（1 mL、2 mL、10 mL）、沸水浴、离心机（过滤法不用此设备）、电子天平、分光光度计。

2. 药剂

①1 mg/mL 葡萄糖标准液　准确称取 100 mg 分析纯葡萄糖(预先在 80℃烘至恒重),置于小烧杯中,用少量蒸馏水溶解后,定量转移到 100 mL 的容量瓶中,以蒸馏水定容至刻度,摇匀,置冰箱中保存备用。

②3,5-二硝基水杨酸试剂　准确称取 1 g 3,5-二硝基水杨酸,溶于 20 mL 2 mol/L 的 NaOH 溶液中,加入 50 mL 蒸馏水,再加入 30 g 酒石酸钾钠,待溶解后用蒸馏水定容至 100 mL。盖紧瓶塞,勿使 CO_2 进入。若溶液浑浊可过滤后使用。

(四)实验方法及步骤

1. 制作葡萄糖标准曲线

取 7 支具有 25 mL 刻度的具塞刻度试管,编号,按表 80-2 加入各种试剂。将各管摇匀,在沸水浴中加热 5 min,取出后立即放入盛有冷水的烧杯中冷却至室温,再以蒸馏水定容至 25 mL 刻度处,颠倒混匀。在 540 nm 波长下,用 0 号管作为空白调零,分别读取 1~6 号管的吸光度。以吸光度为纵坐标,葡萄糖含量为横坐标,绘制标准曲线,求得直线方程。

表 80-2　各试管加溶液和试剂的量

管号	0	1	2	3	4	5	6
1 mg/mL 葡萄糖标准液(mL)	0	0.2	0.4	0.6	0.8	1.0	1.2
蒸馏水(mL)	2.0	1.8	1.6	1.4	1.2	1.0	0.8
3,5-二硝基水杨酸试剂(mL)	2.0	2.0	2.0	2.0	2.0	2.0	2.0
葡萄糖含量(mg)	0	0.2	0.4	0.6	0.8	1.0	1.2

2. 样品中还原糖的测定

①提取分离　称取植物干样 0.500 0 g 于 10 mL 离心管中,加入 5~6 mL 80% 乙醇溶液,80℃水浴 30 min,期间不时搅拌。用少量 80% 乙醇冲洗玻璃棒,并将溶液冷却到室温后 3 500 r/min 下离心 10 min,将上清液合并于 25 mL 容量瓶中,再向沉淀中加入 5~6 mL 80% 乙醇。如上法重复浸提 2 次,将上清液合并于 25 mL 容量瓶中,并定容至刻度,作为还原糖待测液。

②显色和比色　取 3 支 10 mL 离心管,编号,分别加入还原糖待测液 2 mL,在沸水浴上蒸干,准确加入 10~20 mL 蒸馏水(加水体积依还原糖含量而定),充分搅拌使糖溶解,离心,取 2 mL 上清液于试管中,加入 2 mL 3,5 二硝基水杨酸试剂,其余操作均与制作标准曲线相同,测定各管的吸光度。

(五)结果计算

$$还原糖含量(\%) = \frac{C \times V_0}{W \times V_1 \times 1\ 000} \times 100 \quad (80\text{-}2)$$

式中　C——标准曲线方程求得的还原糖量(mg);
　　　V_0——提取液的体积(mL);
　　　V_1——显色时吸取样品液体积(mL);
　　　W——样品重(g)。

(刘艳君)

81 淀粉含量的测定

一、目的和意义

淀粉是由葡萄糖残基组成的多糖，在酸性条件下加热使其水解成葡萄糖，然后在浓硫酸的作用下，使单糖脱水生成糠醛类化合物，利用苯酚或蒽酮试剂与糠醛化合物的显色反应，即可进行比色测定。通过本实验，掌握淀粉含量测定的方法及其原理。

二、实验器材

1. 仪器与用具

电子天平、容量瓶(100 mL 4 个、50 mL 2 个)、漏斗、小试管若干支、电炉、刻度吸管(0.5 mL 1 支、20 mL 3 支、5 mL 4 支)、分光光度计、记号笔。

2. 试剂

①浓硫酸(比重 1.84)。

②9.2 mol/L $HClO_4$。

③2% 蒽酮试剂 取分析纯蒽酮 1 g，溶于 50 mL 乙酸乙酯中，贮于棕色瓶中，在黑暗中可保存数周，如有结晶析出，可微热溶解(或 9% 苯酚：称取 9 g 苯酚(AR)，加蒸馏水至 100 mL 溶解，现配现用)。

④淀粉标准液 准确称取 100 mg 纯淀粉，放入 100 mL 容量瓶中，加 60~70 mL 热蒸馏水，放入沸水浴中煮沸 0.5 h，冷却后加蒸馏水稀释至刻度，则每毫升含淀粉 1 mg，吸取此液 5.0 mL，加蒸馏水稀释至 50 mL，即为每毫升含淀粉 100 μg 的标准液。

三、实验方法及步骤

1. 标准曲线制作

取小试管 6 支从 0~5 编号，按表 81-1 加入溶液和蒸馏水。以下步骤按苯酚法或蒽酮法均可，见方法一或方法二，绘制相应的标准曲线。

表 81-1 各试管加入标准液和蒸馏水量

管 号	0	1	2	3	4	5
淀粉标准液(mL)	0	0.4	0.8	1.2	1.6	2.0
蒸馏水(mL)	2.0	1.6	1.2	0.8	0.4	0
淀粉含量(mg)	0	40	80	120	160	200

2. 样品提取

将提取可溶性糖以后的残渣，移入 50 mL 容量瓶中，加 20 mL 热蒸馏水，放入沸水浴中煮沸 15 min，再加入 9.2 mol/L 高氯酸 2 mL 提取 15 min，冷却后，摇匀，用滤纸过滤，并用蒸馏水定容（或以 2 500 r/min 离心 10 min）。

3. 测定

可采用苯酚法或蒽酮显色法测定。

四、结果计算

按下式计算淀粉的含量。淀粉水解时，在单糖残基上加了 1 分子水，因而计算时所得的糖量乘以 0.9 才为扣除加入水量后的实际淀粉含量。

$$\text{淀粉含量}(\%) = \frac{C \times V_0 \times 0.9}{V_1 \times W \times 10^6} \times 100 \tag{81-1}$$

式中 C——标准曲线查得的淀粉含量(μg)；

V_0——提取液总量(mL)；

V_1——显色时取液量(mL)；

W——样品重(g)。

注：淀粉水解完全度试验：样品测定中可同时作 1 份用于淀粉水解完全度检验的样品，在酸解过滤后，将其残渣加上 2 mL 水，搅拌均匀，吸 2 滴于白瓷盘上，加 2 滴 $I_2 - KI$ 溶液，显微镜下观察，若出现蓝紫色颗粒，证明水解不完全，其正式测试样品需再加高氯酸水解，直至不出现蓝紫色为止。

（刘艳君）

参考文献

Anderson W A. 1988. Alfalfa harvest review[J]. Dairy Herd Management, 25(5): 36 -37.

Chen S Y, Ma X, Zhang X Q, Chen Z H. 2009. Genetic variation and geographical divergence in *Elymus nutans* Griseb. (Poaceae: Triticeae) from West China[J]. Biochemical Systematics and Ecology, 37(6): 716 -722.

Chomczynski P, Sacchi N. 1987. Single-step method of RNA isolation by acid guanidinium thiocyanate-phenol-chloroform extraction[J]. Anal Biochem, 162(1): 156 -159.

Clough S J, Bent A. F. 1988. Floral-dip: a simplified method for Agrobacteriu mmediated transformation of *Arabidopsis thaliana*[J]. The Plant Journal, 16(6): 735 -743.

D'Aoust M A, Lavoie P O, Belles-Isles J, et al. 2009. Transient expression of antibodies in plants using syringe agroinfiltration[J]. Methods in Molecular Biology, 483: 41 -50.

Goodin M M, Zaitlin D, Naidu R A, Lommel S A. 2008. *Nicotiana benthamiana*: its history and future as a model for plant-pathogen interactions [J]. Molecular plant-microbe interactions, 21(8): 1015 -1026.

Hoekema A, Hirsch P R, Hooykaas P J J, Schilperoort R A. 1983. A binary plant vector strategy based on separation of vir-and T-region of the *Agrobacterium tumefaciens* Ti-plasmid[J]. Nature, 303: 179 -180.

Humphries A W, Auricht G. 2001. Breeding lucerne for Australia's southern dryland cropping environment[J]. Australian Journal of Agricultural Research, 52: 153 -169.

Hood E E, Gelvin S B, Melcher L S, et al. 1993. New Agrobacterium helper plasmids for gene transfer to plants[J]. Transgenic research, 2(4): 208 -218.

Kevin F. 1994. Lucerne Management Handbook[M]. 3rd. edition. Queensland: Department of Primary Industry.

Komari T. 1990. Transformation of cultured cells of Chenopodium quinoa by binary vectors that carry a fragment of DNA from the virulence region of pTiBo542[J]. Plant cell reports, 9(6): 303 -306.

Komari T, Takakura Y, Ueki J, et al. 2006. Binary vectors and super-binary vectors[J]. Methods in molecular biology, 343: 15 -42.

Li G, Qurios C F. 2001. Sequence-related amplified polymmphism(SRAP), a new marker system based on a simple PCR reaction: its application to mapping and gene tagging in Brassica[J]. Theoretical and Applied Genetics, 103: 455 -461.

Levy Y Y, Dean C. 1998. The transition to flowering[J]. Plant Cell, 10: 1973 -1989.

Sessions A, Yanofsky M F, Weigel D. 1998. Patterning the floral meristem[J]. Semin Cell Dev Biol, 9: 221-226.

Ma X, Zhang X Q, Zhou Y H, et al. 2008. Assessing genetic diversity of *Elymus sibiricus* (Poaceae: Triticeae) populations from Qinghai-Tibet Plateau by ISSR Markers[J]. Biochemical Systematics and Ecology, 36(7): 514-522.

Miao J M, Zhang X Q, Chen S Y, et al. 2011. Gliadin analysis of *Elymus nutans* Griseb. from the Qinghai-Tibetan Plateau and Xinjiang, China[J]. Grassland Science, 57(3): 127-134.

Miao J, Frazier T, Huang L, et al. 2016. Identification and Characterization of Switchgrass Histone *H*3 and *CENH*3 Genes[J]. Frontiers in Plant Science, 7: 979.

Palanichelvam K, Oger P, Clough S J, et al. 2000. A second T-region of the soybean-supervirulent chrysopinetype Ti plasmid pTiChry5, and construction of a fully disarmed vir helper plasmid [J]. Molecular plant-microbe interactions, 13(10): 1081-1091.

Rohlf F J. 2000. NTSYS-pc: Numerical Taxonomy and Multivariate Analysis System, Version 2.1 [M]. Setauket, NY: User Guide. Exeter Software.

Rossi L, Escudero J, Hohn B, et al. 1993. Efficient and sensitive assay for T-DNA-dependent transient gene expression[J]. Plant Molecular Biology Reporter, 11(3): 220-229.

Sanderson M A, Wedin W F. 1988. Cell wall composition of alfalfa stem at similar morphological stages and chronological age during spring growth and summer regrowth[J]. Crop Science, 28: 342-347.

Srivatanakul M, Park S H, Salas M G, et al. 2000. Additional virulence genes influence transgene expression: transgene copy number, Integration Pattern and Expression[J]. Journal of plant physiology, 157(6): 685-690.

Sujatha S, Naeem N, Eugene K, et al. 2014. Agrobacterium tumefaciens responses to plant-derived signaling molecules[J]. Frontiers in Plant Science, 5: 322.

Sun M, Zhang C L, Zhang X Q, et al. 2017. AFLP assessment of genetic variability and relationships in an Asian wild germplasm collection of *Dactylis glomerata* L. [J]. Comptes Rendus Biologies, 340, 145-155.

Ja T D S, Kerbauy G B, Zeng S, et al. 2014. In vitro flowering of orchids[J]. Critical reviews in biotechnology, 34(1): 56-76.

Traore S M, Zhao B. 2011. A novel gateway(R)-compatible binary vector allows direct selection of recombinant clones in Agrobacterium tumefaciens[J]. Plant Methods, 7: 42.

Vos P, Hogers R, Bleeker M, Reijans M, et al. 1995. AFLP: a new technique for DNA fingerprinting[J]. Nucleic Acids Res, 23: 4407-4414.

Weeks J T, Ye J, Rommens C M. 2008. Development of an in planta method for transformation of alfalfa(*Medicago sativa*)[J]. Transgenic research, 17(4): 587-597.

Welsh J, McClelland M. 1990. Fingerprinting genomes using PCR with arbitrary primers[J]. Nucleic Acids Res, 19(24): 7213-7218.

Williams J G, Kubelik A R, Livak K J, et al. 1990. Tingey S V. DNA polymorphisms amplified by arbitrary primers are useful as genetic markers[J]. Nucleic Acids Res, 18: 6531-6535.

Xin Y Y, Zhang Z, Xiong Y P, et al. 2005. Identification and Purity Test of Super Hybrid Rice with SSR Molecular Markers[J]. Rice Science, 12(1): 7-12.

Yadav N S, Vanderleyden J, Bennett D R, et al. 1982. Short direct repeats flank the T-DNA on a nopaline Ti plasmid[J]. Proceedings of the national academy of sciences of the USA, 79(20): 6322-6326.

Zabeau M, Vos P. 1993. Selective restriction fragment amplification: a general method for DNA fingerprinting: European Patent Office, publication 0 534 858 A1[P]. bulletin 93/13.

Ziekiewicz E, Rafalski A, Labuda D. 1994. Genome fringerprinting by simple sequence repeat (SSR) - anchored polymerase china reaction amplification[J]. Genome, 20(2): 176-183.

曾兵, 黄琳凯, 陈超. 2013. 饲草生产学实验[M]. 重庆: 西南师范大学出版社, 97-99.

柴志坚, 张芳, 黄园园, 等. 2016. 根瘤农杆菌基因工程[J]. 分子植物育种, 14(1): 92-97.

陈宝书. 1991. 草原学与牧草学实习实验指导书[M]. 兰州: 甘肃科学技术出版社.

陈宝书. 2001. 牧草饲料作物栽培学[M]. 北京: 中国农业出版社, 117-119.

陈立强, 师尚礼. 2015. 42份紫花苜蓿种质资源遗传多样性的SSR分析[J]. 草业科学, 32(3): 372-381.

陈学森. 2004. 植物育种学实验[M]. 北京: 高等教育出版社.

陈宇知, 温洪, 马学武, 等. 1993. 奶牛复合添加剂舔块的研制[J]. 甘肃畜牧兽医(1): 4-6.

陈智华, 苗佳敏, 钟金城, 等. 2009. 野生垂穗披碱草种质遗传多样性的SRAP研究[J]. 草业学报, 18(5): 192-200.

甘肃农业大学. 1987. 草原生态化学实验指导书[M]. 北京: 农业出版社.

董宽虎, 沈益新. 2003. 饲草生产学[M]. 北京: 中国农业出版社.

董璐. 2015. 三种草本花卉试管开花组织培养技术研究[D]. 北京: 北京林业大学.

方宣钧, 吴为人, 唐纪良. 2000. 作物DNA标记辅助育种[M]. 北京: 科学出版社.

高彩霞, 王培. 1997. 收获期和干燥方法对苜蓿干草质量的影响[J]. 草地学报, 5(2): 113-116.

高俊凤. 2005. 植物生理学实验指导[M]. 北京: 高等教育出版社.

耿小丽, 魏臻武, 程鹏舞, 等. 2008. 苜蓿花药培养及倍性鉴定[J]. 草原与草坪, 30(5): 1-5.

耿小丽. 2007. 利用花药培养诱导苜蓿单倍体的研究[D]. 兰州: 甘肃农业大学.

龚一富. 2011. 植物组织培养实验指导[M]. 北京: 科学出版社.

关意寅, 黄锋, 方文远, 等. 1998. 给牛羊喂用糖蜜——尿素舔砖的经验体会[J]. 广西畜牧兽医(4): 19-20.

郭宁. 2015. 遗传学实验指导[M]. 北京: 中国农业大学出版社.

郭艳丽, 郝正里, 曹致中, 等. 2006. 不同生育期和不同品种苜蓿的果胶含量及与其他营养素的相互关系[J]. 草业学报, 15(2): 74-78.

郭艳萍, 任成杰, 李志伟, 等. 2014. 玉米胚乳细胞原生质体的分离与流式纯化[J]. 作物学报, 40(3): 424-430.

韩建国. 2000. 牧草种子学[M]. 北京: 中国农业大学出版社.

韩振海, 陈昆松. 2006. 实验园艺学[M]. 北京: 高等教育出版社.

郝建华, 沈宗根. 2009. 植物无融合生殖的筛选和鉴定研究进展[J]. 西北植物学报, 29 (10): 2128-2136.

华树妹, 贺佩珍, 陈芝华, 等. 2014. 应用SRAP标记构建山药种质资源DNA指纹图谱[J]. 植物遗传资源学报, 15(3): 597-603.

贾玉山, 玉柱, 李存福. 2011. 草产品质量检测学[M]. 北京: 中国农业大学出版社.

蒋林峰, 张新全, 黄琳凯, 等. 2014. 中国鸭茅主栽品种DNA指纹图谱构建[J]. 植物遗传资源学报, 15(3): 604-614.

李望丰. 2010. SsNHX1基因在紫花苜蓿中的表达及其耐盐性研究[D]. 长春: 东北师范大学.

李玉珠. 2012. 苜蓿与百脉根原生质体培养及体细胞杂交的研究[D]. 兰州: 甘肃农业大学.

李振. 2006. 尿素糖蜜舔砖的配料及作用[J]. 当代畜牧(2): 25-27.

林顺权. 2007. 园艺植物生物技术[M]. 北京: 中国农业出版社.

刘芳, 王玉祥, 陈爱萍, 等. 2012. 新疆野生黄花苜蓿愈伤诱导及分化的研究[J]. 草地学报, 20(4): 741-746.

刘芳, 云锦凤, 侯建华. 2009. 牧草育种中多倍体诱导方法研究进展[J]. 牧草与饲料(3): 11-14.

刘欢, 慕平, 赵桂琴. 2008. 基于AFLP的燕麦遗传多样性研究[J]. 草业学报, 17(6): 121-127.

刘欢, 赵桂琴, 耿小丽, 等. 2008. 燕麦AFLP反应体系的建立与优化[J]. 草业科学, 25(2): 84-89.

刘心源. 1982. 植物标本采集制作与管理[M]. 北京: 科学出版社.

刘振祥. 2011. 植物组织培养技术[M]. 北京: 化学工业出版社.

刘子凡. 2010. 种子学实验指南[M]. 北京: 化学工业出版社.

龙瑞军, 姚拓. 2004. 草坪科学实习试验指导[M]. 北京: 中国农业出版社.

陆玲鸿, 韩强, 李林, 等. 2014. 以草甘膦为筛选标记的大豆转基因体系的建立及抗除草剂转基因大豆的培育[J]. 中国科学·生命科学, 44(4): 406-415.

陆树刚. 2015. 植物分类学[M]. 北京: 科学出版社.

罗富成, 毕玉芬, 黄必志. 2008. 草业科学实践教学指导书[M]. 昆明: 云南科学技术出版社.

罗富成, 蔡石建. 2004. 饲料生产学(南方本)[M]. 昆明: 云南科学技术出版社.

罗桐秀. 2014. 生物学实验教程[M]. 北京: 北京大学医学出版社.

罗永聪, 马啸, 张新全. 2013. 利用SSR标记分析一年生黑麦草遗传多样性的取样策略[J]. 草业科学, 30(3): 376-382.

罗永聪, 马啸, 张新全. 2013. 利用SSR技术构建多花黑麦草品种指纹图谱[J]. 农业生物技术学报, 21(7): 799-810.

苗佳敏, 张新全, 陈智华, 等. 2011. 青藏高原和新疆地区垂穗披碱草种质的SRAP及RAPD分析[J]. 草地学报, 19(2): 306-316.

苗佳敏. 2013. 柳枝稷F2代作图群体的创建及Histone H3基因功能分析[D]. 雅安: 四川农业大学.

南丽丽,师尚礼,郭全恩,等.2012.根茎型清水苜蓿鲜草产量及营养价值评价[J].中国草地学报,34(5):63-68.

南丽丽,师尚礼.2015.苜蓿栽培与加工利用[M].北京:金盾出版社.

内蒙古农学院.1990.牧草及饲料作物栽培学[M].北京:中国农业出版社.

牛俊义,杨祁峰.1998.作物栽培学研究方法[M].兰州:甘肃民族出版社.

欧阳英.2010.几种兰科花卉的离体保存技术研究[D].北京:北京林业大学.

潘玲.2013.多叶苜蓿悬浮细胞系的建立及其影响因子和耐热性的研究[D].扬州:扬州大学.

裴彩霞,董宽虎,范华.2002.不同刈割期和干燥方法对牧草营养成分含量的影响[J].中国草地,24(1):32-37.

彭学贤.2005.植物分子生物技术应用手册[M].北京:化学工业出版社.

齐雯雯,宫晓琳,王洋,等.2014.蘸花法在植物遗传转化上的应用研究进展[J].现代农业科技(24):9-10.

秦静远.2014.植物组织培养技术[M].重庆:重庆大学出版社.

秦永华,胡桂兵.2016.园艺植物生物技术实验指导[M].北京:中国农业出版社.

秦志峰,易岚.2013.细胞生物学与细胞工程实验指导[M].长沙:湖南科学技术出版社.

邱礽,陶刚,邱又彬,等.2009.农杆菌渗入法介导的基因瞬时表达技术及应用[J].分子植物育种,7(5):1032-1039.

任继周.1998.草业科学研究方法[M].北京:中国农业出版社.

任卫波,陈立波,郭慧琴,等.2008.紫花苜蓿耐寒越冬性研究进展[J].中国草地学报,30(2):104-108.

苏加楷,张文淑.2008.规范牧草产量试验小区面积与测产方法[J].草地学报,16(4):324-327.

孙奎钺,罗富成.2001.南方牧草及饲料作物栽培学[M].昆明:云南科学技术出版社.

孙铁军,胡炜,庞卓,等.2016.一种精确计算多年生禾本科牧草越冬率的方法[P].北京:CN105574352A,2016-05-11.

田晨霞,张咏梅,马晖玲.2013.草地早熟禾胚胎结构石蜡切片制作方法初探[J].草业科学,30(12):1980-1986.

田晨霞.2014.草地早熟禾胚胎发育特征的研究[D].兰州:甘肃农业大学.

汪玺.2002.草产品加工技术[M].北京:金盾出版社.

王常慧,杨建强,王永新,等.2004.不同收获期及不同干燥方法对苜蓿草粉营养成分的影响[J].动物营养学报,16(2):60-64.

王道杰,郭蔼光,杨翠玲,等.2007.植物花器官发育的分子机理研究进展[J].西北农林科技大学学报(自然科学版),35(2):203-209.

王虹,师尚礼,刘正璨.2015.优质、速生、抗虫紫花苜蓿多元杂交后代优良株系的性状分离与评价筛选[J].植物遗传资源学报,16(6):1330-1337.

王舒黎,吴沙沙,吕英民.2010.改良Trizol法快速高效提取香石竹总RNA[J].分子植物育种,8(5):987-990.

王晓春.2009.白三叶与红三叶体细胞胚胎途径建立再生体系的研究[D].兰州:甘肃农业

大学.

王学德. 2015. 植物生物技术实验指导[M]. 杭州: 浙江大学出版社.

王艳芳. 2007. 菊花缓慢生长离体保存研究[D]. 南京: 南京农业大学.

王玉祥, 陈述明, 张博. 2013. 苜蓿根尖制片技术研究[J]. 中国农学通报, 29(9): 163-166.

王再花, 涂红艳, 叶庆生. 2006. 细茎石斛的快速繁殖和试管开花诱导[J]. 植物生理学通讯, 42(6): 1143-1144.

韦献雅, 付绍红, 牛应泽. 2006. 农杆菌介导floral-dip转基因方法研究进展[J]. 中国油料作物学报, 28(3): 362-367.

魏臻武, 符昕, 曹致中, 等. 2007. 苜蓿生长特性和产草量关系的研究[J]. 草业学报, 16(4): 1-8.

吴建慧. 2011. 园林植物育种学实验原理与技术[M]. 哈尔滨: 东北林业大学出版社.

吴建祥, 李桂新. 2014. 分子生物学实验[M]. 杭州: 浙江大学出版社.

吴仕超. 2010. 42份菊科花卉的离体保存及其遗传多样性的RAPD分析[D]. 福州: 福建农林大学.

武自念, 魏臻武, 郑曦. 2013. 多叶苜蓿花药培养技术体系的建立[J]. 中国农业科学, 46(10): 2004-2013.

夏海武, 陈庆榆. 2008. 植物生物技术[M]. 合肥: 合肥工业大学出版社.

相栋, 刘巧兰, 徐秉良, 等. 2013. 三叶草病毒病症状类型及发病条件研究[J]. 植物保护, 39(6): 130-136.

谢文刚, 张新全, 陈永霞. 2010. 鸭茅杂交种的SSR分子标记鉴定及其遗传变异分析[J]. 草业学报, 19(2): 212-217.

谢文刚, 张新全, 马啸, 等. 2009. 鸭茅种质遗传变异及亲缘关系的SSR分析[J]. 遗传, 31(6): 654-662.

谢鑫星, 路扬, 梁晶, 等. 2010. 高效农杆菌介导的紫花苜蓿遗传转化体系的建立[J]. 中国农业科技导报, 12(1): 128-134.

邢琳. 2010. 石竹、月季、春石斛试管开花组培技术研究[D]. 北京: 北京林业大学.

熊恒硕, 康俊梅, 杨青川, 等. 2008. 双价抗虫植物表达载体p3300-bt-pta转化苜蓿的初步研究[J]. 中国草地学报, 30(1): 21-26.

许文亮, 李学宝. 2012. 遗传学实验教程[M]. 武汉: 华中师范大学出版社.

薛建平, 柳俊, 蒋细旺. 2005. 药用植物生物技术[M]. 合肥: 中国科学技术大学出版社.

薛建平, 张爱民, 柳俊, 等. 2003. 玻璃化法超低温保存地黄茎尖[J]. 农业生物技术学报, 11(4): 430-431.

杨英军, 扈惠灵, 等. 2007. 园艺植物生物技术原理与方法[M]. 北京: 中国农业出版社.

叶秀仙, 黄敏玲, 吴建设, 等. 2011. 甘露醇和生长抑制剂对文心兰离体保存的影响[J]. 福建农业学报, 26(1): 76-82.

尹燕枰, 董学会. 2008. 种子学实验技术[M]. 北京: 中国农业出版社.

雍伟东, 种康, 许智宏, 等. 2000. 高等植物开花时间决定的基因调控研究[J]. 科学通报, 45(5): 455-466.

于翠梅，马莲菊.2015.遗传学实验指导[M].北京：中国农业大学出版社.
余国辉.2014.基于高通量测序的紫花苜蓿SSR引物的开发及其应用研究[D].杨凌：西北农林科技大学.
鱼小军.2000.草类植物种子实验技术[M].北京：化学工业出版社.
云锦凤.2017.牧草及饲料作物育种学[M].北京：中国农业出版社.
张春雨，李宏宇，刘斌.2012. hpt 与 bar 基因作为水稻转基因筛选标记的比较研究[J].遗传，34(12)：1599-1606.
张丽，甘晓燕，石磊，等.2014.新疆大叶紫花苜蓿BADH基因转化体系的研究[J].草地学报，22(2)：359-365.
张林泉.2013.随机区组设计的方差分析及其应用研究[J].湖南理工学院学报（自然科学版），26(1)：31-34.
张凌云.2013.苜蓿原生质体分离与体细胞融合条件的研究[D].兰州：甘肃农业大学.
张新平.2008.春石斛兰组培增殖及兰花试管开花研究[D].杨凌：西北农林科技大学.
张新全.2004.草坪草育种学[M].北京：中国农业出版社.
张秀芬.1992.饲草饲料加工与贮藏[M].北京：中国农业出版社.
张云，刘青林.2003.植物花发育的分子机理研究进展[J].植物学通报，20(5)：589-601.
赵文婷，魏建和，刘晓东，等.2013.植物瞬时表达技术的主要方法与应用进展[J].生物技术通讯，24(2)：294-300.
郑伟，朱进忠，加娜尔古丽.2012.不同混播方式豆禾混播草地生产性能的综合评价[J].草业学报，21(6)：242-251.
中国科学院植物研究所植物园种子组形态室比较形态组.1980.杂草种子图说[M].北京：科学出版社.
钟鸣，马慧.2008.生物技术实验指导[M].北京：中国农业大学出版社.
周禾，王赟文.2011.牧草倍性育种原理与技术[M].北京：中国农业大学出版社.
周文龙.2011.植物生物学[M].北京：高等教育出版社.
周岩，赵俊杰.2011.基因工程实验技术[M].郑州：河南科学技术出版社.
朱冬发.2011.遗传与育种学实验指导[M].北京：科学出版社.
邹娜，喻苏琴，王春玲，等.2013.铁皮石斛组织培养及试管开花研究[J].江苏农业科学，41(12)：42-44.
邹琦.2000.植物生理学实验指导[M].北京：中国农业出版社.